FLUID INFORMATICS

フルードインフォマティクス
「流体力学」と「情報科学」の融合

日本機械学会 編

技報堂出版

FLUID INFORMATICS

序

　「流れ」は近くて遠い存在である。生活に欠かせない水道水や都市ガス，川の流れや春の風，呼吸や血液の流れなど，私達は様々な流れに囲まれており，大変近い存在である。古代の土器や陶器に刻まれた流れを思わせる文様や，鴨長明の方丈記の記述「行く川の流れは絶えずして，しかももとの水に非ず。」，レオナルド・ダ・ビンチの有名な渦巻く水流のスケッチなど，古くから私達は流れと深く係わりながら生きている。一方，数学を駆使して流れの問題を取り扱う流体力学は，難解な学問分野に挙げられて敬遠する人が少なくないという意味では，遠い存在であるともいえる。しかしながら，近年，流れの問題の重要性が増すとともに，様々な分野で，流れとの距離を縮める必要性が急速に高まっている。例えば，現在，我々が直面している地球環境問題では，太陽光・風力・水力・地熱などの自然エネルギー，原子力発電，二酸化炭素の貯留，自動車や航空機などの輸送機器の省エネルギー化など，また，健康な生活を送るための諸問題として，循環器系疾患の発症や進展のメカニズムの解明や，高度診断・治療機器の開発など，流れに関わる様々な問題の解決が強く望まれている。最近の特徴としては，これまで，流れの研究は個々の分野で独立になされてきたが，問題の複雑・多様化に伴い，それぞれの分野が相互に連携して，異分野の研究成果を積極的に取り込むことにより，困難な問題を解決することが可能となったことである。特に，空間と時間方向に広がりを持ち，幅広い分野に跨る流体問題に特有な膨大なデータから有益な結果を得るためには，情報科学分野の研究手法を積極的に取り入れることが有効であることが認識されている。流体力学と情報科学の融合の歴史は比較的古く，1946年に世界初のデジタル計算機ENIACがペンシルベニア大学で開発された際に，その研究対象の一つが，流体計算により数値気象予報を実現することであった。その後，様々な取り組みがなされた結果，情報科学の手法により流体力学の諸問題を研究する「フルードインフォマティクス」と呼ぶ学問領域としてとらえることが適当な段階となった。

　本書は，フルードインフォマティクスに関する初めての書籍である。この分野は，現在，急速に成長しつつある新しい学問分野であり，完成された学問分野として体系化されるには至っていないが，融合解析，定性解析，高度可視化，データマイニング，多目的最適化など新しい流体問題解決の核となる情報科学的手法について，相互の関連も含めて，本書で述べられており，今後，新たな手法を取り込みながら，フルードインフォマティクスが学問分野として体系化されていく方向性を示すことができたと思う。

　本書の読者としては，情報科学と融合した流体力学の新しい展開に興味のある，大学の理工学系学部学生，大学院生，技術者，一般の方を想定している。流体力学の基礎的な知識を

有していることを前提としているが，現在勉強中の人や，流体力学の知識がない人にとっても，流体力学を勉強することのよい動機付けになると思う．

本書のきっかけは，2001年に宮城県の蔵王で開催された日本機械学会流体工学部門講演会のワークショップ「流体情報学ワークショップ－流体工学と情報科学の融合－」と，それに引き続き開催された，東北大学流体科学研究所主催の，第1回高度流体情報に関する国際シンポジウム AFI2001 でのパネルディスカッション Toward Advanced Fluid Information in a New Millennium に遡る．秋深い蔵王の森の中で，情報科学の方法論を取り込むことによる流体工学研究の新たな展開の可能性について，バイオインフォマティクスの研究者も含む国内外の参加者全員で議論したことが懐かしく思い出される．その後，流体科学研究所では，2003年に設置された流体融合研究センターを中心にして，フルードインフォマティクスの学問分野構築に向けた活動を展開している．

本書の出版に関して，東北大学流体科学研究所の西山秀哉教授には，本書の企画の際に貴重なアドバイスを頂きました．また，日本機械学会の出版・販売グループの小重忠司氏，星野美代子氏，飯尾和義氏には企画を進めるにあたり，大変お世話になりました．最後に，技報堂の石井洋平氏には本書の出版全体に渡って大変お世話になりました．心よりお礼申し上げます．

平成22年4月

早瀬　敏幸

―― 執筆者一覧 ――

大林　　茂　　東北大学流体科学研究所(6章)

白山　　晋　　東京大学人工物工学研究センター(5章)

中村　育雄　　名古屋大学名誉教授(3章)

早瀬　敏幸　　東北大学流体科学研究所(1章，2章)

藤代　一成　　慶應義塾大学理工学部情報工学科(4章)

渡邊　　崇　　名古屋大学情報科学研究科複雑系科学専攻(3章)

(2010年3月現在，五十音順，(　)内は執筆担当)

目　次

1 フルードインフォマティクスとは　　1

1.1 はじめに　　1
1.2 フルードインフォマティクス　　3
1.3 本書の構成　　5
1.4 おわりに　　6

2 計測とシミュレーションの融合　　7

2.1 はじめに　　7
2.2 流れの実現象を知るための手法　　9
- 2.2.1 固有直交分解（POD）　11
- 2.2.2 ティホノフ正則化　11
- 2.2.3 4次元変分法（4DVAR）　12
- 2.2.4 カルマンフィルタ　12
- 2.2.5 オブザーバ　13

2.3 計測融合シミュレーション　　14
- 2.3.1 計測融合シミュレーションの定式化　14
- 2.3.2 計測融合シミュレーションの解析例　19

2.4 おわりに　　40

3 定性物理　　43

3.1 流れの定性物理　　43
- 3.1.1 序論　43
- 3.1.2 流体工学問題の定性物理に関連した認知科学的，哲学的探求　45

3.1.3 定性推論と物理的意味　50
3.1.4 定性物理的アプローチとRussellの非論証的推論　52
3.1.5 流れの物理的説明　57
3.1.6 渦の分節　65
3.1.7 渦の分類とオントロジー　68
3.1.8 結び　72

3.2 流体工学問題の解決　73
3.2.1 差分法のためのFORTRANコードの自動生成　73
3.2.2 次元解析の支援　76
3.2.3 流体物性値問題の解決　81
3.2.4 管路問題の構成論的な表現と解決　86
3.2.5 流体問題解決における知識獲得　93

4 協調的可視化　103

4.1 協調的可視化の必要性　103
4.1.1 可視化の第一人称性と情報ビッグバン　103
4.1.2 可視化ライフサイクルと協調的可視化　105

4.2 VIDELICETによる可視化出自管理　107
4.2.1 階層的可視化出自モデル　107
4.2.2 システムアーキテクチャ　110
4.2.3 実行例　111
4.2.4 より高度な出自管理とユーザ支援を目指して　115

4.3 位相ベースの可視化パラメータ調整　115
4.3.1 位相強調型ボリュームレンダリング　116
4.3.2 VDMツール　117
4.3.3 ハイブリッド風洞への応用　118
4.3.4 T-Map：時系列VDM　120

4.4 セレンディピティの科学を目指して　122

5 データマイニングと知識発見　125

5.1 なぜデータマイニングが必要になるのか　125
5.1.1 背　景　125
5.1.2 流体情報への展開　127

5.2 知識ベース　130
5.2.1 データ・情報・知識　130
5.2.2 データの記述性（情報化，構造化，階層化）　132
5.2.3 オントロジー　136
5.2.4 セマンティックウェブ（記録・蓄積から再利用へ）　139
5.2.5 パラメータ化と符号化　141
5.2.6 データクレンジングと欠損情報の補完　143
5.2.7 距離関数と類似度　143
5.2.8 キーワード検索と内容検索　147
5.2.9 より柔軟な検索へ（オントロジーとアノテーション）　151

5.3 データ変換（特徴量とその表現）　152
5.3.1 流れ場の位相構造　153
5.3.2 渦　表　現　154

5.4 データマイニング手法とルール抽出　156
5.4.1 一般的なデータマイニング手法　158
5.4.2 バスケット分析　158
5.4.3 決　定　木　161
5.4.4 クラスター分析　162
5.4.5 ニューラルネットワークと自己組織化マップ　164
5.4.6 知識創出モデル　167

5.5 おわりに　168

6 流れの最適化　171

6.1 はじめに　171

6.2 流体問題最適化法について ……………………………… *172*

- **6.2.1** 数学的定式化　*172*
- **6.2.2** 数値的最適化法　*173*
- **6.2.3** 決定論的最適化アルゴリズム　*174*
- **6.2.4** 確率論的最適化アルゴリズム　*175*

6.3 勾配法による空力最適化 ……………………………… *176*

- **6.3.1** 勾　配　法　*176*
- **6.3.2** 離散形によるAdjoint法　*177*
- **6.3.3** 超音速ロケット実験機の抗力最小化　*178*

6.4 進化的アルゴリズムによる多目的空力最適化 ……………………………… *180*

- **6.4.1** 遺伝的アルゴリズム(GA)の概要　*180*
- **6.4.2** 多目的遺伝的アルゴリズム(MOGA)の概要　*185*
- **6.4.3** MOGAによる空力最適化　*188*

6.5 おわりに ……………………………… *190*

1 フルードインフォマティクスとは

本章では，最初にフルードインフォマティクスとはどのような学問分野であるかを，従来の学問分野との関連を示しながら述べる．最初にフルードインフォマティクスで対象とする問題を整理した後，本書で扱った内容についてまとめた．

1.1 はじめに

「フルードインフォマティクス(Fluid Informatics)」とはあまり耳慣れない言葉である．「フルード(流体)」と「インフォマティクス(情報学)」を繋げた造語で，情報科学の研究手法を用いて流体現象の研究を行う学問分野を意味する．このような研究分野としては，計算機シミュレーションにより流体現象を研究する数値流体力学(CFD, Computational Fluid Dynamics)が代表的である[1)-3)]．なぜ，今「フルードインフォマティクス」という学問分野を新たに加えなければならないのだろうか．それは，次の3つの理由による．

① 幅広い分野での流体問題の顕在化

ライフサイエンスにおける生体内の血流や，環境における大気の流れ，情報通信分野における半導体デバイス製造時のプラズマ流の制御など，現代の重要問題のいたるところに流れの問題が関与しており，流れの現象の解明が問題解決の鍵を握っている場合が少なくない．これらの問題の解明のためには，異分野における流体研究の成果を速やかにとり込むことが不可欠であり，情報科学におけるデータベースやデータマイニングに関する研究を駆使することが必要である．

② 問題の複雑化

省エネルギーで低騒音かつ安全な航空機の開発など，複数の要求を同時に満たす複雑な流れ問題の解決が求められるようになってきている．これらの問題を解決するには，流れの数値シミュレーション，最適化手法，高度可視化など，異なる研究手法を効果的に連携することが不可欠である．

③ 新しい問題の出現

医療の高度化や，原子力プラントの安全管理の高度化などが求められているが，そのためには，生体内の血流やプラントの内部状態など，直接的な計測や正確なシミュレーションが困難な実現象の状態量をリアルタイムで正確に知る必要がある．そのため，従

来の計測手法と数値シミュレーション手法を融合した新しい解析手法など，これまでにない新しい研究手法の開発が不可欠である．

これらの問題を解決するためには，これまで別々に研究が進められてきた流れの数値シミュレーション，最適化，高度可視化など，流体研究と情報科学の融合分野を統合することにより，新たな学問分野として体系化することが不可欠である．

従来の研究分野と，フルードインフォマティクスの関連を，年表の形で**図-1.1**に示す．流れの研究は古い歴史をもつが，コンピュータとのかかわりは，1946年に世界初の電子計算機ENIACが開発されたときに始まる．非線形の偏微分方程式で記述される流体の問題は，電子計算機の開発当初から重要な研究対象として挙げられていた．その後，計算機性能の向上と，数値解析手法に関する研究の進展により，コンピュータによる流体解析は数値流体力学（CFD：Computational Fluid Dynamics）として，飛躍的発展を遂げて今日にいたっている．

一方，情報通信分野の研究も，1830年代の産業革命期に，電信機やモールス信号，FAX送受信機の発明など，古くから研究が行われてきた[4]．情報理論の研究に関しては1948年のShannonの研究[5]をきっかけに，世界中で研究が行われるようになった．60年代には，状態推定に関するカルマンフィルタ（Kalman Filter）[6]やオブザーバ[7]が提唱された．また，1970年代には，インターネットの前身であるARPAnetの開発が米国で開始され，その後世界中に広がって現在のインターネット社会に繋がっている[8]．

情報通信技術は，コンピュータに代表されるように，あらゆる分野で用いることのできる普遍的な手法であり，研究のいわば横糸と言うことができる．流体研究では，すでに述べたように，コンピュータを利用した数値流体力学として，1960年代から流体研究と情報技術の融合による研究が始まっているが，その後の情報科学の研究成果を積極的に取り込む動きはこれまで目立ったものはなかった．これに対して，生物学における，分子生物学の発展と，それに続くゲノム研究は，情報科学とのより強い結びつきをもって進められた．すなわち，細胞内のDNAに記録されたヒトの遺伝情報を解読するヒトゲノムプロジェクトが，1987年

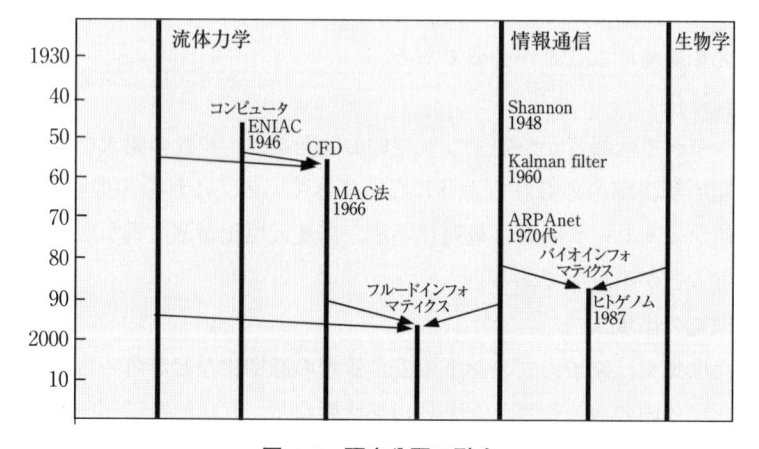

図-1.1 研究分野の融合

より米国をはじめ世界各国で開始されている[9]。現在ではゲノム解読はほぼ終了し，今後はタンパクの機能解明（プロテオーム）や，組織レベルの機能解明（フィジオーム）へと研究が進んでいる。これらの，情報科学の手法を駆使した生物学研究は「バイオインフォマティクス」と呼ばれている。

フルードインフォマティクスは，数値流体力学（CFD）を含み，流体力学，情報科学を融合した新しい学問分野である。すでに述べたように，従来の流体研究の枠組みでは解決が困難な，複雑・多様化した流体問題を解決できる新しい流体研究の枠組みとして期待される学問分野である。

1.2 フルードインフォマティクス

最初に，フルードインフォマティクスの名称について整理しておく。**表-1.1** は，文献10）による定義をまとめたものである。情報科学と情報学の差異は，人間の観点が入るか否かであり，科学と工学の差異に類似している。本書で扱っている情報科学の手法を駆使して流体研究を行う立場は，「インフォマティクス」に分類され，フルードインフォマティクスが正しい用語である。しかしながら，これらの用語を英訳すると混乱した状況となる。「情報学」と「インフォマティクス」の訳語は共に"Informatics"であり，さらに「情報科学」の訳語は"Information science"であるが，英英辞典[11]によれば"Informatics" = "Information science"とあることから，英語では，上記3つの学問分野はすべて同じということになってしまう。また，「流体情報学」を「フルードインフォマティクス」と同義で用いている場合もある。

表-1.1　情報に関わる学問分野

日本語	英 語	定 義
情報科学	information science	情報処理の観点から情報の性質，構造，論理を探求し，ハードウェアやソフトウェアの理論と実際をあつかう分野である。究極的には人間の脳の働きを理解しその機能を機械によって実現することをめざし，情報処理の高度化につながる計算機の構造と機能の研究に力点をおいている。情報科学の対象は広義の記号処理が中心であり人間の側面の探求は主流ではない。
情報学	informatics	情報の生産，収集，蓄積，分析，評価，検索，伝達，利用に関係する基本的な性質や特徴の理解，ならびに実際の情報活動や情報処理，問題解決への応用に関わる分野で，主な研究課題は，人間のコミュニケーション，知識や情報，情報管理，データベース，情報検索，情報システム，社会・機関・個人をとりまく情報環境，情報技術などである。情報学では情報の利用者である人間と情報技術とをいかに整合させるかが大きな問題となる。
インフォマティクス	informatics	情報学と訳されることもあるインフォマティクスは，個々の主題領域での問題の処理，計算機ソフトウェア，情報システムや情報検索，人工知能などの理論や技術を総合的に駆使して，その領域での課題を解決する方法や手段の探求を意図している。その分野の知識だけでなく，工学や計算機科学および情報学についての基本的な理解も必要である。

1 フルードインフォマティクスとは

コンピュータを用いた情報処理を応用して，現在さまざまな分野でインフォマティクスが生まれている。主なものを**表-1.2**に示す。バイオインフォマティクスでは，スーパーコンピュータを駆使した情報科学の研究手法によりゲノム情報やタンパクの機能解明に大きな成果を挙げている[9]。医療分野におけるメディカルインフォマティクスでは，コンピュータによる医療情報の管理や診断のサポートが進められている[12]。また，土木・環境分野における情報技術の応用であるハイドロインフォマティクスは国際水理学会により進められている[13]。流体研究へ情報技術を応用するフルードインフォマティクスも最近大きな注目を集めている分野である[14)-16)]。

表-1.2 様々な分野のインフォマティクス

日本語	英 語
バイオインフォマティクス	Bioinformatics
メディカルインフォマティクス	Medicalinformatics
ハイドロインフォマティクス	Hydroinformatics
フルードインフォマティクス	Fluidinformatics

フルードインフォマティクスの研究対象を**表-1.3**にまとめた。データの生成，データの転送，情報の抽出の3つに大きく分類することができる。データ生成の代表的な手法として，流体の数値シミュレーションがあるが，これは数値流体力学としてすでに確立されている。数値シミュレーションに関するフルードインフォマティクスの課題としては，情報処理の観点から見たシミュレーション手法の定量的評価の問題などがあるであろう。データ生成分野での新しい課題としては，数値シミュレーションと計測を融合した新しい解析手法の研究がある[17]。

大量の流体データの転送の問題も，フルードインフォマティクスの取り扱うべき問題である。最近，流体の基礎方程式に基づいた情報圧縮と復元に関する研究が行われている[18]。

フルードインフォマティクスのメインテーマは流体データからの情報の抽出である。従来

表-1.3 フルードインフォマティクスの対象

分 類	項 目
データの生成	●数値シミュレーション ●数値シミュレーションと計測の融合手法
データの転送	●データ圧縮
情報の抽出	●表現法 ●データマイニング ●高度可視化 ●最適化

にないユニークなテーマとして，中村らによる流れ場の表現法に関する研究がある[19]。渦を用いた流れ場の定性的な表現や解析に関して今後の発展が期待される。流れの問題は，宇宙から生体に至るまで，あらゆる分野に広がっており，データマイニングにより，異分野の研究成果を有効に利用する技術の研究も，今後発展が大いに期待される。流れの可視化は，すでに学問分野として確立しているが，流れの定性的記述などと結びついた，高度な可視化技術の研究はフルードインフォマティクスの重要な分野として発展が期待されている。また，流れの最適化の問題も，多目的最適化や自己組織化マップを利用した最適設計など[20]，フルードインフォマティクスの枠組みの中で発展が期待される分野である。

以上，フルードインフォマティクスの研究課題を概観した。フルードインフォマティクス独自の課題以外に，数値流体力学，流れの可視化，最適化など，すでに単独の研究分野として確立されているものも，これらがフルードインフォマティクスの枠組みの中で融合することにより，新たな発展の可能性が期待される。

1.3 本書の構成

1章では，「フルードインフォマティクス」とはどのような分野か，2章以降の学問領域がそれぞれどのように結びついているのか，何が新たに実現できるのかについて展望した。

2章では，最初に流れの実現象を知ることの重要性について確認した後で，計測とシミュレーションを融合することにより，流れの実現象を正確にとらえられることを述べる。計測とシミュレーションの融合手法の代表的な例として，ティホノフ正則化，4次元変分法，カルマンフィルタ，オブザーバについて説明する。CFDモデルを用いた流れのオブザーバである計測融合シミュレーションを取り上げ，計算の基礎式と固有値解析に基づくフィードバックの設計法について述べた後で，具体的な例として，正方形管路内の乱流場，カルマン渦列，血管内血流の解析例を示す。

3章の定性物理では，数値シミュレーションが流れの膨大な数値データによって流れを理解しようとするのに対して，渦などの流れの本質的な要素による流れの定性的表現手法に関して，最新の研究成果をわかりやすく説明する。

4章の協調的可視化では，3次元空間に広がりを持ち，時間的にも変動する流れを理解するための最新の可視化の研究成果について，とくにソフトウェア側がユーザと協調して，概念設計レベルからパラメータ調整レベルまで，適切な可視化を設計する方式を実現する協調的可視化に関して説明する。

5章のデータマイニングでは，環境・エネルギー，バイオなど，あらゆる分野で生み出される膨大な流れのデータから，共通する普遍的な流体情報を抽出するデータマイニングの最新の手法について解説する。

6章の流れの最適化では，高速車両や流体機械などの性能を飛躍的に改善するために不可欠な流れの最適化手法に関して，例を挙げながら解説する。

1.4 おわりに

本書の主題である「フルードインフォマティクス」について概観した。フルードインフォマティクスは，従来の数値流体力学(CFD)を含み，情報科学の研究手法を用いて流体研究を行う新しい学問分野である。従来の流体力学，情報科学との関連を，数値流体力学やバイオインフォマティクスとも関連づけながら説明した。フルードインフォマティクスで対象とする問題を，①データの生成，②データの転送，③情報の抽出に分類して整理した後，本書の内容についてまとめた。

◎参考文献

1) 保原充,大宮司久明：数値流体力学,東京大学出版会(1992)
2) 小林敏雄 編：数値流体力学ハンドブック,丸善(2003)
3) Ferziger, J. H., M. Perić：Computational Methods for Fluid Dynamics, 2nd ed., Springer-Verlag, Berlin Heidelberg New York(1999)
4) 橋本猛：情報理論,培風館(1997)
5) Shannon, C. E.：A Mathematical Theory of Communication, Bell System Technical Journal, Vol. 27, No. 3, pp. 379-423 (1948)
6) Kalman, R. E.：A New Approach to Linear Filtering and Prediction Problems, Transactions of the ASME, Journal of Basic Engineering, Vol. 82D, No.1, pp. 35-45(1960)
7) Luenberger, D. G.：Observing State of Linear System, IEEE Transactions on Military Electronics, Vol. Mil8, No. 2, pp. 74-80(1964)
8) 小野欽司,上野晴樹,根岸正光,坂内正夫,安達淳：情報学とは何か,丸善(2002)
9) 藤山秋佐夫,松原謙一 編：ゲノム生物学,共立出版(1996)
10) Microsoft：Microsoft(R)Encarta(R)Encyclopedia 2001, Microsoft Corporation(2001)
11) The American Heritage Dictionary of the English Language, Third Edition, Houghton Mifflin(1994)
12) Biomedical Engineering Handbook, ed. J. Bronzino, CRC Press(2000)
13) 国際水理学会：Available from　http://www.iwapublishing.com/
14) Proceedings of 1st International Symposium on Advanced Fluid Information, Zao(2001)
15) 流体情報学ワークショップ：日本機械学会流体工学部門講演会講演概要集, pp. 286-290(2001)
16) Proceedings of 7th International Symposium on Advanced Fluid Information and 4th International Symposium on Transdisciplinary Fluid Integration, Sendai(2007)
17) Hayase, T., Hayashi, S.：State estimator of flow as an integrated computational method with the feedback of online experimental measurement, Journal of Fluids Engineering-Transactions of the ASME. Vol. 119, No. 4, pp. 814-822 (1997)
18) 寺坂晴夫,清水泉介,竹島由里子：可視化のための大規模数値データの圧縮と復元,可視化情報学会論文集, Vol. 23, No. 6, pp. 52-57(2003)
19) 中村,渡邊,戸谷,古川：日本機械学会2002年度年次大会講演論文集(Ⅶ), pp. 17-18(2002)
20) Obayashi, S., Jeong, S., Chiba, K., Morino, H.：Multi-Objective Design Exploration and its application to regional-jet wing design, Transactions of the Japan Society for Aeronautical and Space Sciences. Vol. 50, No. 167, pp. 1-8(2007)

計測とシミュレーションの融合

　流れの実現象を正確かつ詳細に知る，すなわち再現することは難しい。通常，計測で得られる流れの情報は限られており，数値シミュレーションで得られる情報は理想状態のもので実際の状態とは正確に一致しないのが普通である。本章では，最初に，なぜ流れの実現象を知ることが重要であるかを確認した後で，計測とシミュレーションを融合することにより，流れの実現象を正確にとらえられることを述べ，いくつかの代表的な手法について説明する。その後で，流れの数値シミュレーションをシステムの数学モデルとして用いたオブザーバである計測融合シミュレーションについて詳しく説明し，いくつかの解析例を示す。本章の内容は流体の問題に留まらないが，本書の趣旨から，ここでは流体の問題に限って議論を進めることにする。

2.1 はじめに

　流れの実現象を知ることが重要な問題は，表-2.1 に示すように，予測・診断・制御の3つに分類できる。まず，「予測」の問題では「天気予報」における数値予測がその代表例である。現在の状態(初期値)を正確に知って初めてシミュレーションによる正確な予測が可能となる。世界中にまばらに分布した観測点のデータを元に，正確な初期値を得る手法は，気象学の分野でデータ同化手法として，古くから研究されている。データ同化の詳細については，次節で詳しく述べる。また，化学プラントの事故により化学物質が短期的・長期的にどのように分散するか，花粉症の時期に花粉が風にのってどのように分散するかの予測なども，同種の

表-2.1　流れの実現象を知ることの重要性

分類	例
予測	天気予報 プラント事故，火山噴火時の災害予測
診断	動脈瘤血管壁に作用する局所血圧，せん断応力 原子力プラントの異常同定
制御	航空機の突風応答制御 半導体製造プロセスのプラズマ流制御

問題である。火山噴火時の火砕流による被害予測も，現実の初期条件を与えられればより正確に行うことが可能となる。「診断」の問題では，例えば，医療分野での超音波診断装置による動脈瘤の診断で，血管壁に作用する局所圧力が同時に得られるようになれば，より適切な診断や治療計画が行える可能性がある。また，原子力プラント内部の詳細な状態がリアルタイムでモニタ可能になれば，異常発生時の内部の的確な状況把握による対処が可能となり，安全性の向上に役立てることができる。最後に「制御」の問題では，これまで，理論的な研究はあったものの，制御に用いる複雑な流れ場の状態量の計測の困難さのため，実際の流れで制御を実現することは困難であった。流れ場の状態量をリアルタイムで知ることができれば，航空機の安全性を向上させる突風応答の制御や，高性能半導体製造に不可欠なプラズマ流の制御を実現することが可能となる。

　流れの実現象の状態量を知るための直接的な方法は，対象となる流れに対して計測を行うことである。近年の流れの計測技術の進歩により，流れのさまざまな状態量が計測可能となってきているが，流れ場の任意の状態量を計測することは現状では難しい。例えば，流れ場内の圧力分布を流れに影響を与えることなしに計測する一般的な方法は現状では存在しない。時空間に広がる流れ場の状態量の分布を詳細に計測することも難しい。有限個の測定値から任意の位置の状態量を得る補間法も種々存在するが，言うまでもなく計測不可能な状態量については対応できない。

　一方，対象とする流れの数学モデルの解を数値的に求める数値シミュレーション（以下，シミュレーション）の技術が，近年飛躍的に発達しており，計算機性能の向上ともあいまって，複雑な流れ場のシミュレーションが可能となっている。シミュレーションによれば，流れ場の任意の状態量の分布を計算により求めることが可能である。しかしながら，流れの実現象のシミュレーションには，対象とする流れに対する初期条件と境界条件を正確に与えない限り，実現象を再現することは原理的に不可能であり，とくに，計算精度の向上により次元数

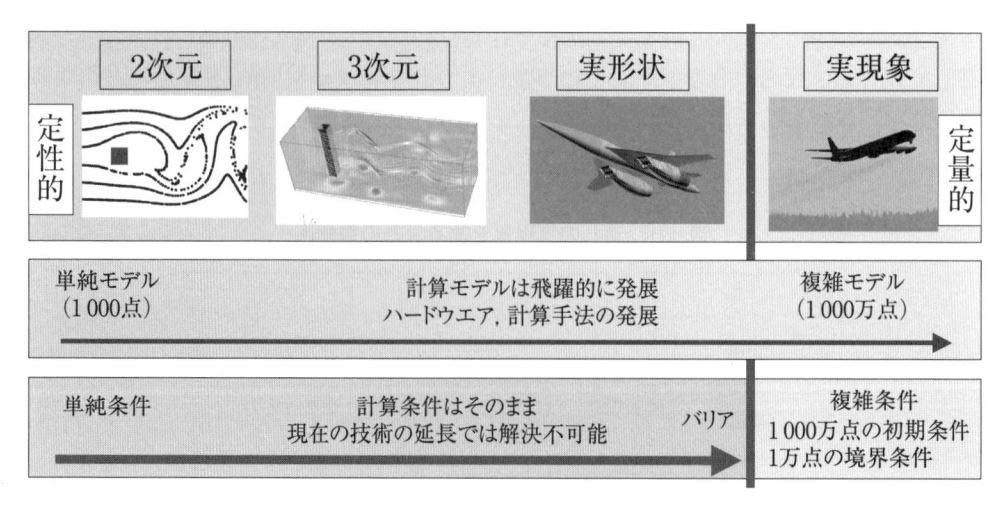

図-2.1　数値シミュレーションの発展

が飛躍的に増大した近年の数値計算では，これらの条件を正確に与えることは現実的に不可能である(図-2.1)。

以上のように，計測あるいはシミュレーション単独では，流れの実現象を再現することは困難である。そこで，計測とシミュレーションを融合することにより，流れの実現象を再現する研究がさまざまな分野で行われている。計測と数値シミュレーションにそれらの融合手法を加えて比較したものが表-2.2である。流れの実現象を知るためには，計測は測定精度の範囲内で実現象の正確な情報を与えるが，得られる情報が限られており，一方，数値シミュレーションは，流れの任意の情報が得られるが，実現象の条件を設定することが困難なために，一般に，実現象に正確に一致する結果は得られない。したがって，限られた計測データを基に，実現象とシミュレーションとの誤差を打消す仕組みを数値シミュレーションに付加することができれば，実現象の流れの正確なシミュレーションが可能となる。

表-2.2 流れの実現象を知るための手法の比較

	実現象の正確な情報が得られるか	実現象の詳細な情報が得られるか
計 測	正 確 (測定精度の範囲内で)	一部の情報に制限される (計測法により情報の種類，時間・空間分布が制限される)
数値シミュレーション	正確とは限らない (正確な初期条件・境界条件が与えられないため)	任意の情報が得られる
計測とシミュレーションの融合手法	正 確 (計測結果によりシミュレーションの誤差を補償)	任意の情報が得られる

2.2 流れの実現象を知るための手法

実現象における流れの状態を知るために，これまで行われてきた研究は大きく次の3つに分類することができる。

(1) 計測法の開発

実現象の流れの状態を知るための最も基本的な方法は，言うまでもなく流れを直接計測することである。流れ場の計測は，主に，速度場と圧力場に対して行われる。速度場の計測は，以前は，ピトー管，熱線流速計，レーザ流速計など，一点で一方向の速度成分を計測する方法がほとんどであったが，近年では，面上の多数の点での多成分の速度計測が可能となっている。流れ場の中に混入した多数の粒子の画像の2時刻の相関から画像面内の速度ベクトル場の情報を得る粒子画像流速測定法(PIV，Particle image velocimetry)が広く用いられるようになった[1]。最近では，3次元速度ベクトルの面内計測や，数千ヘルツの高周波数計測が

可能となっているが，光学系を含む計測装置の設置が複雑である，計測領域が限られる，粒子の混入が必要であるなど，実験室内での利用が主で，任意の流れ場に適用できるわけではない。また，医療画像診断の分野では，血管内に照射した超音波ビームのドプラ効果による周波数シフトを利用して，超音波ビーム方向の速度成分の面内計測を行う方法[2]や，磁場による核磁気共鳴現象(NMR)を利用した3次元の血流速度の面内計測を行う方法が実用化されている[3]。これらの医療計測は，診断への適用が目的であり，計測精度に関する検討は十分にはなされていない。最近では，超音波計測を工学計測に応用する研究も活発に行われている[4]。

一方，流れ場中の圧力は，物体の抵抗や揚力に関係する重要な状態量であるが，流れを乱すことなく非接触で流れ場内部の圧力を計測する方法は現在のところ存在しない。流れ場中に置かれた物体表面の圧力は，物体表面に圧力孔を設けて圧力変換器で計測する点計測が多く用いられているが，最近では，感圧塗料を塗布し，表面画像の輝度分布から物体表面の圧力分布を計測する方法が開発されており，応用に向けた研究が盛んに行われている[5]。

(2) 計測結果の補間，関数展開など

上で述べたように，計測により得られる速度や圧力などの流れ場の情報は，時空間のある領域に分散している。これらの計測データから，任意の位置，任意の時刻の状態量を得るために，補間や直交関数による級数近似が用いられる。

最も単純な補間法は線形補間であり，広く用いられている。2次元以上の場合は，双線形補間に拡張される。また，直交関数系の有限項の線形結合として表現する関数近似も広く用いられている。最小2乗の意味で誤差を最小化するフーリエ級数による近似や，定義域内の誤差の最大値を最小化する最良近似として，チェビシェフ多項式近似が用いられる[6]。最近では，固有直交分解(POD：Proper Orthogonal Decomposition)と呼ばれる直交関数展開も広く用いられている[7]。また，多方向からの計測データを元に3次元情報を再構成するCT (Computed tomography)技術が医療分野を中心に広く用いられている。流体分野では，電磁流量計に応用して管路内の3次元の流れ構造をCTで再構築した研究がある[8]。

(3) 計測と数学モデルの融合

数値シミュレーションにより，実現象の流れの状態を再現するためには，正確なモデルと正確な初期条件と境界条件が不可欠である。後者については，定常な層流解を求めるような場合には，初期条件はとくに重要ではないが，実現象における不規則な乱れを含む流れ場を再現するためには，初期条件と境界条件を正確に与える必要がある。乱流など不安定な流れで，解の挙動が初期値に鋭敏に依存するような場合は，後に述べるように更に注意が必要である。

これらの問題を克服するため，気象分野では，一定時間ごとに初期条件を計測結果を基に更新しながら数値シミュレーションを行い，気象の数値予測を行っている。初期条件の更新法として，計測結果のみに依存する「最適内挿法」や，計測結果と物理モデルの両方を用いる「4次元変分法」などがある。これらについては，後で詳しく述べる。近年発達した可視化流

体計測の分野でも，粒子画像流速測定法(PIV)により得られた計測面内の格子点上の速度ベクトルデータを用いて，ナビエ・ストークス方程式を基に速度ベクトル場や圧力場を推定する研究が行われている[9), 10)]。情報・制御分野においても，計測データと系の数学モデルから状態量を推定する問題は，これまで盛んに研究されている。流れ場への適用に関して，カルマンフィルタ，オブザーバ，最適フィルタ，ティホノフ正則化の手法の適用例がある。

以上述べた手法のうち，主要なものについて以下に詳しく述べる。

2.2.1 固有直交分解(POD)

固有直交分解(POD：Proper Orthogonal Decomposition)は，主成分分析，Karhunen-Loéve展開，特異値分解とも呼ばれている[7)]。固有直交分解は，時空間データの集合に対して，行と列をそれぞれ時間軸と空間軸に対応させた行列で表し，その行列を特異値分解することにより得られる[7)]。行列の特異値とは，非正方行列に対して，その転置行列との積により得られる対称な正方行列の固有値の平方根で，すべて正の値を持ち，定義により，大きい順番に並べられる。時空間データを固有直交分解することにより，最初の有限項の和として任意のデータを近似したときに，元のデータとの最小二乗誤差が最小となることが知られている。

固有直交分解は，統計分野，パターン認識，最適化をはじめさまざまな分野で利用されている。流体解析の分野では，低次元の関数の和として複雑な流れ場の基本的な構造が近似できる性質を利用して，乱流場の解析[11)]や，流れ場の制御[12)]，流れ場の最適化の研究などに応用されている。

2.2.2 ティホノフ正則化

ティホノフ正則化は，逆問題の分野で用いられる手法である[13)]。一般に，多くの逆問題は次の形に定式化される。

$$Kx = y \qquad (2.1)$$

ここで K は既知の積分変換や行列を，x は未知の関数やベクトル，y は既知の関数やベクトルを表す。多くの逆問題では，式(2.1)は一意解をもたず，その場合，最小ノルム最小2乗解は次の正規方程式を満たす。

$$K^*Kx = K^*y \qquad (2.2)$$

ここで K^* は K の共役作用素である。

上の方程式は一般に適切ではない(解の「存在」，「一意性」，「連続性」の少なくとも1つが失われる)ので，正の正則化パラメータ α による αx の項を左辺に加えて問題を適切化し，その解を元の問題の近似解として求める。

$$x_\alpha = (K^*K + \alpha I)^{-1} K^* y \qquad (2.3)$$

ティホノフ正則化手法を，計測データと数値計算結果の融合に用いる研究がなされている[14]。この手法は，航空機の翼周りの圧力分布の推定問題に適用され，良好な結果が得られている。

2.2.3 4次元変分法(4DVAR)

4次元変分法(four-dimensional variational，4DVAR)は気象学の分野における数値気象予測で用いられる手法である[15]。4次元の意味は，空間3次元＋時間1次元の意味である。数値天気予報において，シミュレーションのための初期値を生成する際に，すべての計算格子点で観測データが与えられるわけではなく，有限個の観測データから初期値を生成する手法が必要となる。そのために，変分法を用いて，過去の一定時間における数値計算結果と観測データからなる評価関数を最小化する数値計算結果を求め，それを用いて初期条件を設定するのが4次元変分法である。本手法では，最適解を求めるまでに，数値シミュレーションを繰り返し実行する必要があり，計算負荷が大きいのが難点である。

気象分野や地球科学の分野では，計測データと現象のモデルから状態量を求める方法が古くから研究され，「データ同化(Assimilation)」と呼ばれている。4DVARは非逐次型のデータ同化手法である。これに対して，逐次型のデータ同化手法として，カルマンフィルタ，アンサンブルカルマンフィルタ，粒子フィルタなどがある。逐次型のデータ同化は，時間の経過とともにモデルの状態が実現象の状態に漸近していくものであり，一般に，非逐次型の4DVARに比べて計算量が少ないという利点を持つ。最近では，データ同化を，大気・海洋から生体や宇宙など幅広い分野の問題に応用しようとする研究が行われている。これらの研究は，実現象を確率システムとして扱い，計測に含まれる誤差をできる限り正しく評価しようとする方向で進められている。

なお，次式のように観測データが存在する格子点での観測値とシミュレーション値の誤差を用いて，シミュレーション値を動的に補正する手法は「連続データ同化」と呼ばれる。

$$\frac{dT}{dt} = F - f(T - T_0) \tag{2.4}$$

ここで，T：格子点における任意の予報変数(シミュレーション値)，T_0：Tに対応する観測データ，F：シミュレーションで用いるTの時間変化，f：補正のための人為的な外力項である。この手法によれば，短い時間間隔で得られる観測データが容易に取り込めるが，外力項fの決定のための数学的根拠が乏しいことが難点とされる。なお，後で述べる流れのオブザーバは，この連続データ同化を一般化したものである。

2.2.4 カルマンフィルタ

カルマンフィルタは1960年にR.E.Kalmanによって提案された確率システムの状態推定法である[16]。カルマンフィルタを用いれば，線形離散時間系の状態方程式と確率変数の統計量が既知のとき，ガウス過程においては，あらゆるフィルタの中で，平均2乗誤差を最小にする最適な推定値を逐次的に得ることができる[17]。カルマンフィルタが発表されるや，画期的

な状態推定手法として1960年代の宇宙開発に大いに貢献した[18]。流れの問題への初期の適用例としては，管路内の非定常流の速度分布推定に応用した研究がある[19]。現在でも，気象，海洋，工業など多くの分野で利用されている。

カルマンフィルタにおいて，入力ベクトルや雑音の分散などが未知の場合には，適応カルマンフィルタが，非線形離散時間システムに対しては拡張カルマンフィルタやアンセンテッドカルマンフィルタが用いられる[17]。

確率システムにおいて，確率変数の確率密度関数の推定値も必要とする場合は，複数の状態変数の集合(アンサンブル)に対してカルマンフィルタを適用するアンサンブルカルマンフィルタが用いられる[20),21)]。また，アンサンブルカルマンフィルタと類似の手法で，観測データの更新にカルマンゲインを用いない，より簡便な方法として「粒子フィルタ(Particle filter)」があり，適用の柔軟性や実装の容易さなどから，最近注目を集めている[22]。

2.2.5 オブザーバ

オブザーバ(observer)は状態観測器とも呼ばれ，1964年にD.G.Luenbergerによって提案された現代制御理論における重要な要素である[23]。現代制御理論では，制御対象の全状態量を用いてフィードバック信号を生成する状態フィードバック制御が重要な役割を果たす。制御対象の状態変数の数は，制御対象を記述する微分方程式の次数に等しいので，複雑な高次システムに対しては，全状態変数を計測することは困難な場合が多い。そこで，オブザーバは，計測可能なシステムの出力と，システムの数学モデルを用いて，すべての状態変数を逐次的に推定する[24]。

以下に，オブザーバの原理について簡単に述べる。

連続時間線形システムの状態方程式は次式で表される。

$$\frac{dx}{dt} = Ax + Bu$$
$$y = Cx \tag{2.5}$$

ここで，xはn次元の状態ベクトル，uはm次元の入力，yはl次元の出力で，一般に出力の次元lはシステムの次元nより小さい場合が多い。システムのモデルは次式で与えられるとする。

$$\frac{d\hat{x}}{dt} = \hat{A}\hat{x} + \hat{B}u$$
$$\hat{y} = \hat{C}\hat{x} \tag{2.6}$$

モデルに対応する変数には^を付して表す。入力uにはシステムと同じ入力を加えるため^がないことに注意する。モデルのパラメータは正確であるとして，$\hat{A}=A$，$\hat{B}=B$，$\hat{C}=C$とし，さらにモデルの入力を$u=K(y-\hat{y})$で与えると，モデルの第1式よりオブザーバの基礎式が得られる。

$$\frac{d\hat{x}}{dt} = A\hat{x} + BKC(x - \hat{x}) \tag{2.7}$$

システムの状態方程式との差をとると次式となる。

$$\frac{d(\hat{x} - x)}{dt} = (A - BKC)(\hat{x} - x) \tag{2.8}$$

上式は，システム行列$(A-BKC)$の固有値がすべて負の実部をもてば，状態変数の推定誤差$\hat{x}-x$が，指数関数的に0に漸近することを示している。システムが可観測の条件を満たせば，Kを適切に設定することにより，上記の固有値を複素平面上の任意の点に指定できることが分かっている。オブザーバゲインの設計法については文献24)を参照のこと。

上記は，同一次元オブザーバと呼ばれる。次数が入力変数の次数分だけ低い「最小次元オブザーバ」，システムのパラメータが未知の場合の「適応オブザーバ」，未知の入力を推定する「未知入力オブザーバ」，外乱を推定する「外乱除去オブザーバ，外乱推定オブザーバ」，非線形系に対する「非線形オブザーバ」などがある。前項で述べたカルマンフィルタの構造は，同一次元オブザーバと同じであり，同一次元の最適オブザーバとしてとらえることもできる。

次節で取り扱う，計測融合シミュレーションは，同一次元オブザーバのシステムモデルを，数値流体解析(CFD)のモデルで置き換えたものである。CFDのモデルは，一般に多次元(数千次元〜数億次元)の非線形差分方程式で与えられる。従来のオブザーバの設計法をそのまま適用することは困難であり，フィードバック則の系統的な設計法は現状では確立されておらず，個々の問題ごとに試行錯誤的に設計する必要があるが，いったん，適切なフィードバック則が得られれば，CFDの特徴を生かした高精度の解析が可能となる。さまざまな流れ場に対して計測融合シミュレーションの有効性が確認されている[25)-28)]。

2.3 計測融合シミュレーション

前節では，流れの実現象を知るためのさまざまな手法について述べたが，本節では，その中でとくに，CFDのモデルを用いたオブザーバである計測融合シミュレーションについて述べる。また，本手法は，式(2.4)で述べた連続同化手法と見ることもできる。

2.3.1 計測融合シミュレーションの定式化

本項では，計測融合シミュレーションに用いる基礎式を定式化する[29)]。最初に，実現象の流れ場の計測結果と流れ場のシミュレーション結果との差をシミュレーション計算にフィードバックする計測融合シミュレーションの基礎式を与える。次に，計測融合シミュレーションが実現象の流れ場に収束する過程を解析するため，両者の差の時間発展を記述する線形化誤差ダイナミクス式を導出する。最後に，系統的なフィードバックゲインの設計を可能とするための固有値解析の基礎式を導出する。

(1) 計測融合シミュレーションの基礎式

非圧縮粘性流体の流れ場は，以下のナビエ・ストークス方程式と圧力方程式および初期条件，境界条件によって支配される。

$$\frac{\partial \boldsymbol{u}}{\partial t} = -(\boldsymbol{u}\cdot\nabla)\boldsymbol{u} + \nu\cdot\Delta\boldsymbol{u} - \nabla p + \boldsymbol{f} = \boldsymbol{g}(\boldsymbol{u}) - \nabla p + \boldsymbol{f} \tag{2.9}$$

$$\Delta p = -\nabla\cdot\{(\boldsymbol{u}\cdot\nabla)\boldsymbol{u}\} + \nabla\cdot\boldsymbol{f} = q(\boldsymbol{u}) + \nabla\cdot\boldsymbol{f} \tag{2.10}$$

上式で，p は圧力を密度 ρ で除したもの，$\boldsymbol{u}=(u_1, u_2, u_3)$ は速度ベクトル，$\boldsymbol{f}$ は後に述べるフィードバック信号に対応する外力項で，$\rho\boldsymbol{f}$ が体積力を表す。右辺は，関数 $\boldsymbol{g}$, q により記述を簡略化している。圧力方程式は，ナビエ・ストークス方程式の発散(divergence)を取ったものに連続式を代入することによって得られる。以下では，上式を基に議論を進める。

流れの数値解析では，基礎式(2.9),(2.10)を，領域 V および境界 ∂V において離散化する。格子点数を N, 領域および境界の離散点からなる集合を V_N, ∂V_N とし，上の $\boldsymbol{u}(t,\boldsymbol{x})$, $p(t,\boldsymbol{x})$ に対応する $3N$ 次元ベクトルおよび N 次元ベクトルをそれぞれ $\boldsymbol{u}_N$, $\boldsymbol{p}_N$ とする。このとき，式(2.9),(2.10)に対応する離散モデルを次式で表す。

$$\begin{cases} \dfrac{d\boldsymbol{u}_N}{dt} = \boldsymbol{g}_N(\boldsymbol{u}_N) - \nabla_N \boldsymbol{p}_N + \boldsymbol{f}_N \\ \Delta_N \boldsymbol{p}_N = \boldsymbol{q}_N(\boldsymbol{u}_N) + \nabla_N^T \boldsymbol{f}_N \end{cases} \tag{2.11}$$

ここで，$3N\times N$ 行列 ∇_N, $N\times N$ 行列 Δ_N はそれぞれ ∇, Δ の離散表現の行列である。上式の $\boldsymbol{g}_N$, $\boldsymbol{q}_N$ の離散表現は，離散化の方法(中心差分，高次風上差分，…等)により異なった形式となること，また境界条件の影響も含んでいることに注意する。

実現象の流れのスカラー場から，N 個の格子点上での値を抽出する写像を $\boldsymbol{D}_N$ とする。また，$\boldsymbol{D}_N(\boldsymbol{u})=[\boldsymbol{D}_N(u_1)^T \boldsymbol{D}_N(u_2)^T \boldsymbol{D}_N(u_3)^T]^T$ とする。この写像は，理想的な計測とみなすことができる。式(2.9),(2.10)に $\boldsymbol{D}_N$ を作用させると次式となる。

$$\begin{cases} \dfrac{d}{dt}\boldsymbol{D}_N(\boldsymbol{u}) = \boldsymbol{D}_N(\boldsymbol{g}(\boldsymbol{u})) - \boldsymbol{D}_N(\nabla p) \\ \boldsymbol{D}_N(\Delta p) = \boldsymbol{D}_N(q(\boldsymbol{u})) \end{cases} \tag{2.12}$$

上式が実現象の流れ場の離散化モデルである。ただし実現象の流れ場には外力は作用していない($\boldsymbol{D}_N(\boldsymbol{f})=0$)としている。

一方，計測融合シミュレーションでは，式(2.11)において，実現象と数値シミュレーションの出力の関数として記述される外力項を数値シミュレーションに加える。本章で扱う計測融合シミュレーションでは，速度および圧力の計測結果と対応する計算結果をそれぞれ出力とし，それらの差の線形関数として外力項が表される場合を考える。このようなフィードバックは，制御理論では「線形出力フィードバック」と呼ばれている。この場合，式(2.11)の

外力項は次式で表される。

$$f_N = -K_u\{C_u u_N - C_u(D_N(u)+\varepsilon_u)\} - K_p\{C_p p_N - C_p(D_N(p)+\varepsilon_p)\} \qquad (2.13)$$

ここで，$3N \times 3N$ 行列 C_u および $N \times N$ 行列 C_p は計測可能な格子点上のデータに対しては1，それ以外では0を対角要素とする対角行列である。$3N \times 3N$ 行列 K_u および $3N \times N$ 行列 K_p はゲイン行列である。$3N$ 次元ベクトル ε_u および N 次元ベクトル ε_p は計測誤差を表す。なお，計測融合シミュレーションでは，計算結果の誤差を修正する外力を加えるという物理的な意味を明らかにするため，誤差項の符号が通常のオブザーバーの場合と逆になっていることに注意する。すなわち，通常のオブザーバーの表式では，式(2.13)の右辺の2箇所のゲインの前の符号は正であり，中括弧内の項の順番が逆になっている場合が多い。式(2.13)を式(2.11)に代入すれば，計測融合シミュレーションの基礎式が得られる。

$$\begin{cases} \dfrac{du_N}{dt} = g_N(u_N) - \nabla_N p_N - K_u C_u\{u_N - (D_N(u)+\varepsilon_u)\} - K_p C_p\{p_N - (D_N(p)+\varepsilon_p)\} \\ \Delta_N p_N = q_N(u_N) - \nabla_N^T K_u C_u\{u_N - (D_N(u)+\varepsilon_u)\} - \nabla_N^T K_p C_p\{p_N - (D_N(p)+\varepsilon_p)\} \end{cases} \qquad (2.14)$$

以上の議論より，計測融合シミュレーションは，通常の流れの数値シミュレーションに，フィードバック信号に対応する外力項を加えることで容易に実現できることがわかる。ただし，式(2.14)第1式のフィードバック項に含まれる未知変数 u_N を数値計算アルゴリズムで単純に生成項に加えた場合は，フィードバックゲインが大きい場合に数値計算の安定性が悪化する場合があるので，注意が必要である。

計測融合シミュレーションの設計で問題となるのは，フィードバックゲイン行列 K_u と K_p をいかに決定するかである。これまでは，対象とする流れ場に応じて，計測可能な状態量と計測位置を考慮しながら，流れ場の物理的な考察に基づきフィードバックゲイン行列の0でない要素を決定し，それぞれの値は，数値実験により試行錯誤的に決定していた。経験的には，計測した速度の誤差を減少させるようなフィードバックを加えるという考え方から，速度に対応するフィードバックゲイン行列の対角要素に一定の値を仮定することによって良好な結果が得られている。

以下では，フィードバック則の決定をより系統的に行うため，計測融合シミュレーションの結果が実現象に収束する過程を表す「誤差ダイナミクス」を定式化する。

(2) 線形化誤差ダイナミクス

計測融合シミュレーションの結果が実現象に収束する過程を表す「誤差ダイナミクス」を定式化する。計測融合シミュレーションと実現象の流れ場について，ナビエ・ストークス式の差を求めると，式(2.14)第1式と式(2.12)第1式より次式となる。

$$\begin{aligned}
\frac{d}{dt}\bigl(u_N - D_N(u)\bigr) &= g_N(u_N) - \nabla_N p_N - K_u C_u\bigl(u_N - D_N(u)\bigr) - K_p C_p\bigl(p_N - D_N(p)\bigr) \\
&\quad + K_u C_u \varepsilon_u + K_p C_p \varepsilon_p - D_N\bigl(g(u)\bigr) + D_N(\nabla p) \\
&= g_N(u_N) \underline{- g_N\bigl(D_N(u)\bigr) + g_N\bigl(D_N(u)\bigr)} - D_N\bigl(g(u)\bigr) \\
&\quad - \nabla_N p_N \underline{+ \nabla_N\bigl(D_N(p)\bigr) - \nabla_N\bigl(D_N(p)\bigr)} + D_N(\nabla p) \\
&\quad - K_u C_u\bigl(u_N - D_N(u)\bigr) - K_p C_p\bigl(p_N - D_N(p)\bigr) + K_u C_u \varepsilon_u + K_p C_p \varepsilon_p
\end{aligned} \quad (2.15)$$

上式の右辺第2式では，下線部の打ち消しあって0となる項が加えられている．2箇所ある下線部の第1項を，それぞれ u_N および p_N 周りにテーラー展開し，2次以上の高次項を無視すると線形化誤差ダイナミクス式が得られる．

$$\begin{aligned}
\frac{d}{dt}\bigl(u_N - D_N(u)\bigr) &= \left(\left.\frac{dg_N}{du_N}\right|_{u_N} - K_u C_u\right)\bigl(u_N - D_N(u)\bigr) \\
&\quad + \bigl(-\nabla_N - K_p C_p\bigr)\bigl(p_N - D_N(p)\bigr) \\
&\quad + \underline{g_N\bigl(D_N(u)\bigr) - D_N\bigl(g(u)\bigr) - \nabla_N\bigl(D_N(p)\bigr) + D_N(\nabla p)} \\
&\quad + \underline{\underline{K_u C_u \varepsilon_u + K_p C_p \varepsilon_p}}
\end{aligned} \quad (2.16)$$

上式で，下線部は数値計算のモデル化誤差を，二重下線部は計測誤差を表している．

(3) 固有値解析の基礎式

線形化誤差ダイナミクス式(2.16)で，簡単のため，モデル化誤差(下線部分)と計測誤差(二重下線部分)を0とし，圧力のフィードバックを行わない($K_p=0$)の場合を考える．このとき，式(2.16)は次式となる．

$$\frac{de_u}{dt} = A e_u - \nabla_N e_p \quad (2.17)$$

ここで，システム行列 A，速度誤差 e_u，圧力誤差 e_p は次式で与えられる．

$$A \equiv \left.\frac{dg_N}{du_N}\right|_{u_N} - K_u C_u, \quad e_u \equiv u_N - D_N(u), \quad e_p \equiv p_N - D_N(p) \quad (2.18)$$

以下では，ベクトル場のワイル分解[30]を用いて式(2.17)の圧力誤差項を消去するとともに，速度誤差を低次元化する．

ベクトル場のワイル分解は以下のように定義される．

ベクトル場のワイル分解：空間内の領域を V としその境界を ∂V とする．V 上の任意のベクトル場 w は次の形に一意に分解される．

$$\begin{aligned}
&w = v + \mathrm{grad}\,\phi \\
&\mathrm{div}\,v = 0 \quad \text{and} \quad v \bullet n = 0, \quad x \in \partial V
\end{aligned} \quad (2.19)$$

ここで n は境界上の外向き法線ベクトルである．さて，計算領域内の各格子点上において，

2 計測とシミュレーションの融合

速度誤差に関する連続式を以下のように表す。

$$\boldsymbol{b}_i^T \boldsymbol{e_u} = \boldsymbol{b}_i^T \boldsymbol{u}_N - \boldsymbol{b}_i^T \boldsymbol{D}_N(\boldsymbol{u}) = 0 \quad (i=1,\cdots N) \tag{2.20}$$

このとき前出の $3N \times N$ 行列 ∇_N は，次式で与えられる。

$$\nabla_N = \begin{bmatrix} \boldsymbol{b}_1 & \boldsymbol{b}_2 & \cdots & \boldsymbol{b}_N \end{bmatrix} \tag{2.21}$$

∇_N が張る N 次元部分空間を B とする。また，$2N$ 次元部分空間である B の直交補空間 $B^\perp$ の正規直交基底 $\tilde{\boldsymbol{b}}_1, \tilde{\boldsymbol{b}}_2, \cdots, \tilde{\boldsymbol{b}}_{2N}$ を用いて，$3N \times 2N$ 行列 $\tilde{B}$ を以下のように定義する。

$$\tilde{B} = \begin{bmatrix} \tilde{\boldsymbol{b}}_1 & \tilde{\boldsymbol{b}}_2 & \cdots & \tilde{\boldsymbol{b}}_{2N} \end{bmatrix} \tag{2.22}$$

ここで，$B^\perp$ への射影作用素を $\boldsymbol{P}$ とするとき，$\boldsymbol{P}$ は次式で与えられる。

$$\boldsymbol{P} = \tilde{B}\tilde{B}^T \tag{2.23}$$

射影作用素 $\boldsymbol{P}$ を用いて式(2.17)の射影は以下のように表される。

$$\boldsymbol{P}\frac{d\boldsymbol{e_u}}{dt} = \boldsymbol{P}\boldsymbol{A}\boldsymbol{e_u} - \boldsymbol{P}\nabla_N \boldsymbol{e_p} \tag{2.24}$$

ここで，$\nabla_N \boldsymbol{e_p} \in B$ であることから，明らかに $\boldsymbol{P}\nabla_N \boldsymbol{e_p} = \boldsymbol{0}$ であり，また式(2.20)より $\boldsymbol{e_u} \in B^\perp$ であるから，$\boldsymbol{P}\boldsymbol{e_u} = \boldsymbol{e_u}$ である。これらのことから，式(2.24)は次式となる(**図-2.2** 参照)。

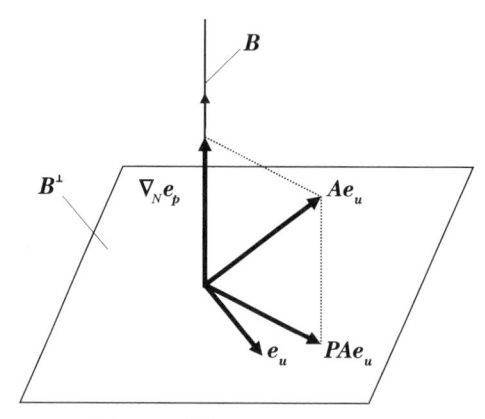

図-2.2 速度ベクトル場の分解

$$\frac{d\boldsymbol{e_u}}{dt} = \tilde{B}\tilde{B}^T \boldsymbol{A}\boldsymbol{e_u} \tag{2.25}$$

$B^\perp$ 上の $\boldsymbol{e_u}$ は $2N$ 次元ベクトル $\boldsymbol{e}'_u$ を用いて次のように表される。

$$\boldsymbol{e_u} = \tilde{B}\boldsymbol{e}'_u \tag{2.26}$$

式(2.26)を式(2.25)に代入すると次式が得られる。

$$\frac{d\boldsymbol{e}'}{dt} = \boldsymbol{A}'\boldsymbol{e}'_u \tag{2.27}$$

ここで $\boldsymbol{A}'$ は次式で表される $2N \times 2N$ 行列である．

$$\boldsymbol{A}' = \tilde{\boldsymbol{B}}^T \boldsymbol{A} \hat{\boldsymbol{B}} \tag{2.28}$$

計測融合シミュレーションの速度誤差(実現象との差)の時間変化の線形近似式が式(2.27)で表されることから，そのシステム行列 $\boldsymbol{A}'$ [式(2.28)]の固有値を解析することで，計測融合シミュレーションの収束性に関する特性を解析することができる[29]．

2.3.2 計測融合シミュレーションの解析例

　本節では計測融合シミュレーションの例を示す．最初に，正方形管路内の乱流場を例にとって，基準となる数値解の一部の情報を数値シミュレーションにフィードバックすることにより，数値シミュレーションが基準解に収束し，乱流構造を正確に再現できることを数値実験により示す．次に，計測融合シミュレーションの実システムへの適用例として，風洞実験装置とコンピュータを一体化したハイブリッド風洞を取り上げ，風洞内に設置した角柱側面の圧力の計測結果とシミュレーション結果との誤差をシミュレーションにフィードバックすることによって，角柱後流に生じるカルマン渦列が，速度変動の位相も含めて正確に再現できることを示す．最後に，実際問題への応用例として，医療診断に用いられる超音波診断装置とコンピュータを用いて超音波計測融合血流シミュレーションシステムを構成し，超音波計測により得られた血流の超音波方向速度成分の誤差をシミュレーションにフィードバックすることによって，血管内の血流構造が正確に再現できることを示す．

(1) 正方形管路内乱流の再現

　流路内の流れや物体周りの流れでは，一般に流れの速度が大きくなると，流れの状態が層流から乱流に遷移する[31]．乱流の特徴は，広い周波数域にわたる不規則な速度変動を持つことである．我々の周りの流れは，ほとんどが乱流であり，また管路内の流れに生ずる抵抗は，乱流の場合は層流に比べて非常に大きく，流体機械の設計に重要であるなどの理由で，乱流の研究は古くから行われている．最近では，乱流を制御して抵抗を減少させ，省エネルギーの流体機械を実現する研究も行われている[32]．一般に効率のよい乱流制御を行うためには，乱流の詳細な構造に応じたフィードバック制御を行うことが効果的であるが，乱流構造を直接計測するには，膨大な数のセンサが必要になること，また，制御に必要な物体表面から離れた位置での計測は困難であるなどの問題がある．一方，数値シミュレーションを用いれば，流れ場の任意の位置での詳細な情報が得られるが，数値シミュレーションでは，正確な初期値と境界条件を与えることが困難であるので，実際の乱流の瞬時の流れ場の構造を正確に再現することは現実的に不可能である．また仮に，すべての初期条件と境界条件が分かったとしても，乱流のような不安定なシステムでは，初期条件の微少な誤差が時間とともに増幅し，

2 計測とシミュレーションの融合

時間の経過とともに,シミュレーション結果は実現象と離れることも知られている[33]。このように,計測でも,シミュレーションでも再現することができない乱流の構造を,計測融合シミュレーションを用いて再現する。

本項では,**図-2.3**に示すような正方形断面を持つ管路内の発達乱流を対象とする。このような流れは,多くの流体機械にみられ,また,単純な形状であるにもかかわらず,非円形管路内の乱流は時間平均した流れ場において,断面のコーナーに向かう2次流れが生じるのが特徴で,乱流の数値シミュレーションで広く用いられている $k-\varepsilon$ モデルでは,この2次流れが再現できないことから,乱流モデルのテストケースとしてもよく用いられている問題である[34],[35]。

図-2.4を参照して,前節の一般理論でも述べたように,計測融合シミュレーションでは,実際の流れ場と対応する数値シミュレーションの差に比例したフィードバック信号を数値シミュレーションに加え,数値シミュレーションの結果を実際の流れ場に収束させる。先に述べたように正方形管路内の乱流場の速度あるいは圧力といった状態量の瞬時値の分布を計測することは現時点では不可能であるので,実際の流れの代わりに,あらかじめ発達乱流の数値解を求めておき,これを実際の流れのモデルとして用いることにする(以後「基準解」と呼ぶ)。計測信号としては,圧力は用いず,計算格子点上の速度のみを用いる。すなわち,前節の一般式において,K_u のみを考慮し,K_p は0とした場合に相当する。また,速度ベクト

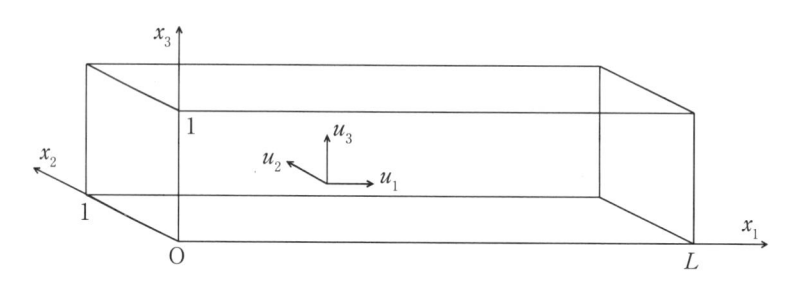

図-2.3 正方形管路内の座標系

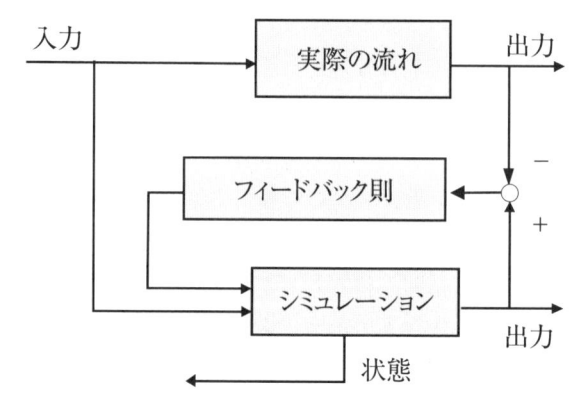

図-2.4 計測融合シミュレーションによる乱流場の再現

ルの計測データについては，すべての格子点ですべての速度成分が得られる場合，すべての格子点で一部の速度成分が得られる場合，一部の格子点ですべての速度成分が得られる場合についてそれぞれ調べる[36]。

以下に，本書で行った正方形管路内乱流の数値シミュレーションの概要を述べる。基礎方程式は，前節と同様，非圧縮の粘性流体を考え，ナビエ・ストークス方程式と連続式より求めた圧力方程式である[37]。図-2.3を参照して，速度場の境界条件としては，壁面上では滑りなしの条件(速度=0)，上流，下流断面には，速度については周期境界条件，圧力については圧力差一定の条件を与えた。

流れの数値解析手法について述べる。有限体積法により離散化した基礎方程式の数値解をSIMPLER法とよばれる反復解法により求める[38]。また，本計算において対流項の離散化には，物理的考察に基づき再定式化されたQUICKスキームを用いている[39]。また時間微分項の離散化には，2次精度の陰解法を用いた[40]。ここでは，流れの数値解法の詳細について述べる余裕はないが，興味のある読者は文献[41]を参照されたい。

計算条件を表-2.3に示す。諸量は正方形管の1辺の長さb，平均軸速度u_mおよび流体の密度ρを用いて無次元化されている。基準解として，レイノルズ数$R_{e0}(=u_m b/\nu)=9\,000$の乱流解が得られるように圧力差$\delta p$($\rho u_m^2$で無次元化)を設定した。計算には一様格子間隔を有するスタガード格子系を用いた。本格子系が乱流構造を十分再現し得る解像度を有することについては，文献37)で確認している。

表-2.3 正方形管内乱流の計測融合シミュレーションの計算条件

流路長 L	4
圧力差 δp	0.0649
基準レイノルズ数 $R_{e0}(R_{e\tau})$	9 000 (573)
格子点数 $N_1 \times N_2 \times N_3$	80 × 40 × 40
格子幅 $h_1 \times h_2 \times h_3$	0.05 × 0.025 × 0.025
時間ステップ h_T	0.025
収束判定値	0.015
1ステップあたりのCPU時間(s)	10.4

最初に，実現象の乱流場のモデルである基準解の速度変化を図-2.5に実線で示す。図は，$(x_1, x_2, x_3) = (1, 0.5, 0.5)$の点での流れに垂直な$u_2$速度成分の時間変化である。乱流に特徴的な不規則な変動成分が表れている。図には，同一の数値解の異なる時刻での値を初期条件とした解を破線で示している。両者を比較すると，変動振幅などの統計量は一致するものの，時間変動波形は当然のことながらまったく異なったものとなる。

計測融合シミュレーションで，すべての格子点で全速度成分が得られるとした場合の結果を以下に示す。計算結果が基準解に収束する様子を図-2.6に示す。この図は，先の結果と同

2 計測とシミュレーションの融合

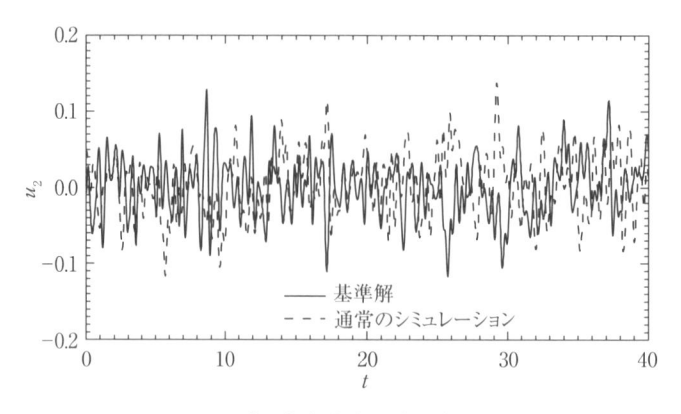

図-2.5 スパン方向速度の時間変化の比較

一の位置でのu_2速度成分の時間変化である。図には，先の結果と同一の初期値と，すべての速度成分が0の初期条件から開始した2種類の計測融合シミュレーションの結果と基準解が示してあるが，上の図ではほとんど差が見えない。下の図は，$t=0$付近の拡大図である。図より，2種類の計測融合シミュレーションの結果が速やかに基準解(実線)に漸近する様子がわかる。

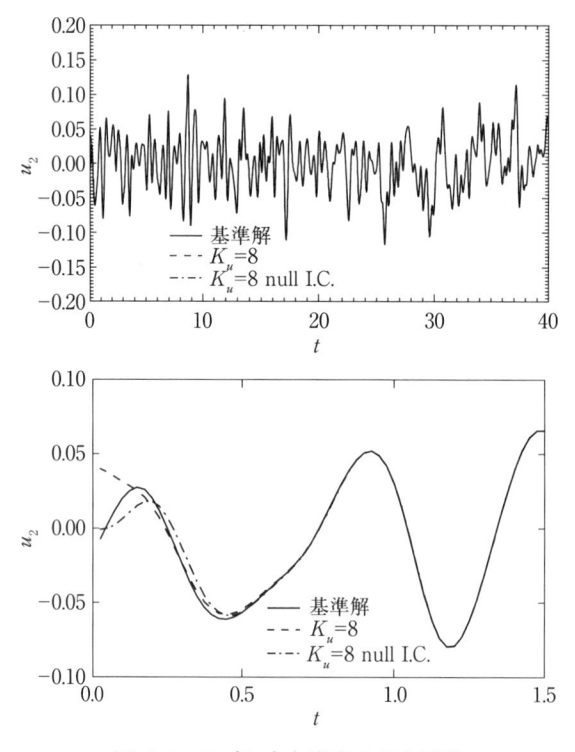

図-2.6 スパン方向速度の収束状況

2.3 計測融合シミュレーション

計測融合シミュレーションの基準解からの誤差を定量的に評価するため，各格子点での計測融合シミュレーションと基準解の速度ベクトルの差の2乗ノルムによる誤差ノルムを次式で定義する。

$$E_u = \left[\sum_N \left\{(u_1 - u_1^*)^2 + (u_2 - u_2^*)^2 + (u_3 - u_3^*)^2\right\} \frac{\Delta V}{V}\right]^{1/2} \tag{2.29}$$

上記の初期値から開始した計測融合シミュレーションの誤差ノルムの時間変化を種々のフィードバックゲインに対してプロットしたものを図-2.7に示す。図より，フィードバックゲイン$K_u = 0$の場合，すなわち，通常のシミュレーションの場合は，誤差ノルムは時間的にほぼ一定である。フィードバックゲインの増加とともに，最初，誤差ノルムはより急激に減少し，初期誤差の1万分の1程度まで減少した後ほぼ一定の範囲に留まる。さらにフィードバックゲインを増加すると，誤差は逆に増加する（$K_u = 64$）。

十分時間が経過した$t = 40$（無次元）における誤差を定常誤差として，フィードバックゲインに対してプロットしたのが図-2.8(a)である。ゲインの増加に伴って定常誤差は最初単調に減少した後ほぼ一定値となり，10を超えた付近から増加し，やがて通常のシミュレーションよりも大きな誤差となる。

また，初期時刻近傍の誤差の減少割合より，誤差の変化を指数関数で近似した場合の時定数を計算し，フィードバックゲインに対してプロットしたものが図-2.8(b)である。フィードバックゲインの増加にほぼ反比例して，時定数が減少することがわかる。

これまでは，すべての格子点においてすべての速度成分が得られるとしてフィードバックを行った結果である。以下では，すべての格子点で一部の速度成分が得られる場合と，一部の格子点ですべての速度成分が得られる場合について考える。

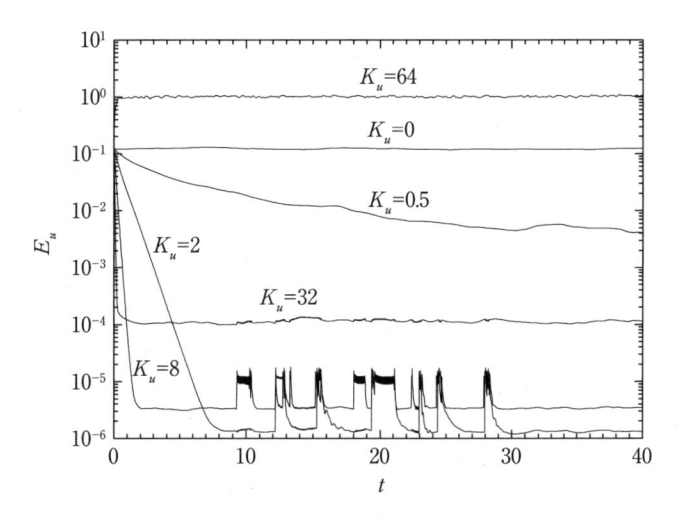

図-2.7 誤差の時間変化の比較

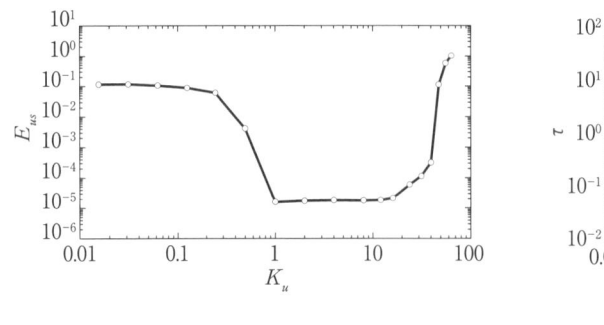

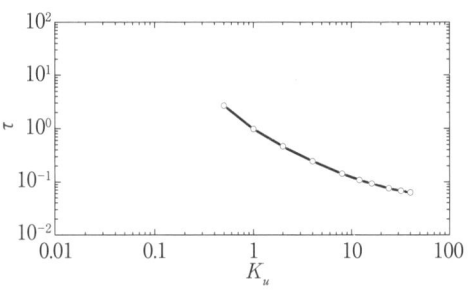

(a) 定常誤差のゲインによる変化   (b) 時定数のゲインによる変化

図-2.8 全点・全速度成分をフィードバックした結果

図-2.9は，すべての格子点で，主流と垂直成分(u_1, u_2)，二つの垂直成分(u_2, u_3)，主流成分のみ(u_1)，垂直成分のみ(u_2)の4ケースについて，定常誤差のフィードバックゲインによる変化をすべての速度成分(u_1, u_2, u_3)が得られる場合と比較して示したものである。図より，2成分が得られた場合には，主流と垂直成分が得られる場合は，すべての速度成分が得られる場合とほぼ同じ1万分の1程度の誤差の減少が得られたが，2垂直成分が得られる場合は定常誤差の減少は10分の1程度に留まった。また，1成分のみが得られる2ケースについては，ともにほとんど誤差の減少は見られなかった。

次に，すべての速度成分が，一部の格子点で得られる場合について述べる。**図-2.10**は，主流方向に4分の1，20分の1，40分の1，80分の1ごとの格子点のみで基準解の値が得られるとした場合の定常誤差のフィードバックゲインによる変化である。図より，有効なフィードバックゲインの範囲は減少するものの，20分の1の格子点でも，適当なフィードバックゲインの範囲では，全点でフィードバックした場合と同等の誤差の減少が得られる。

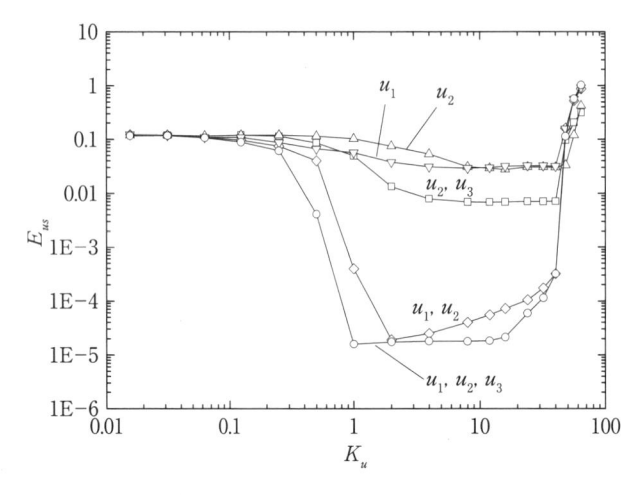

図-2.9 一部の速度成分をフィードバックした結果

2.3 計測融合シミュレーション

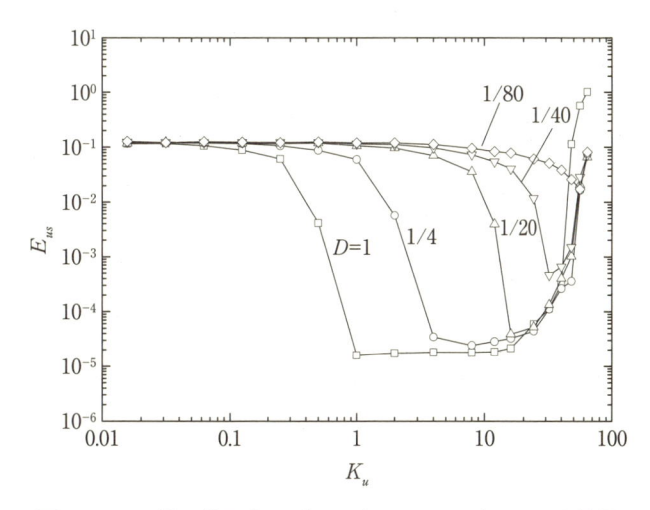

図-2.10 一部の格子点のデータをフィードバックした結果

以上，計測融合シミュレーションの例として，基本的な正方形管路内の乱流を取り上げ，実際の流れ場を前もって計算した数値解でモデル化し，格子点上の速度の誤差を数値シミュレーションにフィードバックする計測融合シミュレーションの数値実験を行った．主流と垂直速度が得られる場合，あるいは一部の格子点で全速度成分が得られる場合には，適当なゲインの範囲において，基準解のすべての速度成分が得られる場合と同程度の1万分の1程度まで誤差が減少し，基準解の乱流場の瞬間的な構造をよく再現できることが示された．

(2) ハイブリッド風洞によるカルマン渦列の再現

流れの中におかれた物体の両側面から交互に渦が放出されるカルマン渦列と呼ばれる現象は広く見られる．例えば身近な例では，強風中で電線が鳴く現象はカルマン渦の発生によるものである．カルマン渦は流体騒音や振動の発生に強くかかわっており，工学的にも非常に重要な問題である．カルマン渦の抑制や制御には物体周りの流れ場の圧力や速度の情報を知ることが必要であるが，流れ場を乱すことなく計測することは一般に困難である．また，カルマン渦列の発生は流体の不安定現象であり，発生する渦の位相を含めて数値計算で正確に再現することは本質的に困難である．本節では，計測融合シミュレーションにより，流路の中におかれた角柱の下流に発生するカルマン渦列を再現する[26]．

図-2.11 に実験装置を示す．アクリル製のダクトの上流側に多孔質性のフィルタを設置し，ダクトの下流側から送風機により空気を吸い込むことにより，ダクト内にほぼ一様な速度の流れを発生させる風洞を構成する．ダクト内には四角柱が設置してあり，ある速度の範囲で角柱の両側面から交互に後流に向かってカルマン渦列と呼ばれる渦が放出される．写真では，流れの様子が煙により可視化されている．本実験装置では角柱側面と正面の3点の圧力を圧力センサで計測し，そのデータをコンピュータに転送し，計測融合シミュレーションを行って，リアルタイムで角柱周りの圧力分布をモニタ上に出力している．本装置は実験風洞とコ

2 計測とシミュレーションの融合

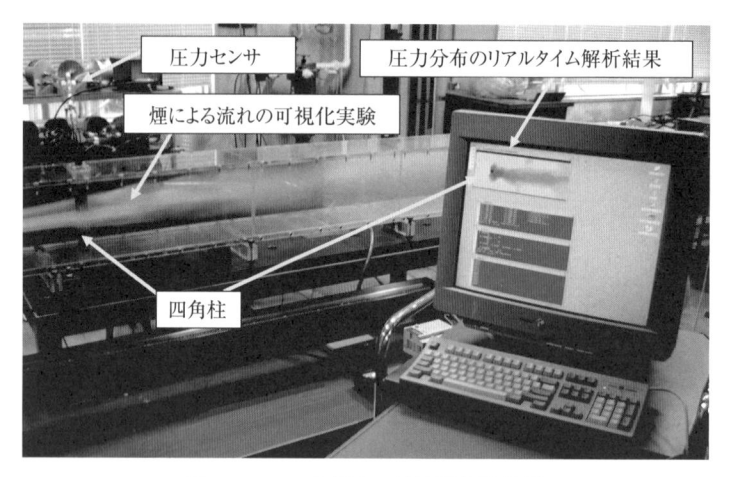

図-2.11 ハイブリッド風洞実験装置

ンピュータを一体化して計測融合シミュレーションを行う装置であり，ハイブリッド風洞と呼んでいる。

ハイブリッド風洞によるカルマン渦の再現システムの構成を**図-2.12**に示す。角柱の両側面と正面の圧力を圧力変換器で計測し，ローパスフィルタ，A/D変換器を介してパソコン(PC)に取り込み，さらにギガビットイーサネットを介して数値計算用のサーバに転送する。サーバで計測融合シミュレーションを実行して，計算結果をPCに転送し，可視化プログラムでリアルタイムに解析結果を表示する。また，解析結果の検証のため，レーザ流速計(LDV)

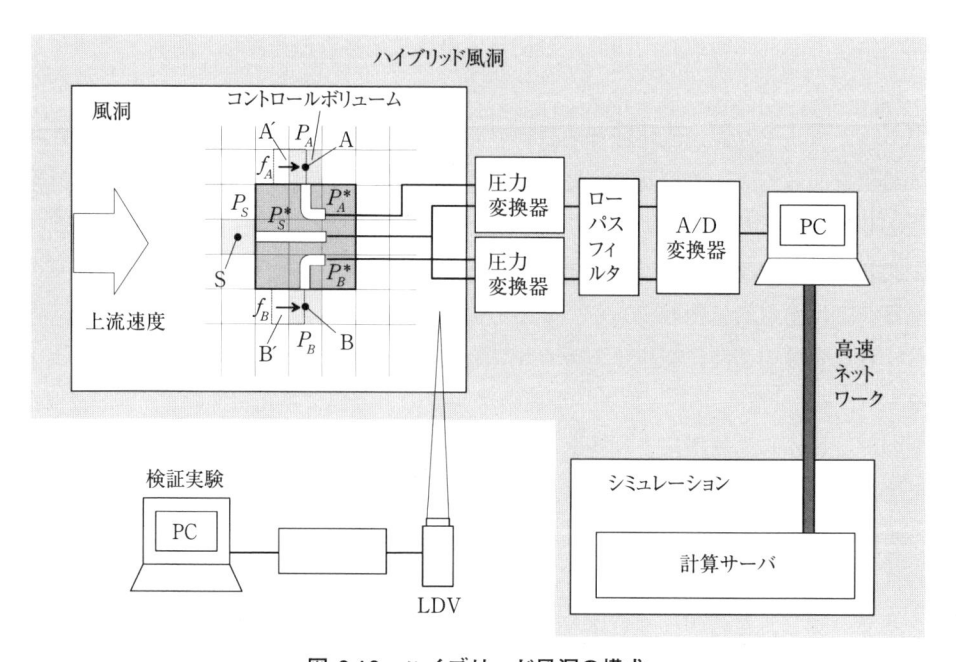

図-2.12 ハイブリッド風洞の構成

による速度計測も行う。

　流路の詳細な諸元を**図-2.13**に示す。風洞の断面は 200 mm × 200 mm の矩形で，流路長さは 2 510 mm である。上流から 515 mm の位置に一辺 30 mm のアルミ製の角柱を設置した。図で灰色の影をつけた領域が計測融合シミュレーションの計算領域である。計算領域の上流端・下流端はともに実際の風洞の上流端・下流端とは異なることに注意する。また，実際の流れ場は 3 次元であるが，シミュレーションは 2 次元領域で行う。角柱周りの格子は，レーザ流速計による計測点である。

　実験データの数値計算へのフィードバックについて，**図-2.12**を参照して説明する。角柱の両側面から交互に渦が放出されることから，図の角柱側面上のA，B点の圧力に注目する。図に示す圧力孔を用いてS点を基準とするA，B点の差圧 (P_{AS}^*, P_{BS}^*) を測定する。

$$\begin{pmatrix} P_{AS}^* \\ P_{BS}^* \end{pmatrix} = \begin{pmatrix} P_A^* - P_S^* \\ P_B^* - P_S^* \end{pmatrix} \tag{2.30}$$

なお * は実験による測定値を表す。また対応する計算結果を P_{AS}, P_{BS} とする。数値シミュレーションへのフィードバックは次式で与える。

$$\begin{pmatrix} f_A \\ f_B \end{pmatrix} = -KA_C \begin{pmatrix} P_{AS} - P_{AS}^* \\ P_{BS} - P_{BS}^* \end{pmatrix} \tag{2.31}$$

　上式において，f_A, f_B は主流方向の運動方程式に対して，A点，B点の上流側のコントロールボリュームにそれぞれ与える仮想的な力を表し，K はフィードバックゲイン，A_C はコントロールボリュームの主流方向に垂直な面の面積を表す。なお，有限体積法におけるコントロールボリュームは**図-2.12**に示されている。ここでは，一般的なスタガード格子系を採用しているため，例えばA点周りの圧力のコントロールボリュームとA'点周りの速度のコントロールボリュームは半メッシュ分ずれていることに注意する。主流方向の運動方程式において上流側のコントロールボリュームに加えられた正の仮想力 f_A はA点での圧力 P_{AS} を増加させる効果がある。

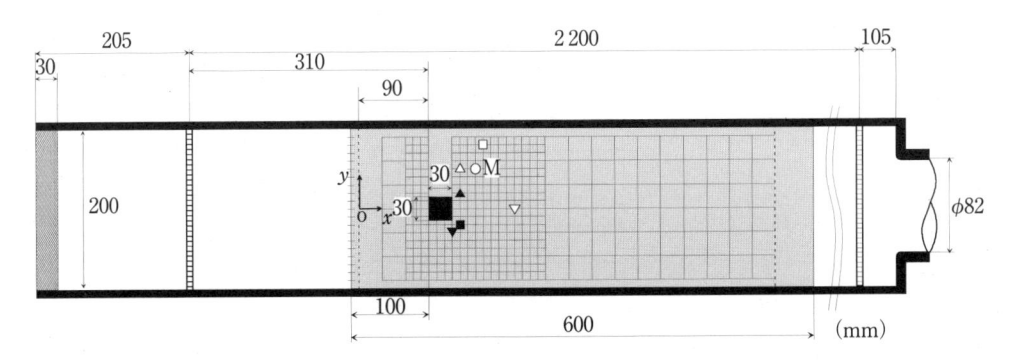

図-2.13 風洞部分の諸元

2 計測とシミュレーションの融合

上記のフィードバックは，カルマン渦の変動成分の推定については有効であるが，上流境界の一様流速度の推定には効果がない。そこで，流れ場の一様流速度を圧力データから推定し，上流境界条件として与える。一様流速度 U_e の推定には，ピトー管計測の原理を応用して次式を用いる[42]。

$$U_e = K_e \sqrt{\frac{2P_m^*}{\rho}},$$
$$P_m^* = -\frac{P_{AS}^* + P_{BS}^*}{2} = P_S^* - \frac{P_A^* + P_B^*}{2} \tag{2.32}$$

ここで K_e は速度係数であり，設計パラメータとして取り扱う。動圧 P_m^* は，角柱両側面の圧力がカルマン渦の発生により逆位相となる性質を利用して求めた。式(2.32)で推定した一様流速度は，主流の乱れ等の影響を受けるので，1次のローパスフィルタを介して上流境界速度 U_b を与えた。

$$T_e \frac{dU_b}{dt} + U_b = U_e \tag{2.33}$$

ここに T_e は時定数である。

上で述べたカルマン渦列に対する計測融合シミュレーションのブロック線図を**図-2.14**に示す。設計パラメータは式(2.31)のゲイン K，式(2.32)の速度係数 K_e，式(2.33)の時定数 T_e の3つである。これらの値の最適値は，試行錯誤により，以下のように定めた。

$$K = 1.8, \quad K_e = 0.54, \quad T_e = 0.3[s] \tag{2.34}$$

実験および計算の条件を**表-2.4**に示す。レイノルズ数は，カルマン渦列が観察される範囲

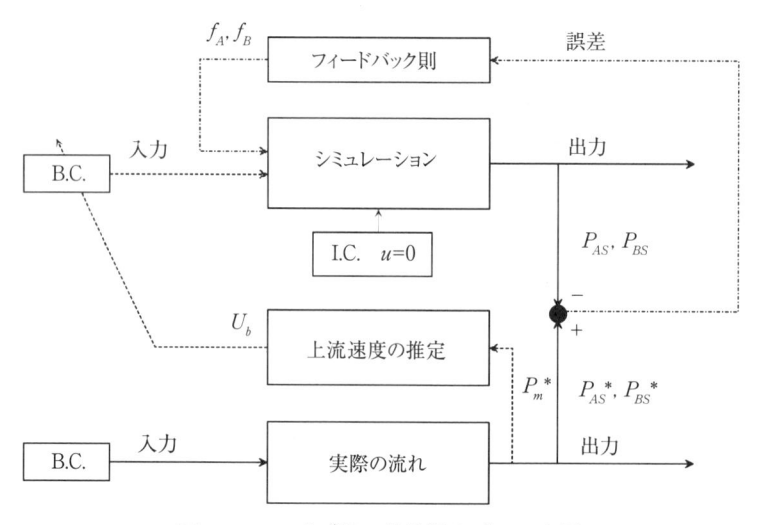

図-2.14 ハイブリッド風洞のブロック図

2.3 計測融合シミュレーション

表-2.4 ハイブリッド風洞によるカルマン渦のリアルタイム解析の計算条件

角柱の1辺の長さ D	0.03 m
平均速度 U_0	0.605 m/s
空気の密度 (20℃) ρ	1.229 kg/m^3
レイノルズ数 R_e	1 200
解析領域 $L_x \times L_y$	$20D \times 7D$
格子点数 $N_x \times N_y$	60×21
格子間隔 $h_x \times h_y$	$D/3 \times D/3$
時間ステップ h_t	0.001 s
1ステップあたりのCPU時間 (s)	0.18 s

内で1 200とした。計算格子は流れ方向に60点，スパン方向に21点で，角柱の一辺に対して3点であり，通常の数値シミュレーションの場合よりもかなり粗いものを使用している。これは，リアルタイム処理をめざした計算負荷軽減のためと，測定データのフィードバックによる精度向上が期待できるためである。

　以下に計測融合シミュレーションの結果を実験結果と比較して示す。角柱側面のA点における圧力の時間変化を図-2.15(a)に，角柱の下流のM点(図-2.13参照)における主流速度の時間変化を図-2.15(b)に示す。圧力については，計算結果は若干のバイアスは見られるものの計測による圧力変化をよく再現している。また，主流速度については，すべての速度を0とした計算の初期条件から速やかに実験結果に漸近し，2秒以降では実験結果とほぼ一致している。なお，式(2.34)の設計パラメータは，このM点での主流方向速度の一致を評価関数として試行錯誤的に求めたものである。

　次に，流れの流脈線について，実験，通常のシミュレーション，計測融合シミュレーションの間で比較を行う。図-2.16(a)は，煙による可視化実験でカルマン渦列を可視化したものである。両側面から放出される渦が明瞭に可視化されている。図(b)は，通常のシミュレーションの計算結果を基に流脈線を計算したものである。角柱のかなり下流でカルマン渦の発生に伴う流脈線の歪みが現れているが，実験結果とはかなり異なっている。一方，図(c)は，図(a)の実験結果と同一時刻の計測融合シミュレーションの結果であり，実験結果の流脈線を良好に再現している。先に述べたように，計測融合シミュレーションは実現象の変動の位相を正確に再現できるため，別の時刻においても良好な一致が見られ，また当然のことながらカルマン渦の発振周波数は完全に一致する。一方の通常のシミュレーションでは，カルマン渦の発振周波数は実験の1.2倍であった。

　主流速度の時間平均値の等値線図を実験，通常のシミュレーションおよび計測融合シミュレーションのそれぞれについて図-2.17(a)〜(c)に示す。図中の黒丸印は角柱下流側に生ずる逆流領域の端を表している。図(b)の通常のシミュレーション結果では，逆流領域が実験結果に比べて下流側に大きく伸張していることがわかる。これに対し，図(c)の計測融合シ

2 計測とシミュレーションの融合

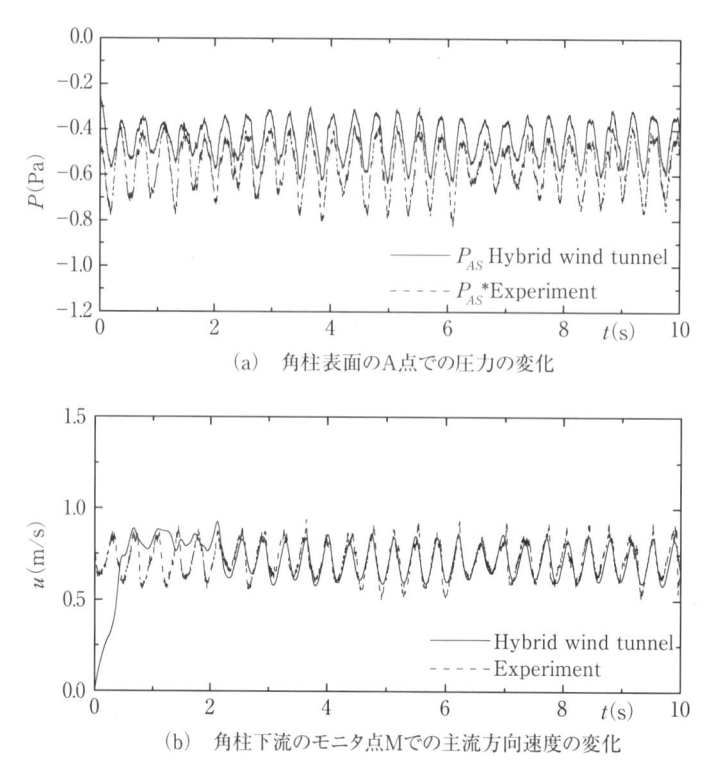

(a) 角柱表面のA点での圧力の変化

(b) 角柱下流のモニタ点Mでの主流方向速度の変化

図-2.15 実験結果とハイブリッド風洞の解析結果の比較

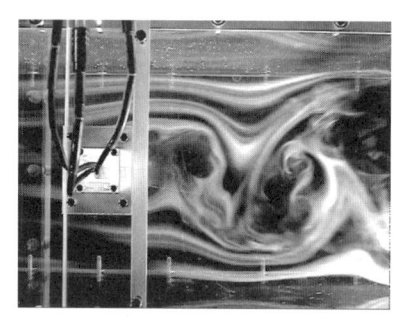

(a) 実験

(b) 通常のシミュレーション　　(c) 計測融合シミュレーション

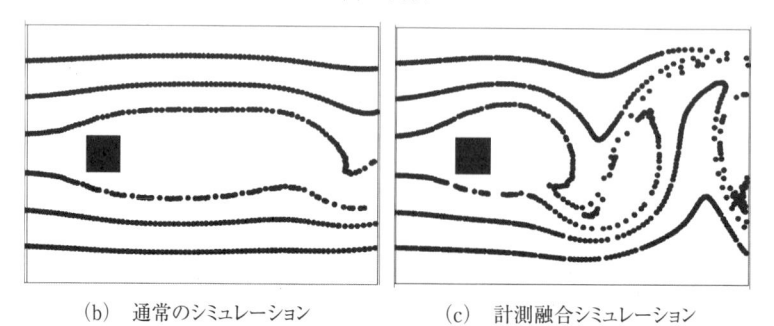

図-2.16 流脈線の比較

2.3 計測融合シミュレーション

(a) 実験

(b) 通常のシミュレーション

(c) 計測融合シミュレーション

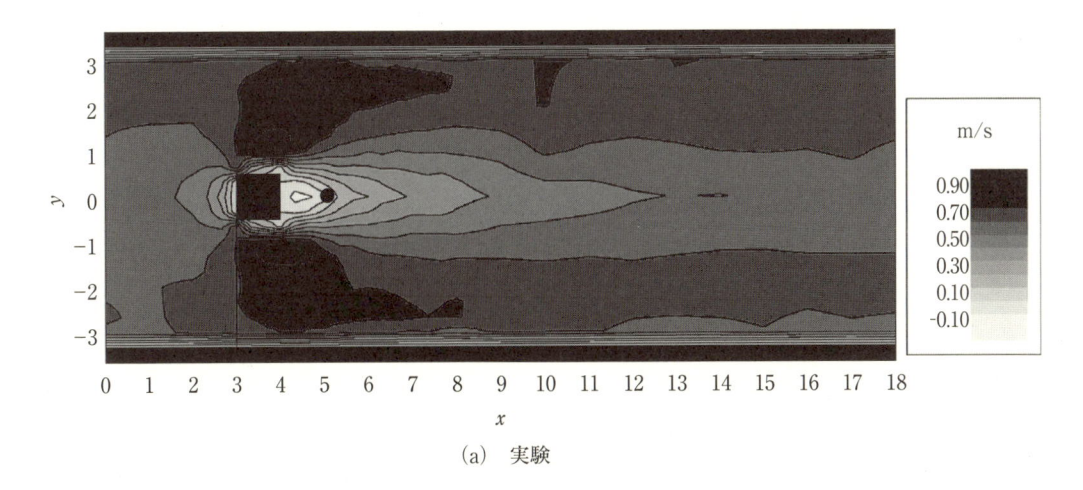

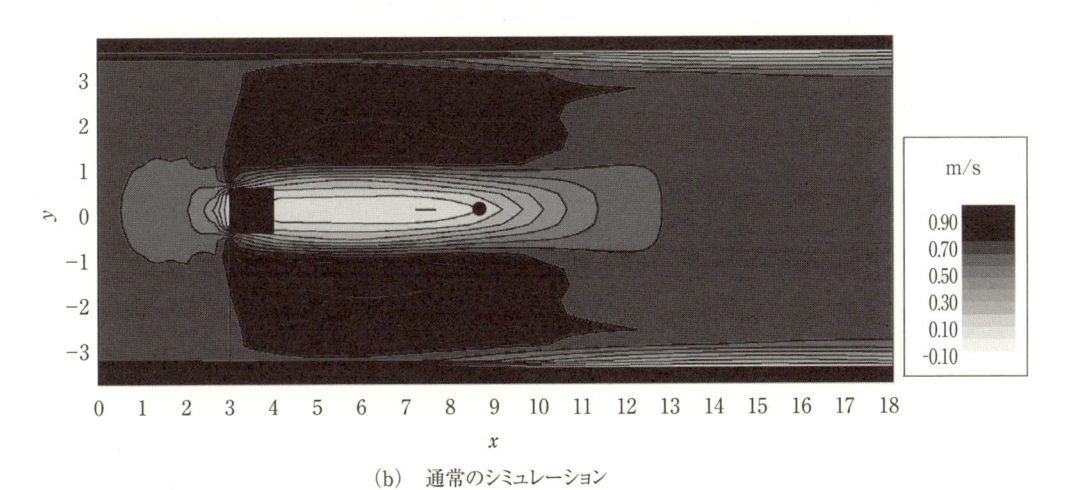

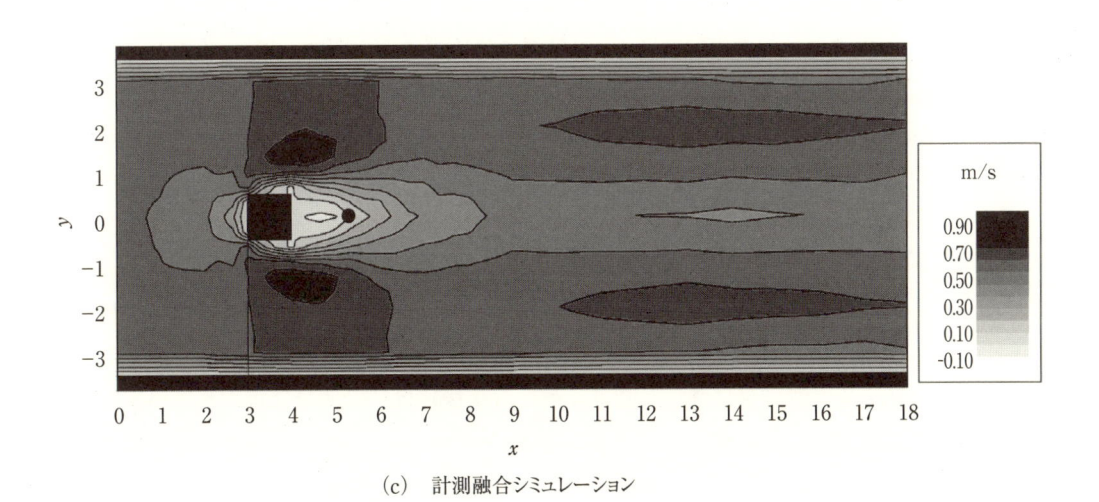

図-2.17 主流速度の時間平均値の分布の比較

ミュレーションでは，逆流領域を含め，実験結果の平均速度場を良好に再現していることがわかる。

最後に，主流速度の流速変動の等値線図を実験，通常のシミュレーションおよび計測融合シミュレーションのそれぞれについて図-2.18(a)～(c)に示す。図(a)の実験結果では，角柱背面のコーナー付近で渦放出による大きな流速変動が生じている。また，流速変動の分布は角柱前縁から放射状に分布し，下流領域ではあまり変化が見られない。図(b)の通常のシミュレーション結果では，渦発生が下流の領域で生じているために，速度変動の相対的に大きい部分が角柱の直後ではなく，下流方向に離れた位置で見られる。これに対し，図(c)の計測融合シミュレーションでは，角柱背面付近の大きな流速変動と放射状の流速変動分布が実験とよく一致している。

以上，ハイブリッド風洞により，角柱後流に発生するカルマン渦列が良好に再現できることを示した。なお，ここでの計算はかなり粗い計算格子を用いた2次元計算であり，通常のパソコンを用いた場合でもリアルタイム計算が可能である。本手法は，より複雑な形状の物体に対しても同様に適用可能であり，モニタリングや制御への応用が期待される。

(3) 超音波計測融合シミュレーションによる大動脈内血流の再現

脳動脈瘤の破裂によるくも膜下出血や動脈硬化に伴う心筋梗塞や脳梗塞など，重篤な循環器系疾患の高度な診断法を確立するためには，血管内の圧力分布や壁せん断応力などの詳細な血流情報を用いることが不可欠である[43),44)]。さまざまな画像診断法のうち，超音波を用いたカラードプラ法は，生理的状態における血管断面形状と血流動態を，非侵襲かつリアルタイムに表示できるが，3次元性の強い血流に対して，血流速度の超音波ビーム方向の成分であるドプラ速度しか計測できない[2)]。一方，MRIやCTから得た血管の実形状を用いる数値シミュレーションにより，血管内の詳細な血流構造が得られるが[45)]，血管形状や血管・血流の物性値，モデル自体の精度，流入・流出境界条件の設定等に曖昧さが存在するため，得られた血流の数値解は実際の血流と完全には一致するとは言い難い。

これらの問題を解決するため，超音波診断装置による血流計測とコンピュータによる数値シミュレーションを融合した，超音波計測融合シミュレーション［Ultrasonic-Measurement-Integrated (UMI) simulation］が提案されている[27)]。超音波計測融合シミュレーションシステムの構成を図-2.19に示す。超音波診断装置で得られる診断画像データをワークステーションに取り込み，画像データより抽出した血管形状を基に，計算サーバで流れの数値計算を実行し，得られた解析結果と計測結果の誤差に基づくフィードバック信号を計算に加えることにより，計算結果を計測結果に漸近させる。解の収束後には，計測では得られない速度ベクトルや血管内の圧力分布などが計算により求まる。

本節では，下行大動脈に発症した動脈瘤内の血流の超音波計測融合シミュレーションについて説明する。超音波計測融合シミュレーションの基礎的検討として，定常流の場合を対象とし，動脈瘤を含む局所的な血管部分を解析領域とする。解析領域の上流・下流境界条件は

2.3 計測融合シミュレーション

(a) 実験

(b) 通常のシミュレーション

(c) 計測融合シミュレーション

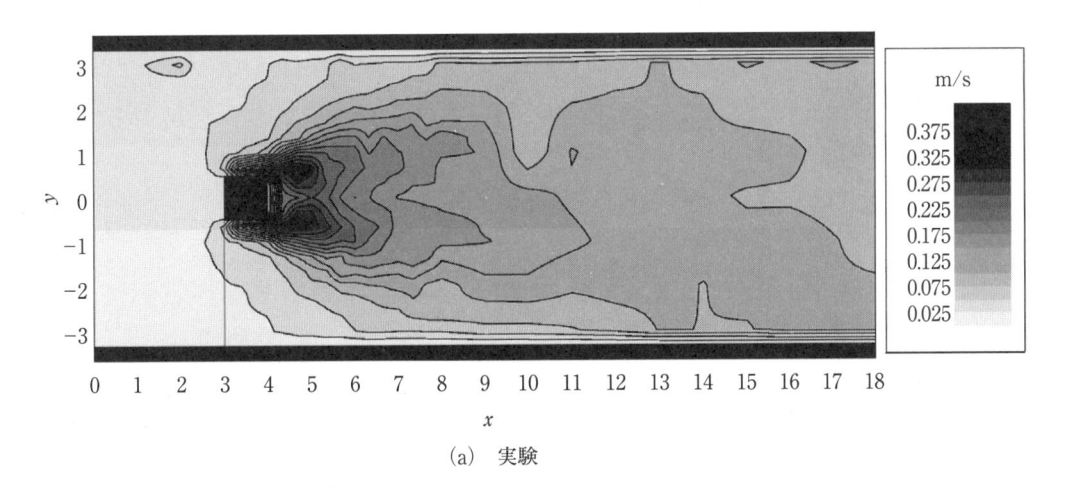

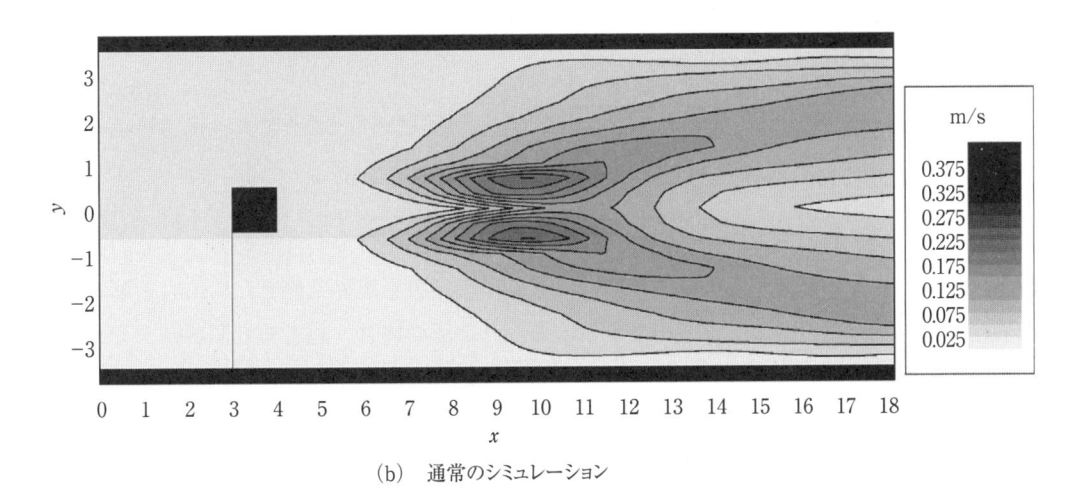

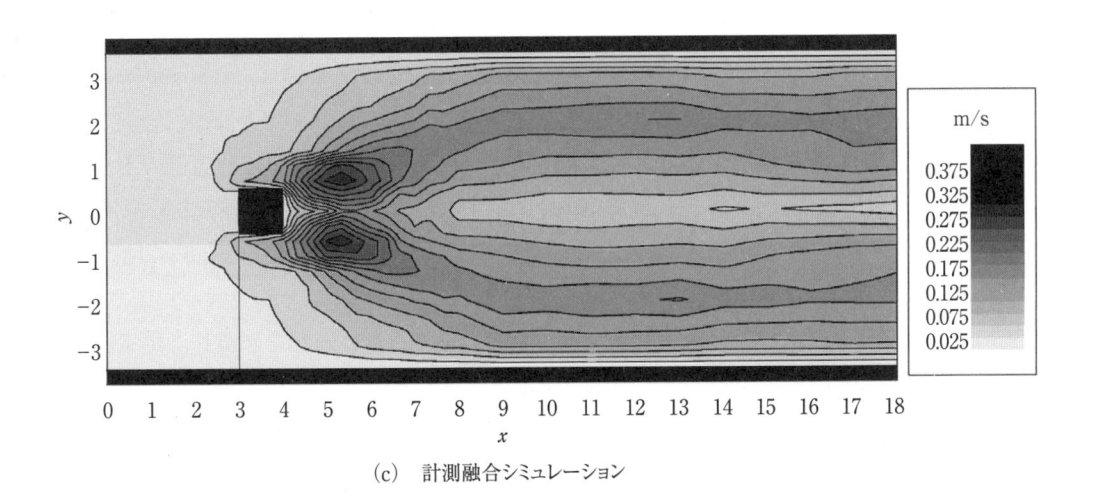

図-2.18 主流速度の変動成分の分布の比較

2 計測とシミュレーションの融合

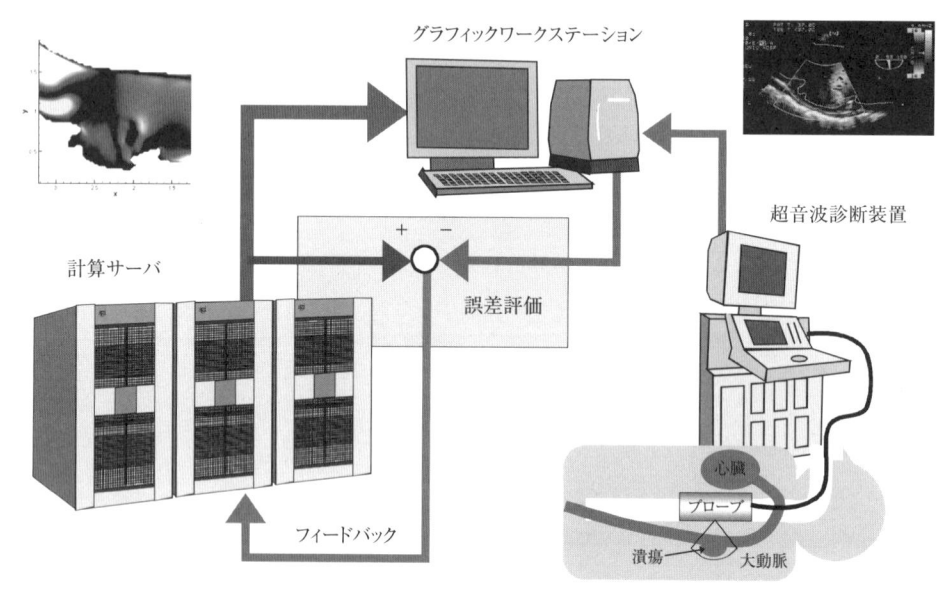

図-2.19 超音波計測融合血流シミュレーションシステム

未知であると仮定し，上流は一様平行流，下流は自由流出を境界条件として与える。この解析領域の上流側と下流側に解析領域を広げた数値解の結果を境界条件として用いた解を別に求め，基準解として実際の流れのモデルとする。基準解の場合，超音波計測融合シミュレーションの解析領域の上流端と下流端に相当する断面では3次元の複雑な速度場が生じており，単純な境界条件を用いた通常のシミュレーションでは境界条件に起因する誤差を生ずる。超音波計測融合シミュレーションでは，基準解と数値解の差に基づくフィードバック信号をシミュレーションに加えることによって，境界条件に起因する誤差を補償する。本節では定常流に対する収束状況を調べることによって，超音波計測融合シミュレーションの周波数特性と定常特性を明らかにする[46]。

基礎方程式はナビエ・ストークス方程式と圧力方程式である。これまでと同様，数値シミュレーションではそれらを離散化し，有限体積法の一つであるSIMPLER法に類似の手法により解いた。計算に用いた直交格子を**図-2.20(a)**に示す。x，y，z方向に$39 \times 45 \times 54$の格子系を用いた。血液の密度および粘度は，それぞれ$\rho = 1.0 \times 10^3 [\text{kg/m}^3]$，$\mu = 4.0 \times 10^{-3} [\text{Pas}]$とした。主な計算条件を**表-2.5**に示す。

先に述べたように，本書では基礎的検討として，心臓の拍動の影響を無視し，定常流の場合を扱う。**図-2.20(b)**に示す先の解析領域を上流と下流に拡張した上行大動脈から腹部大動脈内の血流解析を，汎用熱流体解析ソフトウェア（FLUENT 6.1.22, Fluent Inc., Lebanon, NH, USA）を用いて別に行い，その結果を基に，**図-2.20(a)**の血管の上流端（図の上側）および下流端に，速度境界条件を与えて計算を行い，基準解を得た。

一方，超音波計測融合シミュレーションでは，実際の血流の正確な境界条件は通常未知で

2.3 計測融合シミュレーション

(a) 計測融合シミュレーションの解析領域　　(b) 拡張した解析領域

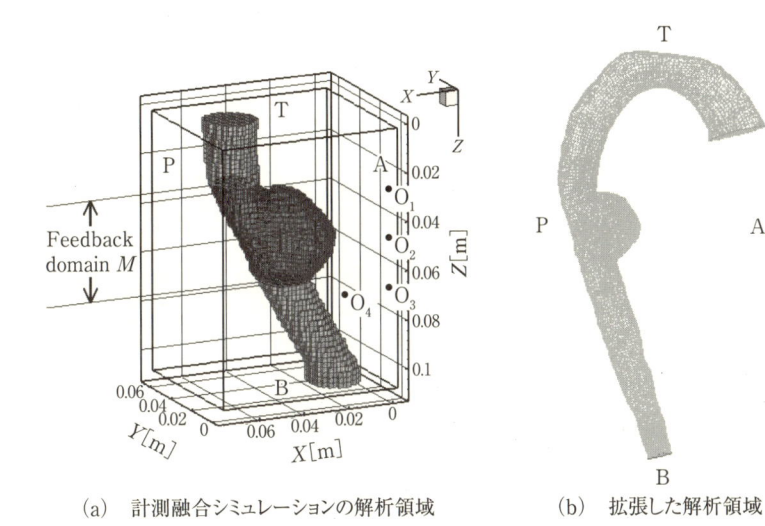

図-2.20　動脈瘤を発症した下行大動脈

表-2.5　超音波計測融合シミュレーションによる大動脈瘤血流解析の計算条件

血管入口部直径 D	23.47×10^{-3} m
動粘度 ν	4.00×10^{-6} m^2/s
血管入口部平均速度 u'_{in}	2.00×10^{-1} m/s
無次元化の代表時間 D/u'_{in}	1.17×10^{-1} s

あることを考慮し，上流端には一様平行流，下流端には自由流出の条件を与えた．超音波計測融合シミュレーションでは，超音波計測結果と計算結果を比較し，それらの間の誤差に基づく信号を数値シミュレーションにフィードバックしながら計算を実行する．超音波計測では，ドプラ効果を応用することにより，速度ベクトル u を超音波プローブから放射される超音波ビームの方向に射影した速度成分であるドプラ速度 V が得られる（**図-2.21(a)**参照）．そこで，本節では，フィードバック信号として，以下の式により体積力 f_v を定義し，それをナビエ・ストークス方程式の生成項に仮想的な外力として加える．

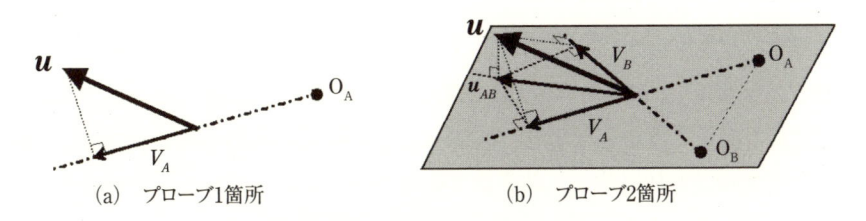

(a) プローブ1箇所　　(b) プローブ2箇所

図-2.21　超音波による速度計測

$$\begin{aligned}
\boldsymbol{f} &= -K_v^* \frac{\Phi_d(\boldsymbol{u}_c - \boldsymbol{u}_s)}{U}\left(\frac{\rho U^2}{L}\right) \\
&= -K_v^* \frac{\Phi_d(\boldsymbol{u}_e)}{U}\left(\frac{\rho U^2}{L}\right)
\end{aligned} \quad (2.35)$$

ここで，K_v^* はフィードバックゲイン（無次元値），ρ は流体の密度，U は代表速度，L は代表長さ，$\boldsymbol{u}_s$ および $\boldsymbol{u}_c$ はそれぞれ基準解および超音波計測融合シミュレーションの速度ベクトルを表す．一般に，$\boldsymbol{u}_s$ は未知であることに注意する．ゲイン K_v^* は任意の値に設定可能であり，とくに $K_v=0$ の場合は通常の数値シミュレーションに相当する．Φ_d は，$d(=1,2,3)$ を超音波プローブの設置位置の数として，複数の超音波プローブで同一位置の速度計測を行った場合に，3次元の速度ベクトルを d 本の超音波ビームで張られる部分空間（$d=1$ の場合は直線，$d=2$ の場合は平面，$d=3$ の場合は3次元空間全体）へ射影する関数で，次式で定義され，速度ベクトルの最良近似（すなわち部分空間内のベクトルの内で，真のベクトルとの差が最も小さいベクトル）を与える（図-2.21(b)参照）．

$$\Phi_d(\boldsymbol{u}_e) = [\boldsymbol{v}_1 \cdots \boldsymbol{v}_d]\begin{bmatrix} (\boldsymbol{v}_1, \boldsymbol{v}_1) & \cdots & (\boldsymbol{v}_1, \boldsymbol{v}_d) \\ \vdots & & \vdots \\ (\boldsymbol{v}_d, \boldsymbol{v}_1) & \cdots & (\boldsymbol{v}_d, \boldsymbol{v}_d) \end{bmatrix}^{-1}\begin{bmatrix} V_{e1} \\ \vdots \\ V_{ed} \end{bmatrix} \quad (d=1,2,3) \quad (2.36)$$

超音波計測融合シミュレーションでは，計算領域内に設定したフィードバック領域内部の格子点において，式(2.35)のフィードバック信号を算出して，基礎方程式に加える．下行大動脈瘤に対する実際の医療現場における超音波計測では，食道内に超音波プローブを挿入して，放射状に広がる超音波を照射する方法が一般に用いられる．この際，超音波プローブを固定して超音波ビーム面を心拍に同期させて回転させながら計測を行うことにより，3次元領域内部のドプラ速度を獲得することが可能である．本節では，この計測手法により，動脈瘤およびその近傍の血管を完全に覆う3次元領域内部のドプラ速度を得ることを想定し，図-2.20(a)に示すフィードバック領域 M（$0.028\,m \leq z \leq 0.068\,m$ の21断面）を定義し，その内部の流体で定義された全格子点でフィードバックを適用した．ここで，超音波プローブを食道内に設定することを考慮し，超音波ビームの原点は，図-2.20(a)中の $O_1(z=0.028\,m)$，$O_2(z=0.048\,m)$ または $O_3(z=0.068\,m)$ とした．また，超音波計測を複数の超音波プローブを用いて行うことにより，速度場に関してより多くの情報を獲得することが可能である．すなわち，超音波プローブを2つ用いて，あるいは計測を2回行うことにより，速度ベクトル $\boldsymbol{u}$ を平面に射影した情報 $\boldsymbol{u}_{AB}$ が得られる（図-2.21(b)）．また，一直線上にない3つの超音波プローブを用いて計測を行うことにより，速度ベクトル $\boldsymbol{u}$ の完全な情報を得ることが原理的に可能である．情報量の増加に伴い，超音波計測融合シミュレーションの計算精度は向上することが予想される．このことについて調べるため，超音波ビームの原点を O_2 に設定して計測を行った場合と，O_1 と O_3 の2点で計測を行った場合について数値実験を行った．

2.3 計測融合シミュレーション

　超音波計測融合シミュレーションでは，基準解が定常流の場合も，計算結果がその解と一致するまでの収束過程があるため，非定常計算を行う必要がある。計算時間刻み Δt は，無次元値で 0.01（有次元で $0.41\,ms$）とした。

　計算精度の評価には，次式で定義される速度ベクトルの誤差の 1 乗ノルム $e_n(\boldsymbol{u},t)$ を用いた。

$$e_n(\boldsymbol{u},t)=\frac{\left|u_{cn}(t)-u_{sn}(t)\right|+\left|v_{cn}(t)-v_{sn}(t)\right|+\left|w_{cn}(t)-w_{sn}(t)\right|}{u'_m} \tag{2.37}$$

ここで，$\boldsymbol{u}=(u, v, w)$ は速度ベクトル，n は誤差ノルムの計算点番号，s および c はそれぞれ基準解および超音波計測融合シミュレーションの計算結果であることを表す。また，上式により得られる $e_n(\boldsymbol{u},t)$ を領域 Ω 内で平均化し，平均誤差ノルム $e_\Omega(\boldsymbol{u},t)$ を定義する。

　以下に，計算結果について述べる。超音波プローブを O_2 に設定した場合に，動脈瘤の中央断面における軸方向速度の等値線を，基準解，通常の数値シミュレーション，超音波計測融合シミュレーションで比較したものが**図-2.22**である。動脈瘤内の断面の位置は，図の左側に示してある。図で，色の薄い部分が速度の大きな領域である。いずれの結果も，血管に沿う部分（左上の部分）では流速が大きく，瘤内（右下の部分）では流速が小さくなっている。速度の等値線の形状を見ると，図(b)の通常のシミュレーションに比べて図(c)の超音波計測融合シミュレーションの結果は，図(a)の基準解の分布により近い結果となっているのがわかる。比較を容易にするため，式(2.37)で定義される誤差ノルムの等値線を**図-2.23**に示す。

(a) 基準解　　(b) 通常のシミュレーション　　(c) 計測融合シミュレーション

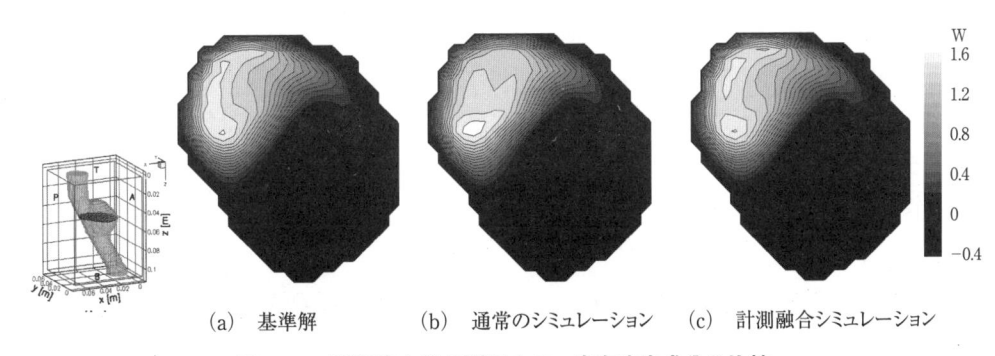

図-2.22　動脈瘤内部の断面上のz方向速度成分の比較

(a) 通常のシミュレーション　　(b) 計測融合シミュレーション

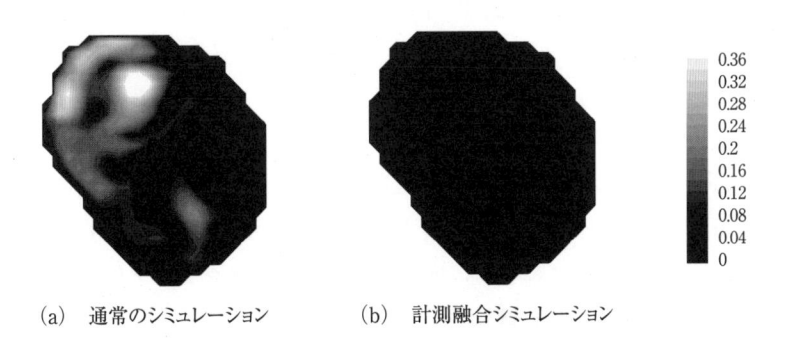

図-2.23　動脈瘤内部の断面上の速度誤差ノルムの比較

2 計測とシミュレーションの融合

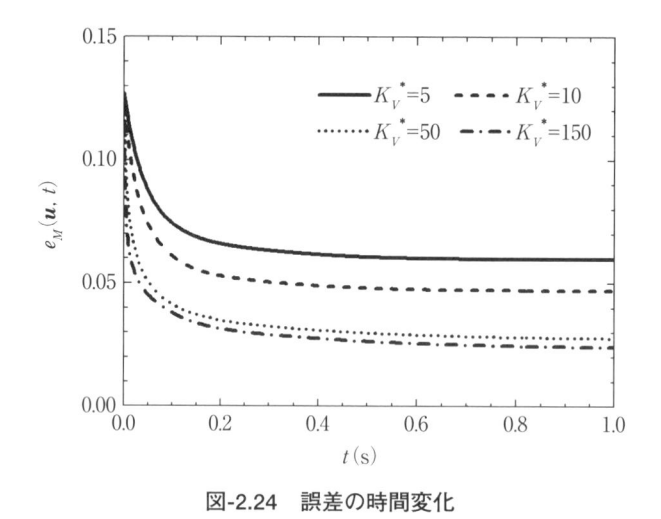

図-2.24 誤差の時間変化

図は，色が白いほど誤差が大きいことを示す。通常のシミュレーション（図(a)）と超音波計測融合シミュレーション（図(b)）を比較すると，明らかに後者のほうが誤差が小さいことがわかる。

種々のフィードバックゲインの場合について，フィードバック領域 M (図-2.20 参照) における速度の誤差ノルムの時間変化を比較したものを図-2.24に示す。これらの計算では，通常の数値シミュレーションの結果を計算の初期条件に用いているので，$t=0[\mathrm{s}]$ における誤差は，通常の数値シミュレーションの誤差に相当する。いずれのフィードバックゲインの場合にも，時間の経過とともに最初は誤差が急激に減少し，その後，変化は徐々に緩やかになって，ある一定値に漸近する。フィードバックゲインについて比較すると，フィードバックゲインの値が大きいほど，初期の誤差の減少はより急激となり，漸近する誤差の値もより小さなものとなる。

上に述べた，超音波計測融合シミュレーションの初期の誤差の減少率から，超音波計測融合シミュレーションの周波数特性を見積もることができる。すなわち，誤差ノルムが指数関数的に変化すると仮定した場合，その初期値から定常値までの63%($1/e$，e：自然対数) まで減少するのに要した時間により，超音波計測融合シミュレーションの収束過程に対する時定数 $\tau[\mathrm{s}]$ を見積もることができる。また，時定数 τ の逆数を取ることにより，遮断周波数 ω_c $[\mathrm{rad/s}]$ が得られる。遮断周波数は，変動する入力に対して追従できる最大の周波数の目安となる。種々のフィードバックゲイン K_v^* の値に対して，遮断周波数 $f_c(=\frac{\omega_c}{2\pi})$ を算出した結果を図-2.25に示す。ゲインの増加に伴い，遮断周波数は指数関数的に増加する。図には，超音波プローブが O_2 の1箇所の場合と，O_1 と O_3 の2箇所の場合の結果を示してある。超音波プローブを複数用いることにより，同一のフィードバックゲインに対して遮断周波数が増加し，血流の時間変化により正確に追従できるようになる。

超音波計測融合シミュレーションにおいて，十分時間が経過した後の収束解の平均誤差ノ

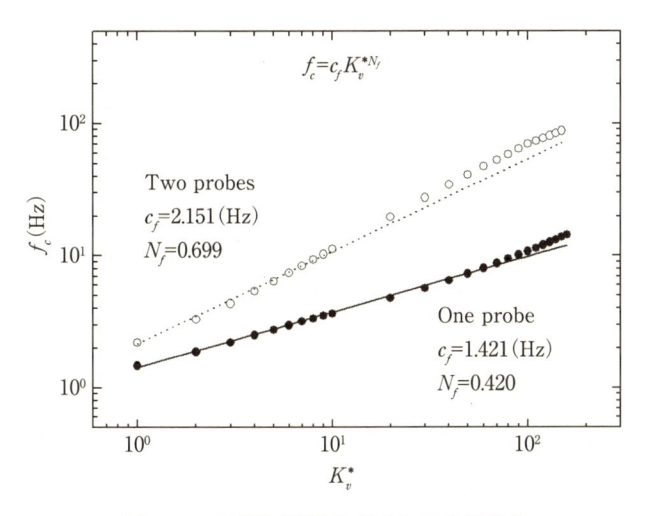

図-2.25 遮断周波数のゲインによる変化

ルムのゲインに対する変化を調べた。先の遮断周波数の場合と同様，超音波プローブが1箇所の場合と2箇所の場合の結果を**図-2.26**に示す。平均誤差ノルムはゲインの増加に伴いほぼ指数関数的に減少する。また，1プローブの場合に比べて2プローブの場合のほうが，定常誤差はより小さくなった。

以上，動脈瘤を発症した下行大動脈内の3次元定常流を基準解として，超音波計測融合シミュレーションの数値実験を行って，その周波数特性および定常特性を調べた。フィードバックの効果により，動脈瘤内の速度誤差は減少した。フィードバックゲインを増加させると，周波数特性，定常誤差特性ともに改善する。複数の超音波プローブの設置位置の計測データを用いることで，より特性が改善することも示された。超音波計測融合シミュレーションにより，血管内の血流動態を正確に再現することが可能となり，循環器系疾患の発生

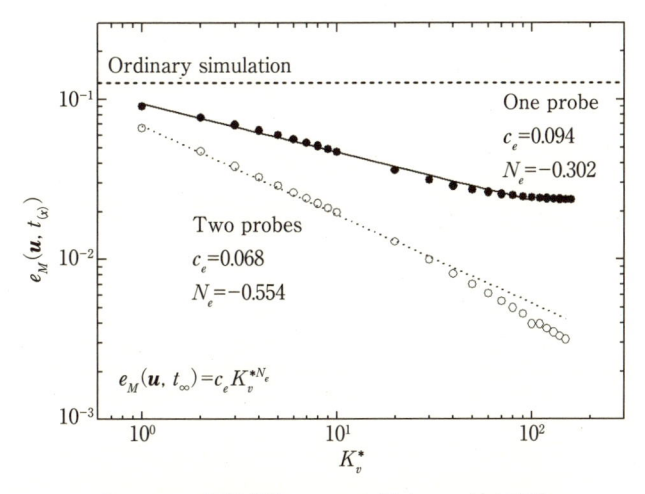

図-2.26 定常誤差ノルムのゲインによる変化

と進展の機序の解明が進展することが期待される。

2.4 おわりに

本章では，最初に，なぜ流れの実現象を知ることが重要であるかを確認した後で，計測とシミュレーションを融合する方法により，流れの実現象を正確にとらえられることを述べた。代表的な融合手法として，ティホノフ正則化，4次元変分法，カルマンフィルタ，オブザーバなどについて説明した。その後で，CFD モデルを用いた流れのオブザーバである計測融合シミュレーションについて，計算の基礎式と固有値解析に基づくフィードバックの設計法について述べ，正方形管路内の乱流場，風洞内の角柱後流のカルマン渦列，動脈瘤を発症した血管内血流について計測融合シミュレーションの解析例を示した。

◎**参考文献**

1) ラッフェル, M., ヴィラート, C. E., コンペンハウス, J. 著, 岡本孝司 ほか訳：PIV の基礎と応用, シュプリンガー・フェアラーク東京 (2000)
2) 千原国宏：超音波, コロナ社 (2001)
3) 巨瀬勝美：NMR イメージング, 共立出版 (2004)
4) Takeda, Y., Kikura, H.：Flow mapping of the mercury flow, Experiments in Fluids, Vol. 32, No. 2, pp. 161-169 (2002)
5) Yamashita, T., Sugiura, H., Nagai, H., Asai, K., Ishida, K.：Pressure-Sensitive Paint measurement of the flow around a simplified car model, Journal of Visualization, Vol. 10, No. 3, pp. 289-298 (2007)
6) 岩波数学辞典第3版：日本数学会, 岩波書店 (1991)
7) A. Chatterjee；An introduction to the proper orthogonal decomposition, Current Science, Vol. 78, No. 7, pp. 808-817 (2000)
8) Katoh, T., Honda, S.：Estimation of 3-D flow tomography through Electro Magnetic Induction, Proceedings of the SICE Annual Conference, pp. 1599-1605 (2004)
9) 木村一郎, 植村知正, 奥野武俊：可視化情報計測, p. 167, 近代科学社 (2001)
10) 村井祐一, 井戸健敬, 石川正明, 山本富士夫：CFD の手法を用いた PIV 計測結果のポストプロセッシング法の開発, 日本機械学会論文集 (B 編), Vol. 64, No. 625, pp. 3249-3256 (1998)
11) Holmes, P. J., Lumley, J. L., Berkooz, G., Mattingly, J. C., Wittenberg, R. W.：Low-dimensional models of coherent structures in turbulence, Physics Reports-Review Section of Physics Letters, Vol. 287, No. 4, pp. 338-384 (1997)
12) Singh, S. N., Myatt, J. H., Addington, G. A., Banda, S., Hall, J. K.：Optimal feedback control of vortex shedding using proper orthogonal decomposition models, Journal of Fluids Engineering-Transactions of the ASME, Vol. 123, No. 3, pp. 612-618 (2001)
13) グロエッチュ 著, チ. ル. W., 金子晃, 山本昌宏, 溝口孝志 訳：数理科学における逆問題 別冊・数理科学, サイエンス社 (1996)
14) Zeldin, B. A., Meade, A. J.：Integrating experimental data and mathematical models in simulation of physical systems. AIAA Journal. Vol. 35, No. 11, pp. 1787-1790 (1997)
15) 時岡達志, 山岬正紀, 佐藤信夫：気象の数値シミュレーション, 東京大学出版会 (1993)
16) Kalman, R. E.：A New Approach to Linear Filtering and prediction Problems, Transactions of the ASME, Journal of Basic Engineering, Vol. 82D, No.1, pp. 35-45 (1960)
17) 谷萩隆嗣：カルマンフィルタと適応信号処理, コロナ社 (2005)
18) Kalman Filtering：Theory and Application, ed. H. W. Sorenson, IEEE Press (1985)
19) Uchiyama, M., Hakomori, K.：Measurement of Instantaneous Flow-Rate through Estimation of Velocity Profiles. IEEE Transactions on Automatic Control, Vol. 28, No. 3, pp. 380-388 (1983)
20) Eknes, M., Evensen, G.：An Ensemble Kalman filter with a 1-D marine ecosystem model：Journal of Marine Systems, Vol. 36, No. 1-2, pp. 75-100 (2002)
21) Evensen, G.：The Ensemble Kalman Filter for Combined State and Parameter Estimation MONTE CARLO TECHNIQUES FOR DATA ASSIMILATION IN LARGE SYSTEMS, IEEE Control Systems Magazine, Vol. 29, No. 3, pp. 83-104 (2009)

参考文献

22) 樋口知之：粒子フィルタ, 電子情報通信学会誌, Vol. 88, No. 12, pp. 989-994 (2005)
23) Luenberger, D. G.：Observing State of Linear System. IEEE Transactions on Military Electronics, Vol. Mil8, No. 2, pp. 74-80 (1964)
24) 岩井善太, 井上昭, 川路茂保：オブザーバ, コロナ社 (1988)
25) Hayase, T., Hayashi, S.：State estimator of flow as an integrated computational method with the feedback of online experimental measurement, Journal of Fluids Engineering-Transactions of the ASME, Vol. 119, No. 4, pp. 814-822 (1997)
26) Nisugi, K., Hayase, T., Shirai, A.：Fundamental study of hybrid wind tunnel integrating numerical simulation and experiment in analysis of flow field. JSME International Journal Series B-Fluids and Thermal Engineering, Vol. 47, No. 3, pp. 593-604 (2004)
27) Funamoto, K., Hayase, T., Shirai, A., Saijo, Y., Yambe, T.：Fundamental study of ultrasonic-measurement-integrated simulation of real blood flow in the aorta, Annals of Biomedical Engineering, Vol. 33, No. 4, pp. 415-428 (2005)
28) 井上慎太郎, 川嶋健嗣, 舩木達也, 香川利春：計測融合シミュレーションを用いた非定常管内流れ場のモニタリング, 計測自動制御学会論文集, Vol. 42, No. 7, pp. 837-843 (2006)
29) 今川健太郎, 早瀬敏幸：測融合シミュレーションの誤差ダイナミクスに対する固有値解析, 第41回流体力学講演会/航空宇宙数値シミュレーション技術シンポジウム2009講演集, pp. 113-116 (2009)
30) 中村育雄：流体解析ハンドブック, 共立出版 (1998)
31) Schlichting, H.：Boundary-Layer Theory, 7th English Ed., p. 612, McGraw-Hill (1979)
32) Gad-el-Hak, M., Pollard, A.：Jean-Paul Bonnet, Flow Control, Springer (1998)
33) Thompson, J. M. T., Stewart H. B.：Nonlinear Dynamics and Chaos, John Wiley and Sons (1986)
34) Demuren, A. O.：Rodi, W.：Calculation of Turbulence-Driven Secondary Motion in Non-Circular Ducts, Journal of Fluid Mechanics, Vol. 140, No.1, pp. 189-222 (1984)
35) Huser, A., Biringen, S.：Direct Numerical Simulation of Turbulent Flow in a Square Duct, Journal of Fluid Mechanics, Vol. 257, No.1, pp. 65-95 (1993)
36) 今川健太郎, 早瀬敏幸：計測融合シミュレーションによる正方形管路内乱流の再現に関する数値実験（フィードバックの影響領域の考察に基づくフィードバック点数の低減について）, 日本機械学会流体工学部門講演会講演論文集, pp. 1305 (CD-ROM) (2006)
37) Hayase, T.：Monotonic convergence property of turbulent flow solution with central difference and QUICK schemes. Journal of Fluids Engineering-Transactions of the ASME, Vol. 121, No. 2, pp. 351-358 (1999)
38) S. V. パタンカー 原著, 水谷幸夫, 香月正司 訳：コンピュータによる熱移動と流れの数値解析, 森北出版 (1985)
39) Hayase, T., Humphrey, J. A. C., Greif, R.：A Consistently Formulated QUICK Scheme for Fast and Stable Convergence Using Finite-Volume Iterative Calculation Procedures, Journal of Computational Physics, Vol. 98, No. 1, pp. 108-118 (1992)
40) Fletcher, C. A. J.：Computational Techniques for Fluid Dynamics, Vol. 1, p. 302, Springer-Verlag (1988)
41) Hayase, T., Humphrey, J. A. C., Greif, R.：Mini Manual for ROTFLO2. Department of Mechanical Engineering Report, University of California at Berkeley, Vol. FM-90-1 (1990)
42) Rosenhead, L.：Laminar Boundary Layers, Oxford University Press, p. 593 (1963)
43) Caro, C. G., Fitzgera. Jm, Schroter, R. C.：Atheroma and Arterial Wall Shear-Observation, Correlation and Proposal of a Shear Dependent Mass Transfer Mechanism for Altherogenesis, Proceedings of the Royal Society of London Series B-Biological Sciences, Vol. 177, No. 1046, pp. 109-133 (1971)
44) Giddens, D. P., Zarins, C. K., Glagov, S.：The Role of Fluid-Mechanics in the Localization and Detection of Atherosclerosis, Journal of Biomechanical Engineering-Transactions of the ASME, Vol. 115, No. 4, pp. 588-594 (1993)
45) Finol, E. A., Amon, C. H.：Blood flow in abdominal aortic aneurysms:Pulsatile flow hemodynamics, Journal of Biomechanical Engineering-Transactions of the ASME, Vol. 123, No. 5, pp. 474-484 (2001)
46) Funamoto, K., Hayase, T., Saijo, Y., Yambe, T.：Numerical Experiment of Transient and Steady Characteristics of Ultrasonic-Measurement-Integrated Simulation in Three-Dimensional Blood Flow Analysis, Annals of Biomedical Engineering, Vol. 37, No. 1, pp. 34-49 (2009)

3 定性物理

3.1 流れの定性物理

3.1.1 序論

　人工知能研究の目的の一つは人間の知能を形成する特色ある諸機能をコンピュータ上に実現できるようなプログラムの方法を見出すこと，とされている。デカルトの言う解析とは，問題を解くには問題を解けたものとして，何を明らかにすればよいのか，問題を解くのに必要な条件は何かを求めること，とされるが[1]，この意味では現段階での人工知能の研究はそれが出来たものとして，解明すべきものは何かを求めていると言えよう。

　人間の注目すべき知能の中で重要なものに，人間の周囲の物理環境を知覚，記憶，推論，判断する常識がある。これはすべての生物が持っているとも言えるが，人間のそれの特色は，上に常識と書いたように，人間一般に広く，すべての人にとは言えないが共通な言語表現可能な点であろう。この能力を調べコンピュータ上に類似の機能を実現させることを目的として直感物理(Naïve Physics)や，あるいは，定性物理(Qualitative Physics)の概念が提唱されてきた[2]。定性物理は人間の物理的環境把握能力の重要な一面を抽出したものである。すなわち，我々は測定し数によって表現され，厳密な数学的手続きにより認識する物理世界以上に直感的推論によって，つまり定性推論によって我々を取り巻く物理環境を理解し，予測し，つまり実時間に先立って時間を動かし，ある種の方程式の計算をし，結果に基づいて行動する。これは外野手の飛球を受けるときの運動時の予測能力を観察すれば明らかであるし，また流体工学の知識のない古代人の水道，灌漑工事の考案，工事遂行の能力を想像すれば，このような非数値的物理的推論，あるいは従来の意味とは違った数値的推論が単に肉体の運動で無意識の内に実行されている以上のものを持つことは疑う余地がない。そのような場合には直感的推論を自己が，あるいは自己のグループが行うとともに，それを他者に説明する必要がしばしば生ずる[3]。

　人工知能分野の中心的雑誌，Artificial Intelligence の 1984 年に発行された一冊は，Special Volume on Qualitative Reasoning about Physical Systems[4] である。これは約 500 ページに及ぶ大部なものでそれまでの定性物理の人工知能的研究が集約されている。一見してわかるのは機械工学に関連した論文の対象としたものに流体，熱が多いことである。他には電子回

3 定性物理

路が目立つ。以来，20年が過ぎたがこの分野の進歩はけっして速くはなく，やはり流れの説明は人工知能（Artificial Intelligence，以下，AIと略記する）の分野での重要課題であり続けている。最近のAI研究の内，定性推論展望にはAI Magazine, Vol.24, No.4, Winter 2003, Qualitative Reasoningの特集号[5]があり，詳しい定性推論の諸分野の展望がなされている。邦書には，西田「定性推論の諸相」がある[6]。また最近のAIに目立つのは，ITに関係して重要性が増した，あまりAIと銘打ってはいないが本質においてAIの一分野であるデータマイニングの基本であるオントロジーが注目される[7]。オントロジーとは「対象領域についての概念を網羅的に集積して，それぞれの概念に明確な定義を与え，各概念の間の関係を定義する」こととされる。概念とは知識のあり方の一つである。

定性物理の方向の研究は，学習支援[8]，各種の流体解析ソフトの利用と開発，結果の解釈支援，流体問題の研究支援，さらには人間の流れ理解の本質の解明を目指し，それは一般の物理世界の人間の理解の様相の解明にも通ずるはずである。

流れの定性物理的問題を分析して見ればすぐわかるようにその解決には流れについての実に多くの知識が必要である。「知識とは何か」という疑問は大変長い歴史を持っており，どんな本でも哲学の歴史に触れたものには，われわれの知識の本質について考察した多くの哲学者の名前が現れる。この疑問に取り組んだ最も重要な哲学者は疑いも無くプラトンである[9]。彼はまた「テクネー」つまり技術の本性について同じくらい深く論じている[10]。言うまでも無くギリシャ語の「テクネー」はtechnology, Technologie等々のすべてのヨーロッパ語族の技術を意味する言葉の語源であるし，日本においてもテクノロジーなる語はしばしば使われる。

したがって，現今の多くの哲学者達が，知識と技術という哲学の二つの大きな論点に関係するAIの技術に強い関心を持つのも当然である。彼らはいわゆる「強いAI」に鋭い批判を浴びせている[11],[12]。注目すべきことに，20世紀を代表する理論流体力学者，M. J. Lighthill卿[13]はすでに30年前にScience Research Councilから依頼されて当時までの人工知能研究の展望と批判を行い，その研究を

　A：先進的自動制御（Aは，Advanced Automation），

　C：中心神経システム（Cは，Computer-based Central Nervous System）の研究，
およびこれらを繋ぐものとして，

　B：いわゆる人工知能（AとCを繋ぐ分野として，Bridge）

と三つのカテゴリーに分類している。卿はそれぞれについて鋭い分析を行い，次の25年の展望を与えている。その中で，日本政府の当時の金額で40Mポンドに達する野心的計画の中心は上のカテゴリーAに属するもので，最も発展が期待できる分野であるとしている。カテゴリーCも相当に発展するであろうが，一方，カテゴリーBはむしろ失望が増すであろうと予言している。事実，研究の過程においてAI研究者もまた，当初の誇張された商業的メッセージ，「AIは恋愛にいたるまで，人間のすべての脳の知的活動が出来ます」の誤りを理解した。現在ではAIは謙虚になってきたといえ限定された世界の明確な問題を解こうとしており，それに関しては具体的で確実な結果を得始めている[14]。

本章では，主としてここ何年かの間に行ってきた我々の研究と，流体工学における定性推論の意味の考察を述べる。最初にAIシステムの哲学的アスペクトの問題に触れる。これらの問題は工学的応用に限定されない幅広い哲学的なものであり著者らが専門的に論ずるのはむろんできないが，さりとて，われわれの研究目的を明瞭にするためにはこの論点を避けるわけにはゆかないと考える[15),16)]。このような考察を通じて，初等的に見える流体工学問題を解くことのできるAIシステムを構成するのにはいかに多くの，そして深い知識が必要であるか，が理解できる。次に，3.2節で放物型非線型偏微分方程式の計算コード自動生成について述べる。次に流体工学を学ぶどんな学生も知らなくてはならない次元解析について述べる（後の3.3節）。次元解析は1941年に発表されたので，単に記号K41とのみで引用されるまでになったKolmogorovの乱流についての最初の厳密な予測である，$-5/3$乗スペクトルの導出に見られるような重要な流れの研究方法である。著者らは1985年に記号処理言語LISPを用いて流体の専門でない技術者が次元解析問題を解くのを支援するプログラムを構築した。さらに著者らは流体物性値の各種の問題を解くことができるシステムを構成した。この問題は流体工学を学ぶ学生が最初に課せられる問題である（後の3.4節）。この研究を通じて著者らは，このような「初等的問題」においてすら常識の重要性を見出した。方程式はいかなる分野においても最重要なものであるが，方程式は解かれる前に立てられなくてはならない。著者らは情報の流れ(information flow)の概念を導入して，流体工学の方程式を立てることのできるシステムを構成した（後の3.5節）。この研究を通じて流体工学問題のAI的に見た難しさが浮き彫りになった。それはすなわち学生，つまり人間が流体問題を理解する際の困難さである。これに関連して，3.6節では流体問題における知識獲得についての実験について述べる。

3.1.2 流体工学問題の定性物理に関連した認知科学的，哲学的探求

我々の最終目的は実際の流体工学問題を解けと，コンピュータに命令できるプログラムを構成することであり，そのためには我々は「人間の流れの認知と理解過程」を理解しなくてはならない。認識，対象間の関係，主体と理解されたイデアの問題はAIにおいて，可視化されている対象と可視化している機械，および機械の出力を取得してそれから得られる人間の判断と思考の関連において重要である。例えば，この問題は象徴的には，顕微鏡を用いて倍率を上げて見ていくとき，マイクロ世界についての我々の思考が変化し，そのアイデアがまた道具を改良しようとする強い動機になっている，という状況に現れる。これは，他の，言語や思考を含めた広義の道具と，その道具の使用によって得られた成果の相互作用による進化過程の代表と言えよう。また，計算結果の可視化においても我々はコンピュータによって付けられた色の意味を問わなければならない。二元論に対する多くの批判にも拘らず，さしあたり我々は以下に述べるように二元論の立場に立つことにする。なぜならば，我々はコンピュータを用いるので，それ自身は流れではないからである。

道具としては，コンピュータはCFDのような数値解析は言うまでもなく，可視化のソフ

3 定性物理

ト，記号処理に力を発揮している。M. van Dyke は優れた理論流体力学者であったが，各種の流体力学的方程式の級数解の拡張を追及し[17]，Perry らは剥離流れの特異点の研究にナビエ・ストークス方程式の Taylor 級数解の自動的生成をコンピュータを使って行っている[18]。この点に関して論理学者，竹内教授(Illinois 大学)のコメントを引用したい。すなわち「現在の論理は各変化をチェックすることができるような少ない数のケースの場合と，逆に無限か，あるいは非常に多く極限を取れると考えられる場合の問題に非常に適した形になっている。もし我々が中間の，人間が直接には扱えず，また極限とも考えられない数のケースの場合をコンピュータで扱えるようになると我々の思考方法が変わるのではなかろうか」[19]。これはまた寺田寅彦が指摘していることでもある[20]。

我々は流体工学のシンボリック計算をこの竹内の示唆の線の沿ったものと考える。例えば，Schlechtendahl[21] は乱流理論や多相流理論は1点での局所物理量と，その点を含む領域にわたる平均値の違いを許す概念を扱えるものでなくてはならない，と主張し，新しい運動量方程式を REDUCE を使って導いている。最近では Oberlack は MACSYMA 上の偏微分方程式の Lie 解析用のソフトウェアパッケージを利用してせん断乱流の新しいスケーリング則を誘導しているし[22],[23]，Liao と Campo はホモトピー法と Padé 近似による境界層問題の解析解の導出に MACSYMA を活用している[24],[25]。これらの場合にはコンピュータは単なる道具というより「テクネー」の本質的行為と見なすべきであろう。現在では幅広く各種のソフトで行われるようになった FORTRAN コードの自動生成を人間になじみの記号表現からつくり出す LISP プログラムを我々はすでに 1988 年に行い，境界層問題の組織的計算に利用した。なお現在の自動的偏微分方程式計算プログラムの研究には SciNapse などがある[26],[27]。とくに AI に直結した研究では Yip のものが重要で，境界層の剥離，後縁付近のナビエ・ストークス方程式のオーダー評価の自動化，3層構造方程式の自動的誘導を行っている[28]。また，彼は力学系の理解への記号処理の適用を発表している[29]。

普通の機械的道具として AI コンピュータは両面を持っている。第一に，
  a)　人間的存在の知的行為のシミュレーション。
第二に，
  b)　人間的存在の知的行為の拡張。
であり，これは飛行機が我々に飛翔する能力を与えるのと同様である。

両者の場合とも，この目的の達成の判定が一つの問題である。第一の場合のこのような判定基準の代表は Turing テストである。しかしながらこのテストは視覚を完全に無視している。Turing に先ずること 300 年前にデカルトは人間を模倣する機械の不可能性を論じている[30]。Turing はデカルトの議論を考えて彼のテストを提案したようにも感ぜられる。また，Searle の中国人の部屋の反論も重要である。知力における視覚の無視は現在の多くの AI の議論の不完全性を意味している。多くの西洋中世やルネッサンス絵画は画家の世界観を表現するために描かれたと言われる。あるいは東洋画の真髄は画家の胸中の逸気を写したところにあると言われる。したがってそのような絵画を理解する AI コンピュータは視覚を持たなくては

ならない．もし我々がそのような機械システムを構築したとしても，次の疑問が依然としてのこる．すなわち，人間的存在の脳——視覚システムが行うのと同様な画像処理を行う AI システムはいかなる出力をするべきか，である．機械は見た図象の意味を理解，つまり説明しなくてはならない．アリストテレスによれば，誰かがあることを理解しているかどうかは，その人がそのことについて未知状態の人に教えられるかどうかで判定される[31]．

そのような機械が絵画を処理したとしよう．もし機械の出力が絵画と同じものであるならば，機械は人間の知性の意味でのプロセスは何も行っていない．もし絵画がKolmogorov複雑さ[32]の意味でランダムとするなら，コンピュータの応答はそれが見ている絵画とまったく同じものをつくることであろう．しかし，絵画によって人間の脳に与えられる印象は単純な条件反射ではなく，見る彼自身の生活体験とそのときの絵画と周りの雰囲気からの刺激から合成されたものである．例えば，老人がルーブル美術館でレオナルド・ダビンチの絵を見るときと，どこかの台所の壁にそれがあったとして，それを子供が見るとしたときの，それぞれの頭脳に起こる反応の違いを考えてみればこのことは明らかである．

我々はもっと簡単な流れの可視化の例，図-3.1を考えよう．これは言うまでもなく，流体力学で最も有名な渦，カルマン渦である．この図を見たとき，人間によって得られる印象は各個人的なもので，各人は個別の精神的行為を行い，ある場合には，各人に対応した出力を表示するであろう．もし，その人がカルマン渦の知識を持っているならば，その人間は，「私はカルマン渦を見ている」というであろう．これは明らかにカルマン渦の世界の情報圧縮をし，シンボル化したものである．対照的に，カルマン渦の知識を持たぬ人はその受けた印象を圧縮表現できずにただ，図を指差して「私はこれを見ています」としか云いえぬ，であろう．このコミュニケーション方法はランダム現象を全体的に伝える方法である(Kolmogorov)．逆に，カルマン渦の知識を持つ人は「カルマン渦」の言葉を聞いたときに図-3.1のようなイメージを浮かべることができるであろうが，その知識を持たぬ人はこの言葉から何のアイデアも得る事ができない．つまり前者はシンボルから世界を復元できるのに，後者はできない．いわば暗号の鍵が分かっていない．これはデータマイニング[33]」において設定すべき条件にも関係している．操作主体が，ただ，検索ウインドウを見ていても何も出ず，何らかの要求を

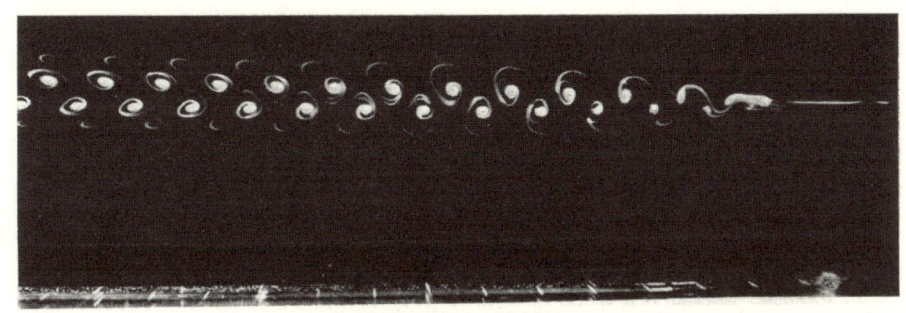

$Re=70, d=3.5\text{mm}, h=63\text{mm}.$

図-3.1　カルマン渦（山梨大，宮田教授の御好意による）

3 定性物理

主体的に検索エンジンに対して行わなくてはならない。その入力を決定付ける条件は当面のマイニングソフトの外にある。なお，Wiener によれば[34]，V. Bush は「厖大な資料の中から何かを探し出すのに機械の助けを借りてはどうか」とデータマイニングを提案した。これに対する Winner の意見は，「こういう機械も役には立つだろうが，見慣れない綱目について本を分類するときには，誰かが前もってその綱目名と本との関連を確認しておかなければ分類できないという制限がある。同じ方法と知的な内容を含む問題が非常にかけ離れた分野に属している場合，それに気づくためには，ほとんどライプニッツのような広大な興味を持つ人間が必要になる」である。

　L. Prandtl は前世紀の偉大な流体力学者であるが，各種の流れを研究する有効な方法として意図的に最初に可視化技術を用い始めたと言ってよいであろう。しかし，当時，流体力学者は可視化画像写真に写されている各種の線の意味を完全に理解していたとは言えない。Prandtl ですら流線，粒子軌跡，ストリーク線の区別が明らかにできていたとは思えない。もし，カルマン渦列がこの各種の線の意味を用いてシンボル化されていたならば，Prandtl はその出力コードを理解しようとして苦心したであろう。ここに一つの問題が b) に関連して生ずる。すなわち，

　c）AI コンピュータはその出力を人間に説明する能力を持たなくてはならない。

この能力が e-ラーニングの支援コンピュータに要求される。これは実は仏陀が悟りを得たときに獲得する知恵であるとされている。つまり，悟った人間は相手の理解力を測りうる能力を持つとされている。通常，人間はある結果の真理性に関する確信を，数学の証明の場合のように推理の連鎖を一歩一歩辿れた時に得られたと考える。しかしながら，AI の目的として b) に与えられたものは非常に長く，複雑な人間ではチェックできないような推論を非常に早く行うことである。もし人間が AI コンピュータのそのような推論を一歩一歩フォローできるならば，その AI コンピュータは a) の仕事をしているのであり b) の機能を持っていないことになる。もし我々が機能 c) をある AI コンピュータに装着できるならば，その機械は b) を完全に行っているとは言えない。何故なら，人間がその出力をすべて理解できるのであるから。

　以下において，一般の AI システムに対する前提あるいは仮定を作業仮説として論じよう。存在者 A が他の存在者 B にあることを伝達することを実行するには，存在者 A と存在者 B との間にある共通の存在が存在しなくてはならない。我々の第一の仮定は，

　ⅰ）プラトンの意味においてその事物のイデアが存在し，それは存在者 A と存在者 B によって共通に理解されなくてはならない。

存在者 A と存在者 B は一個の人間の思考の中にある実体と考えてもよいものとする。その意味では我々はある意味で自己の二元性を仮定する。もう一つの仮定は藤沢によって提案されたイデア理論からのものである。藤沢の表現[35]によればイデアに対して下記の態様が定式化される。

　ⅱ）机のイデアが実在世界のこの場所に今，射影されている。これによって眼前の事物は机である。

3.1 流れの定性物理

これは別の表現では次のように言いうる.

「机や渦のイデアが時空間のここに今,射影されて,その事物を机,あるいは渦にしている」

これは,イデアはある事物の抽象的な存在で,時空間のここに今ある事物を,まさにその事物であらしめているのである,ことを意味している.これらの文の「空間」はきわめて抽象的な空間でもありうるのはもちろんである.これは最近の認知心理学のアフォーダンスの概念をずっと先んじて提案されたものであると言えよう.

図-3.2は上の考察によるAIシステムを図象化したものである.個物Aは机や渦のような具体的事物のみならずシンボルの列や命題などをも意味し,対象世界Dに存在し,イデア世界IのイデアI_Aの像を持つ.人間存在の世界,それを表現世界Mとする,においてはI_Aは表現S_Aに射影されそしてまたI_AはAIコンピュータの世界CのシンボルM_Aに関係している.

もしM_AがAIコンピュータの中で,ある変換T_CによってM_Bに変換されると,M_Bを持っている表象S_Bは表象の世界の中で——そこでは世界Cの中の操作T_CはシンボルT_Mを持っているのであるが——操作T_Mを通じて表象S_Aに関係している.同様にDの中では個物Bと行為T_Dがあり,それらはMの中で表象S_BとT_Mを持っている.このようなシェー

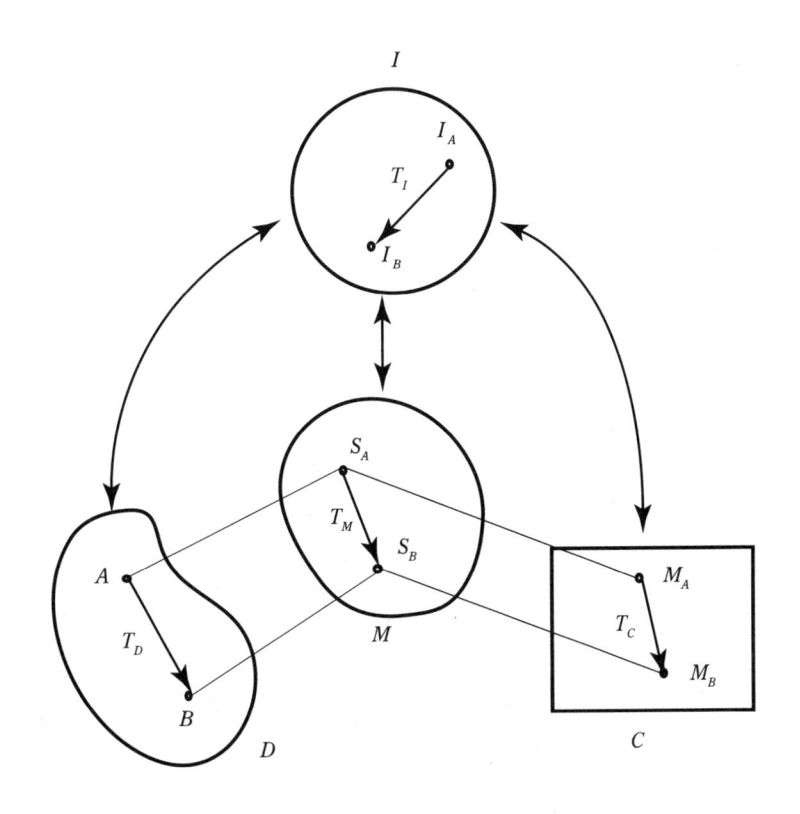

図-3.2 イデアとAIシステムの図象図

マを通じてD, MおよびCの中の変化は結びついている。仮定 i), ii)は事物のイデアの存在を保証し，またイデアから事物を復元することを保証している。

なおまた，T_C, T_MおよびT_DはIにおけるイデアの像であると考えなくてはならない。この点において「パルメニデス」で議論されている第3の人間の問題が生ずる。これは三つの世界D, MおよびCとイデア世界Iの間の関係に対する質問である。

この質問は無限後退とも考えられよう。ここでは我々はこの古典的アポリアを単にこの場合は実在世界はD, MおよびCとそれらの間の関係より成り立ち，世界のすべてと写像はそのような事物である，それは皆イデアの像だからである，として避けよう。

上に仮定したシェーマはAIコンピュータの実現性とそれからの出力の意味を確立するための一つの行為である。この仮定なしには我々は人間の表象である対象世界とAIコンピュータの間の関連は失われると考える。

最後にもう一つの大きな問題がある。Russellに従えば，言語問題への取り掛かりには相反する道が二つある[36)]。

① ライプニッツ方式：言語は合理的なものであり，明晰判明な概念が全体に行き渡り，計算の規則がはっきり限定された，一個の計算と見る。

② ヴィコ風：出来上がってきたままの自然の言語を，伝達の適切な手段と見る一方，およそ形式的化の試みは，こじ付けとして拒否する。

もし，ヴィコ風の立場をとるならば，現在のコンピュータにはこれを搭載できないことは明らかであるから，我々の立場はライプニッツ方式でなくてはならない。すなわち，

$$\{言語\} = \{計算\}$$

の立場をとるしかない。

3.1.3 定性推論と物理的意味

流体力学の学会講演においては，発表者に対して，しばしば「その結果の物理的意味は何ですか」という質問がでる。物理学会においてもこのような質問は定番のようである[37)]。定性推論とはこの物理的意味に基づく推論である，と言えよう。長い科学の歴史の上で物理的意味を重んずる立場と，これをむしろ否定する立場が見られる。前者の代表の一人はMachであり[38)]，後者の一人はFeynmanであろう[39)]。Machは，「現物実験のほかに，より高度な知的段階でひろく行われている別種の実験——思考実験がある。……小説家や社会的・技術的ユートピアの構想家たちは思考の中で実験する」，「我々は別段そうする積りは無くとも，多かれ少なかれ正確に，事実を表象の形で模写している。思考実験の可能性はこの模写に基づくものである」と述べている。このような思考実験の際には現象の適切な表象が必要であり，物理的意味とはその適切な表象，そのことであると言えよう。流体力学におけるこのような表象の代表は明らかに「渦」である。ただ，Machは思惟経済説でも知られ，この立場は前者である。Feynmanは，物理的説明とは，方程式の各項の実験的な意味を言うこと，あるいは実験結果を説明するのに方程式を如何に用いるべきかを言うこと，として，科学哲学

者を排斥している。この考えに従えば方程式が分からなければ物理的説明は何もできないことになる。しかし，その後，彼は別の著書[40]の中で方程式を用いないで光の量子力学的説明を懸命に試みているから，方程式によらない説明の有意義性をやはり認めているとみてよい。さらには，連続体力学の公理論的展開を行ったC. Truesdell[41]は次のように極論している。"It was NEWTON above all who taught us that the way to solve real physical problems is to shut off the physical talk and get down to equations."そして口をきわめて「物理的議論」を排斥している。また，Birkhoff[42]は次のように書いている。"One can argue cynically that qualitative deduction have a fifty per cent chance of appearing verified no matter whether they are correct or not! I think that students should be taught not to set much store by them ; they are very corrupting to one's critical sense.

しかし，Einstein[43]は「科学というものは日常思考を洗練した以上のものではありません。物理学者の批判的考察といっても，それを彼自身の分野での諸概念の検討だけに限ることはおそらく出来まいというのはこの理由によるものです。つまり彼自身での畑での仕事に比べてもっと遥かに困難な問題，すなわち日常の思考の本質を分析していくという問題を批判的に取り上げない限り,彼は前進することができないのです」と述べている。また，カタストロフィー理論の提唱者R. Thom[44]はRutherfordの金言として"Qualitative is nothing but poor quantitative"を引用しつつも，"位相幾何学と微分解析学の最近の進歩のお陰で，いまでは定性的な結果を厳密に表現することが可能である"と述べている。

工学の分野では，最近の自動車エンジンの燃焼効率改善の先端的努力をしてきた技術者桑原は「現象設計」という概念を提唱し[45]，そこでは「以上の問題や考え方を踏まえると，タンブル渦の崩壊を早めるとともに，タンブル渦をウイング型の渦のような流れを残さない形で速やかに多数の渦と乱れに変換し，これらを空間の全域に分布させることが，流れ場の最適化のポイントとなる」と述べており，これらの表現は定性的，物理的表現そのものである。事実，この報告を見てみれば明らかにエンジンの中の流れの変化と燃焼などは簡単に方程式に落とせるものではなく，定性物理的に考察することが最重要である。さらにこれに関連した意見を上げれば，N. Wienerは，その著書[34]の中で「気象学において，Lagrange的に将来の粒子位置と速度が計算できたとしても，それは膨大な量の数字となり，それを何か役に立てるにはふたたび徹底的にその持つ意味を解釈し直す必要が生ずるであろう。"雲"，"温度"，"乱流"といった述語はどれも一つの単独な物理状況を指すものではなく，可能な状況の分布であって，そのうちの一つが実現されるとみなされるもののことを意味するのである」と述べている。この意味を解釈するところが定性物理であると言ってよいであろう。あるいはまた，Kolmogorov[46]の「おそらく理論的科学にとって最も興味ある研究の一つ(そこでは当然サイバネティックスの考え，新しい数学的方法，現代の論理学が考えられる)は第二信号系としての言語の形成過程を研究することです。最初，まだ概念がまったくなかった頃，言語は一定のイメージを呼び起こす信号の役割にもなります」の考えもまた定性的説明，つまり言語を主として用いた説明の形成の研究の重要性を説いている。定性物理の本質は記述と説

明である。「説明とはなにか」という問題は科学哲学の分野における研究の一つの大きな主題である[47)-49)]。ここではその議論に参加することは目的ではないが，著者らの知る範囲では紹介されていないRussellの非論証的推論[50)]について次節で触れたい。

3.1.4 定性物理的アプローチとRussellの非論証的推論

　流れを表す言葉の代表の一つは渦であろう。つまり渦は流れという対象領域の重要な言葉であり，渦と他の流れを表す言葉との関係がまた重要である。すなわち，「渦」は流れのオントロジーの基本要素と考えられる。流れ，とくに渦に関連して定性的研究の重要性を指摘したのは今から70年以上昔の寺田寅彦らである[51)]。寅彦らはTaylor渦の広範な条件下での研究を行い，その過程で定性的流体力学を提唱した。この発想の方向の研究はその後はほとんど行われず，Benjamin[52)]のアスペクト比の小さいTaylor渦の研究に至って初めて重要かつ具体的な研究成果が現れた。寺田寅彦らが定性的という言葉で何を意味させようとしたかは必ずしも明らかではないが，一種の定性物理的発想であったろうことは，寺田寅彦の各種の随筆から考えて十分予想される。

　関連してRussellの非論証的推論[50)]をまとめて検討し，ここでの問題，すなわち流れの定性的物理との関連を考察しよう。Russellは「非論証的推論」の中で，（この問題が）「予期していたよりもはるかに広い問題であり，はるかに興味深い問題であることを知った。……論理外の原理を前提とすることによってのみ正しいと認めうるような推論でありながら，我々がまったく正しいと感ずる推論の例を集めることに熱中した」と書き，中心的と考えられる二つの概念をまず提案している。それは因果線(causal line)と構造(structure)の概念である。

　ただ，Russellの議論の中で欠けていると考えられるのは，非論証的推論，つまり定性推論による，新しい概念の発見，構成がどのようにしてなされるのか，についてである。この構造の発見自体，因果線の発見自体が新しい概念，理論の発見の糸口と言いうるのではなかろうか。つまり，日常直感，あるいはこれまでの経験からつくられた直感，概念から一つの飛躍をして新しい抽象的直感，経験をつくりだすことが，重要であろう。日常直感から抽象直感への地平の拡大である。次節で述べる流体力学での一例は，渦の観察から渦点の抽出である。さて，彼の提案はまず次の，二つの根本概念である。

　因果線：これは出来事の一つの系列が，その系列のどの一つの出来事からでもその近傍に起こる出来事について何事かが推論できるという特性を持った出来事の系列のことである。
　構造：これは例示的に定義されている。すなわち，因果的に結合わせる出来事の一系列を通じて，しばしば不変に，あるいは近似的に不変に，維持されるものとしての空間時間的構造，という観念は，きわめて重要で有用なものである。
　そしてRussellはこの概念とそれに伴って展開した議論を整理して最終的に五つの要請(公理)を挙げている。

1. 永続性の要請(the postulate of quasi-permanence)：任意の出来事Aが与えられると，Aの近傍のあらゆる時点において，Aときわめて相似的な一つの出来事がAの近傍のある

場所に存在する，ということが非常に多くの場合に起こる。
2. 因果線の分離の要請(the postulate of separable causal lines)：もろもろの出来事のある系列をつくり，その系列中の一つ，または二つの項(出来事)から，他のすべての項(出来事)について何事かが推論できるようにする，ということは，多くの場合に可能である。
3. 空間的時間的連続性の要請(the postulate of spatial-temporal continuity)：相接していない二つの出来事の間に因果的結合がある場合，因果線において中間項が存在せねばならない。
4. 構造についての要請(the structural postulate)：構造上相似な多くの出来事が，あまり遠く離れていない諸領域において，一つの中心のまわりに並んでいるとき，それらすべての出来事は，たいていの場合，中心にある同構造の出来事から発するもろもろの因果線に属する。
5. 類比性の要請(the postulate of analogy)：出来事の二つの集合，AとBとが与えられ，かつそのAとBとがどちらも観察しうる場合に，AがBの原因であると信ずべき理由があるならば，ある与えられた場合にAは観察されるがBが起こるか否かを観察する手段が無いとしても，Bが起こるということは蓋然的である。またBは観察されるがAの存在するか否かが観察されえぬ場合も同様である。

以上を図式化してみれば**図-3.3**のように描けよう。

Russellによれば，第一の要請はニュートンの運動の第一法則に対応する，つまり，出来事が一度だけ突然起こり，突然消えるものではないことの要請である。また第2が五つの要請の中で最も重要，第3は主として遠隔作用を否定するため，第4は非常に重要で非常に有効なもの，第5の最も重要な機能は他人の精神が存在するということを理由づける，としている。彼が重要視する非論証的推論の二つの概念，因果線と構造がいずれも幾何学的表現を与

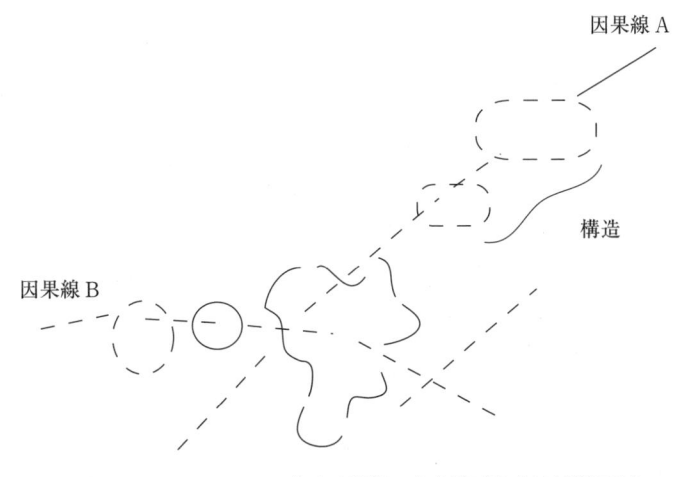

求める説明の中心核（多くは対称図象）

図-3.3　Russellの因果線と構造の図式

3 定性物理

えられている点が印象的である．これはKolmogorovの「現象の数学的モデルでは，通常は現象が図式化される」とよく対応している．また，「構造」は20世紀の時代精神を象徴する言葉で，文系分野でも「構造主義」なる主義が主張されたし，乱流に構造を見出すことは乱流研究の一つの大きな流れであったし，また依然としてそうである．

ここで我々は，定性的説明の理解の方法として，その図象化を考え，ホモトピーに定性推論を対応させられると提案したい．ホモトピー理論[53]は，簡単に要約すれば，グラフCを定義する，

$$C : y - P(x) = 0$$

の解集合を求めるのに，解が求めやすい別の方程式

$$C' : y - Q(x) = 0$$

を取り上げ，二つのグラフを結ぶパラメータtを含む写像$H(t, x)$を構成し，**図-3.4**に示すように上の第二の方程式の解から$H(t, x)$のtを連続的に動かして，第一の方程式の解に到達しようとするものである．

類似して，我々は次のように考えたい．すなわち，定性推論とは観察したいくつかの出来事からそれらのつくる構造を推定し，Russellの因果線を分離し，その線上を思考を動かして，他の観察された，しかし構造を推定するのには用いなかった出来事がその線上にあることを推論する，あるいはまだ観察されていない出来事が線上に存在する蓋然性を述べることである．これはMachの思考実験の説明の一つ，思考の中で要因を連続的に変化させてみる，を具体的に述べたものと言えよう．

一方，Hayesの直感物理[2]はあくまでコンピュータに乗せること目的としているから，あつかう対象は人間の物理的直感であっても，形式化されたもので，彼は直感物理の基礎概念の持つべき条件として，① 徹底性，② 忠実性，③ 高密度，④ 一様性，ということを挙げ，すべての直感的推論の形式化に共通の枠組みをつくることを試み，1階述語論理と公理系でこれを実現しようとした．さらに彼はクラスターという概念を提唱した．これは例えば，測定尺度，内と外，歴史，集積などの概念である．しかしこれらはあまりに広範な概念で一般の同意をうるのは困難である．これについての批判はDavis[54]が行っている．

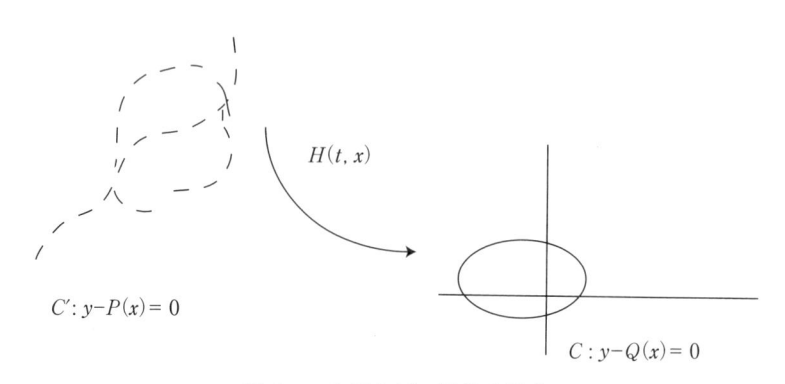

図-3.4 ホモトピー写像の構成

Hayesの広すぎる考えに対してマイクロ世界，つまり取り扱う世界をきわめて限定して，その世界言語と公理を設定し調べる方法が研究されている[54]。これは集合論での世界集合の限定にあたる[55]。物理世界の中でも流れの場は1次元流れ，2次元流れ，3次元流れ，あるいはさらに高次元流れと限定したり，理想流体，粘性流体の区別をして研究することが多く，このマイクロ世界的に描写しているとも考えられる。これはまた物理学でしばしば「おもちゃの問題」と言われるものにも対応している。別の言い方では先に論じたイデア世界での考察ともみなせるであろう。上のホモトピー的考えでは，マイクロ世界は解が求めやすい方向に次元を変えた世界に相当する。この方法を流れ場に適用する場合，どのような基本概念を適用するかが問題であるが，「渦」は疑いも無くその一つである。渦概念は非常に広いもので，多くの場合に直感的に理解され流れ場の説明に用いられるが，一方ではその厳密な定義は絶えず議論の的となっている。しかし2次元渦点による理想流体の流れ場はかなり直感的に理解しやすく，しかも複素関数を用いて簡潔かつ厳密に扱うことができるので，直感的な流れ場の推論をこの場に適用して理論と比較してみることによって直感的推論の正しさの検討をすることが容易にできる。そこで2次元の流れ場をイデア世界あるいはマイクロ世界として取り上げてみよう。

　この流れを直感的に見る立場をイメージ図として描くと，図-3.5のように考えられよう。まず現実の，ある流れについての人間の持つイメージや認識があり，これは日常的観察，実験的あるいは数値的可視化によって得られる。もちろんこのイメージ図や認識（認知）は観察者によって大きく異なる。流れについての常識が，ごく粗く分けても専門家，常識人，子供くらいの分類は必要であろう。同じ可視化写真を見ても専門家は渦，渦度，循環，理想流体，粘性流体，2次元，3次元の渦運動の差，層流と乱流の差などを念頭において流れ場を観察し，常識人は鳴門の渦，竜巻，台風などの類推で眺め，子供は「あっ渦」といった感覚で見るであろう。

　観察により頭に浮かぶ認識に大きな差があり，観察から推論する過程，推論の深さには更に大きな差が現れよう。おなじ流れの専門家といっても渦法による流れ場のシミュレーショ

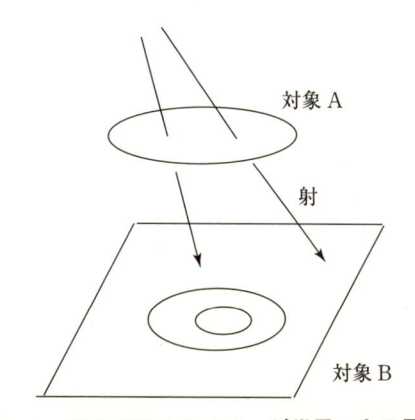

図-3.5　現実世界Bとイメージ世界Aとの写像

3 定性物理

ンを行っている人と衝撃波の測定を主として行っている実験家では渦に対する推論にはかなりの違いがあると考えられる。いずれにしろ認識を得た人間(以下,動作主体という意味で計算科学世界で使われる言葉を利用してエージェントと呼ぶ)の次に行う推論について考えてみる。この際,エージェントの推論は常に実際の流れのある抽象化されたモデル,あるいは非線型力学の用語で言えば,現実世界の情報を基本的な情報に縮約した世界について行われる[56]。人工知能の表現では現実世界をマイクロ化した世界について推論が行われる。

現在の我々の流れを調べる立場で図-3.5に即して言えば対象Aは流れ場である。これについてのモデルはAの大きさによって非常に多様なものが考えられる。例えば宇宙流体力学のような相対論的効果のある場合から,溶液中でのイオンの運動をストークス流れとして扱う場合の空間,時間,速度のスケールの差は隔絶している。このすべてを統一的に考えようとする立場もあるが,人工知能研究の観点からはそれは現実的ではないであろう。ここでは限定された2次元理想流体の流れを対象Aを写した対象Bであると,限定する。すなわちこれが我々のマイクロ世界で,流れ場として最も基本的流れ場である。なお,流れは一般的な渦ありも含むとする。これ以外にも管路系の問題が工学的に基本的で実際上重要であり,しかも定性的に考えざるを得ない流れとして研究されてきたが,それには空間的場の観念がほとんど入っていないので,ここでの研究とはかなり異なったものである。

このマイクロ世界の定性的研究にもいくつかの立場があり得るが,第一段階として初学者の流れ学の学習支援を考えてみよう。とくに渦とその誘導速度場の理解のための定性推論を支援する2次元渦マイクロ世界の定性物理的推論システムの概念を図-3.6に示した。これはエージェント(初心者)が理想流体の2次元流れ場や渦点について考えることを,あらかじめ設定された渦を表現する言語(渦語)でコンピュータに実装しておく。ここで渦語の範囲での

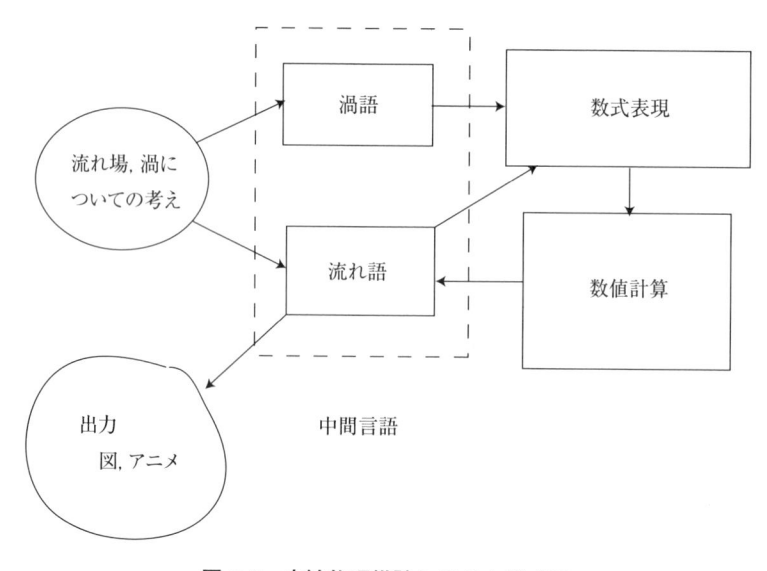

図-3.6 定性物理推論システム模式図

推論可能なことが望まれるが，第1段階としては渦語入力を単に数式表現し，記憶させるものとする。次に人間は渦語，あるいは流線，圧力，粒子軌道，といった流れの描写を規定された言葉でコンピュータに命令や質問をする。これに対してコンピュータはある程度対話して内容を理解し，記憶された数式を利用して数値計算にそれを移し，つまり自動数値計算プログラムをつくり，さらに質問や命令に即した数値，グラフやアニメを出力する。この過程を通じて渦語の使用が理解できるようになればエージェントは渦と流れを，設定されたレベルでの理解ができたと考えられる。このような単純なシステムでも多くの問題があるが，第1段階は渦語の構成である。当面は標準的な本を調べて渦という言葉の使われ方，基本文法のあり方を調べ，明らかにするのが重要である。

3.1.5 流れの物理的説明

　前述のように，人工知能研究の目的は，人間の特色ある知的能力を解明しコンピュータに実装するためのプログラムの満たすべき条件を調べることにある，とされる。本節において渦点の運動の説明レベルについて定性物理的考察を行うが，その際の疑問点はそのレベルを扱うか，どこまで定性化するか，どのように説明するか，の問題である。つまり知的能力のどのレベルを考えるかが問題となる。ここでは定性推論の必要条件としての説明の意義とそのレベルの階層について具体的に考察する。

(1) 説明の意義

　前述したように Mach や Russell の考えが重要であるが，この思考実験の方法は，古くはGalileo の新科学対話[37]の中に見られ，さらに遡れば Archimedes の地球と梃子にまで至るであろう。そこでの方法は，まず従来の観察，実験結果を説明し，その諸条件を極限化したもとでの結果を推論することである。このような説明の重要性から，科学的説明とは何か，は古くから哲学，あるいは科学哲学の大きな問題として考察，議論が繰り返されてきた。もちろん荒唐無稽な説明も社会的には多く見られるが，それらといえども説明しようとする努力の点では次の正しい説明への第一歩として重要である。このような説明にはいろいろな階層，レベルが認められる。それは日常経験を簡単に帰納的にまとめた経験則から，ニュートン力学による説明，量子力学による説明などを考えれば明らかであろう。そしてコンピュータに定性物理的 AI を実装するにはこのような説明のレベルを明確にしなければならない。また，諸概念をはっきり定義しなければ，現在からかなり遠い将来にわたってコンピュータを動作させることはできないことに異論は少ないであろう。

　このような概念および概念間の関係の明示的表現は人工知能分野ではオントロジーと呼ばれる。なお人工知能分野でのオントロジーは ontology と小文字で書かれ，哲学の主題の一つとして古くから論じられてきた存在論は Ontology と語頭を大文字にして区別される。流体工学での説明のオントロジーを議論する前に，これまでの科学的説明の論点を概観する必要がある。科学的説明の検討は多数あり，例えば内井の科学哲学入門[47]において詳しく説明

のあるものについての各種の見解の歴史的経緯，現状が論じられている。ここでは最近のWeberの論文[58]を取り上げ，これを一つの手掛かりとして流体工学における説明を検討する。

Weberは論文に"Unification：What is, How do we reach and Why do we want it"と題して，説明がこれまで持つとされた3種の利点をあげ，さらに彼自身の意見を一つ付け加えている。彼は説明とは，"Explanation are instruments by which understanding of the world is achieved"とし，説明とは，まず世界の理解であるとしている。これはすでに述べた流体工学の学術講演，論文に対して，その物理的意味は何ですか，というありふれた質問自体の意味を明らかにしている。すなわち，この場合，質問者は，説明がなければ，実験データの羅列や計算結果のほとんど無限列の表示では，流を理解したことにならない，何らかの説明が加わって初めて計算，実験の意味があると主張しているのである。理論については更にそうであって，ある式が証明されても現実の流との関係が，文字通り説明されなければ，数学的意味は認められても，流体力学的意味を理解する人はいないであろう。

Weberによれば，説明には従来，次のものが主張されている。最も有名なものはHempelの考えで，彼は「理解とは予知と同一視されるべきもの」としている。最近の地盤隆起をマグマ上昇で説明し，それによる有珠山噴火の予知はこの最適な例であろう。なお，この説明には非圧縮と連続の条件が暗に用いられている。Kicherは予知に加えて，統一が説明の第二の知的利点であるとしている[59]。

これを筆者らはKolmogorovの条件付複雑度$K(x|y)$[32]によって理解できると考える。すなわち現象の統一的理解が得られれば，この複雑度は著しく減少するはずである。つまり，$K(x|y)$のyがデータxを統一する知識を意味する。その条件が加われば現象xを記述するプログラム長さを大幅に短くできるのである。すなわち計算機コストが節減できることを意味し，これはMachの主張する思考の経済の具体的意味と考えられる。また生物学的には脳資源の有効利用ということもできよう。さらにSalmonは我々が観察する現象の因果関係を知ることが，説明が我々に贈ることのできる知的利点であるとしている[60]。

Weber自身はこれらに加えて，説明には今ひとつの知的利点があり，それは説明は，それが説明できる事象に意味を与えてくれる，と主張している。Weberの考えの図式は次のようになろう。

　　説明 → 世界の理解の道具 → 予知可能性賦与 → 統一性賦与 → 因果関係の理解機構賦与 → 説明事象への意味賦与

これらには説明そのものと説明のオントロジー的レベルの考えはなくそれらを区別していないが，定性的説明の最も基本となる概念を与えていると見られる。なお，定量的と定性的レベルについては中谷[61]が参考になる。これらについての議論，検討は行わず，これらの考えの流体工学における説明の理解への適用可能性を調べてみよう。

(2) 流体工学の説明とオントロジー

まず，上に掲げた各説明に対する考えの中で古典的Hempelの説をBirdに従って見てみよ

う[62]。この要点は次の図式からなる。

(M)　Laws　　　　$L_1, L_2, L_3, \ldots\ldots\ldots, L_n.$
　　　Conditions　$C_1, C_2, C_3, \ldots\ldots\ldots, C_m.$ 　　　　　　(3.1)
　　　entail　　　――――――――――――
　　　Explanannda　$O_1, O_2, O_3, \ldots\ldots\ldots, O_k.$

ここに最後の Explananda とは説明を要求している対象(事物,現象)である。説明は次のようにして行われる。すなわち,

① Laws：L_i はいろいろな法則で説明に使われる。
② Conditions：C_j は説明されるべき対象を取り巻く状況,あるいは条件。

そして"説明するもの $\{L_i, C_j\}$ は説明対象 $\{O_k\}$ を帰結しなければならない。この形式は Hempel の Deadactive-Nomological Model (D-N Model) と呼ばれる。

ここで二つの渦点の運動をこの説明形式の観点から整理してみよう。理解を共有する階層は次に述べる法則まで学んだ学生である。したがって平面幾何や微分積分学の基礎の知識は暗黙の内に仮定され,ここでのオントロジー,つまり概念と関係の明示の対象にはならない。

法則は Kelvin の循環保存則,Biot-Savart の法則,渦点は自己へは作用しない,つまり,ある渦点は他の渦点の作用によってのみ流される,である。説明すべき事として,循環の強さが等しく向きが反対な二つの渦点が平行に一定速度で動くこと,とする。2次元であるから,Biot-Savart の法則は常用の記号で示せば $u = \Gamma/2\pi r$ である。これより一連の説明の過程の一例は次のように示される。

事実：二つの渦点が平行に動いている。
法則：
　1. 循環は一定である。
　2. 渦点の誘導速度は着目渦点と速度を考える着目点を結ぶ直線に直角であり,循環の符号によって決まる向きを持つ。
　3. 渦点は他の渦点の誘導速度によって流される。
　4. 渦点の誘導速度はその渦点自身には及ばない。
条件：
　1. 二つの渦点の循環の強さは等しい。
　2. 向きは反対である。
帰結：――――――――――――――――
説明すべきこと (Explanannda)：「二つの渦点は平行に動く」という事実 F。
説明：

それぞれの渦点に名前を A, B と付ける。文 α を「A は微小時間の間に B が A の存在する点 P に誘導する速度 u によって,P と B の存在する点 Q を結ぶ直線に直角な直線上を B の持つ Γ の符号によって決まる方向に微小距離 $\varDelta A$ だけ動く」とする。これが法則から導かれる

3 定性物理

ことを詳しく示す必要があるが，さしあたり導かれたものとする。同様にしてAが動くと同時に「Bは文αのAとBを入れ替えたαと双対な文βによって描かれる運動を行う」が得られる。この二つの文を両立させるAとBの運動は並行直線運動である。これを厳密に渦点の位置の微分方程式を解く方法に比較すれば明らかにintelligibleである。予知は平行性が保たれること，同一速度で動くこと，などである。統一性は他の渦点配位を考えなければ明確には断言できない。因果的な意味は法則3.であると言ってもよい。

上の文章的に示された，二つの同じ強さ，逆向きの循環の渦点の運動の定性的説明の形式化を可能な限り数学的形式的に解析することを試み，次々にそれを直感化してみよう。我々はこの問題について形式的全能者である。すなわち渦語国人――エージェントのなし得る推論規則について完全に指示でき彼の推論を実行できる（将来は複雑化，実際上できない場合がありエージェントの実行結果を見るしかないことになろう）。

a. 数学的推論プロセスの詳細

仮定1：エージェントは数学的知識（平面幾何学的知識を含む）および流体力学特有の概念以外の物理的概念は理解しているとする。それらを我々との共通知識として仮定する。

手順：直観的にすぐわかるものは定義するが，定義されるべき名詞，動詞は後で詳しく抽出する。公理等もさしあたりのものとして，後で検討する。

定義1：「流れ場」は空間点と速度を含む。空間点は速度を属性として持つ。空間点，速度などが仮定1の共通知識である。

定義2：「流体点」は，属性として，名前と時刻 t での空間点を持つ。

$$P := \text{fluid-point}(i, t, (x(t), y(t))) \quad i \text{ は 1, 2 のみとする。}$$

定義3：「渦点」はfluentである。つまり，時間の経過に伴って変化する属性として位置を持つ。さしあたり名前，記号は適宜に省略的に浮動的に書くので文脈に沿って解釈されたい。

$$V_i := \text{Vortex-point}(i, t, \text{place}, \text{circul } \Gamma, \text{velo-fiel } U)$$

i：渦点の名前，t：時刻，「循環」$\Gamma := \text{circul}(\text{sgn}\Gamma, |\Gamma|)$

「誘導速度場」$U := \text{velo-fiel}(t, \text{place}, (u(t), v(t)), V)$ 渦点 V による。

空間点 $SP := \text{place}(x, y)$ この x, y は時間の関数ではない。

これを，$V_i = V_i(t, sp, \Gamma, U)$ のように書く（同一性の問題。渦点の同一性の定義は検討を要する）。

次の公理をおく。

公理1：渦点は流体点である（すなわち渦点の運動はLagrange表現で示せる）。

定理1：ある時刻での渦点の存在する位置は空間点であるが，その渦点はその時刻におけるその空間点での流れ場（Euler場）によって次の点に移る。すなわち，

$$dx = u\, dt$$

の形である。

公理2：V_1 の存在位置におけるEuler速度は V_2 による誘導速度 $U_1 = U(V_2)$ によるその点での値であり，V_1 の誘導速度は除いて求める。

公理3：誘導速度場 $U := \text{velo-fiel}(t, \text{place}, (u(t), v(t)), V)$ において

$$|v_i| = \frac{|\Gamma_i|}{2\pi r_i} \quad r_i = \sqrt{(x-x_i)^2 + (y-y_i)^2} \tag{3.2}$$

が，誘導速度の大きさである．各成分は次式で示される．

$$u_i = -|v_i|\sin\theta = -\frac{\text{sgn}\,\Gamma_i |\Gamma_i|}{2\pi}\frac{1}{r_i}\frac{y-y_i}{r_i} = -\text{sgn}\,\Gamma_i\frac{|\Gamma_i|}{2\pi}\frac{y-y_i}{r_i^2}$$
$$v_i = |v_i|\cos\theta = \text{sgn}\,\Gamma_i\frac{|\Gamma_i|}{2\pi}\frac{x-x_i}{r_i^2} \tag{3.3}$$

すなわち渦点に対する Bio-Savart の法則である．

以上より，二つの渦点の位置，

$$V_1 : (x_1(t), y_1(t)) \quad V_2 : (x_2(t), y_2(t))$$

は次の微分方程式を満たす．

$$\frac{dx_1}{dt} = \frac{|\Gamma|}{2\pi}\frac{y_1-y_2}{r^2}$$
$$\frac{dy_1}{dt} = -\frac{|\Gamma|}{2\pi}\frac{x_1-x_2}{r^2} \tag{3.4}$$

$$\frac{dx_2}{dt} = -\frac{|\Gamma|}{2\pi}\frac{y_2-y_1}{r^2}$$
$$\frac{dy_2}{dt} = \frac{|\Gamma|}{2\pi}\frac{x_2-x_1}{r^2} \tag{3.5}$$

以上より次の式が成り立ち，これは積分できる．

$$\frac{dx_1}{dt} = \frac{dx_2}{dt}$$
$$\frac{dy_1}{dt} = \frac{dy_2}{dt} \tag{3.6}$$

すなわち，

$$x_1(t) = x_2(t) + c$$
$$y_1(t) = y_2(t) + c' \tag{3.7}$$

$t=0$，の条件を考えれば

$$V_1; \left(\frac{|\Gamma|}{2\pi}\frac{t}{l}, \frac{l}{2}\right)$$
$$V_2; \left(\frac{|\Gamma|}{2\pi}\frac{t}{l}, -\frac{l}{2}\right) \tag{3.8}$$

3 定性物理

推論の帰結："V_1, V_2 は x 軸に並行に一定速度で右の方へ動く"

以上が現在厳密と考えられる渦点の運動の説明である。

b. 次にこれをやや直感的にして微小変化の考えより定性的説明に落としたもの

微小時間 Δt の間に渦点の属性，空間点が Δx だけ変わる。記号法としては，

$$\Delta y = A \Delta x + o(\Delta x) \qquad A\text{ は微分係数}$$

の形である。これはまた，図-3.7 に合った状況である。

$$\Delta x_1 = \frac{|\Gamma|}{2\pi} \frac{y_1 - y_2}{r^2} \Delta t + o_1(\Delta t)$$

$$\Delta y_1 = \frac{|\Gamma|}{2\pi} \frac{x_2 - x_1}{r^2} \Delta t + o_2(\Delta t)$$

$$\Delta x_2 = \frac{|\Gamma|}{2\pi} \frac{y_1 - y_2}{r^2} \Delta t + o_1(\Delta t)$$

$$\Delta y_2 = \frac{|\Gamma|}{2\pi} \frac{x_2 - x_1}{r^2} \Delta t + o_2(\Delta t)$$

(3.9)

各式の微小項の形は式の形式より上のようになる。Δt の大きさはすべての式で同一とする。
上の式の説明：渦点 V_1 は Δt の間に右辺の形で表されるだけその x, y 位置を変える。第2の渦点についても同様である。

推論1：式より Δx は二つの渦点について等しい。Δy は二つの渦点について等しい。ゆえに二つの渦点の位置は Δt の間に同じだけ変化する。

推論2：推論1の結果より微分係数は正なので二つの渦点は x の増加する方向(右)へ運動する。

推論3：$t=0$ で二つの渦点の x 位置は 0 であり常に上の微少量式が成り立つのでどの時刻でも二つの渦点の x の値は等しい。

推論4：二つの渦点の x の値が等しいので，

$$\Delta y_1 = o_2(\Delta t), \quad \Delta y_2 = o_2(\Delta t)$$

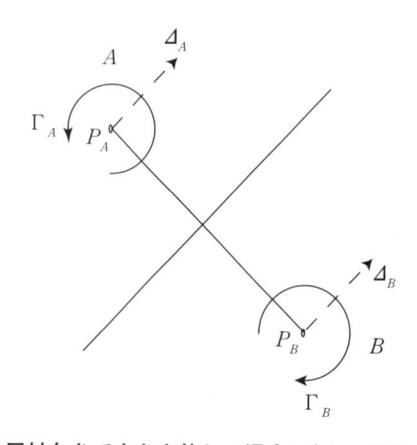

図-3.7　二つの反対向きで大きさ等しい渦点の相互誘導による渦点の運動

である。右辺は微少量 Δt より高次の微少量なので Δy はそれぞれ 0 と近似できる。すなわち，二つの渦点は y 方向には移動しない。

推論の帰結："二つの渦点は y 方向には移動せず，x 方向へ同じ一定速度で移動する"
が得られる。

c. さらに高次微少量を初めから考えない推論

Δt，Δx 表現であるが，高次微小項を最初から考えず $\Delta y = A\Delta x$ のように扱う。すなわち，

$$\Delta x_1 = \frac{|\Gamma|}{2\pi} \frac{y_1 - y_2}{r^2} \Delta t \tag{3.10}$$

他も同型とする。

推論は前記の推論 4 までは高次微小項がある場合と同様に進む。次に，

推論 4：Δy は近似でなく 0 となる。

他は前の推論と同じであり，同様な結論が得られる。

d. 更なる直観化

Δx が二つの渦点で等しいと推論するところをさらに定性的に（直観的に）するわけである。

前に置いた公理，条件より

渦点 V_1 は渦点 V_2 の誘導速度 $U_1 = U(V_2)$ で運動する。

渦点 V_2 は渦点 V_1 の誘導速度 $U_2 = U(V_1)$ で運動する。

各渦点の循環はそれぞれ

$$\Gamma_1 = +|\Gamma|, \quad \Gamma_2 = -|\Gamma|$$

である。

U_1，U_2 の大きさは条件より同じで向きも同じで右方向である。

推論 1：$U(V_1)$ は V_1 の中心，つまり渦点の存在位置 $C_1 := (x_1(t), y_1(t))$ を通る任意の直線に直交する。

（Bio-Savart 則より）

推論 2：推論 1 により，V_2 により C_1 に誘導される速度は常に C_1C_2 を結ぶ直線 L_2 に直交する。双対な表現が成り立つ。

定義：L_1 を C_1C_2 を結ぶ直線の垂直 2 等分線とする。ある時刻ゼロにおいて L_2 と L_1 を設定する。

推論 3：V_1 は V_2 の誘導速度により微小時間内に L_1 に沿って $U_1 = U(V_2)$ の向きに微小距離 Δx_1 移動する。同時にこれと双対な表現が成り立つ。

あるいは，

V_2 を止めて考えて，V_1 は V_2 の誘導速度により，微小時間内に上と同様なことが言える。

また，逆に V_1 を止めて考えて，上と双対な表現ができる。

実際はこれが同時に起こる。

推論 4：Δx_1 と Δx_2 の大きさは，$|\Gamma_1| = |\Gamma_2| = |\Gamma|$ と渦点の強さが同じなので，同じである。また，U_1 と U_2 の向きは同じである。よって，Δt の後に，V_1 と V_2 は同じ距離 Δx だけ U_1

3 定性物理

の方向に移動する。

推論5：U_1, U_2はL_2に沿った方向の成分を持たないので，L_2方向には移動しない。

C_1, C_2間の距離をlとする。V_1, V_2のΔt時間後に占める空間点をC_1, C_2とすると，C_1, C_2の間の距離はlである。C_1, C_2は矩形をつくる。

推論6：各渦点は流体点であり，その周りの循環は不変である。よって，C_1, C_2に移動した渦点についてこれまでの推論が同様に成立し，すべての時間についてV_1とV_2はU_1方向に一定の速さで並行移動する。以上をまとめて，我々は次のように考える。すなわち，"物理現象が説明できる，とは以前に経験した状況と同様な状況，あるいはあり得る状況については，実時間に先行して仮の時間を進め，多くの場合に微分方程式を解いて，つまり推論して得た結果が実時間の追いつきに際して，実際に起こった結果とある範囲で一致が得られる，と信念が持てること，あるいは起こった結果について，若し説明者が，対象となる事象が起こる以前にその状況を知っていたならば，上に述べたことが実行できたと信念が持てること。"を意味する。ここにおいては記憶，比較，判断があり，判断＝分節＝分岐である。

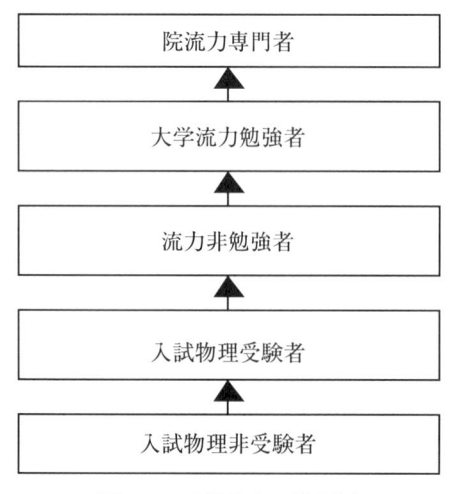

一方，この例は定性物理的推論を詳しくしようとすればするほど，定性的から定量的にする必要性が出てくることを明らかに示している。議論の定性的，intelligible性と定量的，計算のレベルが高まり専門家グループのみ理解できる形になること，とは量子力学の運動量と位置の不確定性原理に近い性質を持つことが推定される。このいわばトレードオフは最初のオントロジー，あるいは世界集合をどのように設定するかに掛かっている。これは図-3.8に示した理解共有の階層図式のように，境界は曖昧であるがグループ別に分けて考えられるであろう。ここで論じたのは大学流力勉強者の階層の理解する説明形式である。ここでの検討から，このような問題ではオントロジーや，$K(x|y)$のyの取り方には対象により非常に異なる点があり，かなりの任意性が残ることがわかる。このような問題は人間同士の対話でもあるので，AI的定性推論の具体化にはプログラム作成者と利用者の間でこのことを相互に了解

院流力専門者
↑
大学流力勉強者
↑
流力非勉強者
↑
入試物理受験者
↑
入試物理非受験者

図-3.8 理解共有の階層例

しておかなければならない。これは多くのソフトにサポート体制が必要な所以でもある。

3.1.6 渦の分節

定性物理の重要な点は可能な限り言語表現で物理現象を表し，伝達することである。これを他の面から見てみよう。すでに多くの人々によって指摘されているように，IT化の時代の大きな問題は情報の洪水にいかに対処するかであろう。これまでも印刷物の増大とともに繰り返し情報の洪水と言われてきたが，ITによる流通情報増大はこれまでとは桁違いに大きく要素の増加は指数関数的で，さらにそれらの組み合わせ情報が階乗的と言ってよい増加であることが問題である。類似の現象は原始人社会に見ることができる。原始人の社会の人口が急に増大すると漠然とした共通感覚を縮約する言葉の発明が必要となるし，これが発明できなかった原始人の種は何百世代かの間に生存闘争により淘汰され，地球上から消えたはずである。また，石器に名前を付けることのできた種はそれができない種より，石器製造において優位にたったであろう。これらは言語によって眼前の状況から必要情報を抜き出し，保存し，伝達することであり，集合の言葉で言えば，ある集合族にある同値関係を適用し，商集合をつくり出すことにあたるとみてよい。この過程の研究は，Kolmogorovの「おそらく理論的科学にとって，最も興味ある研究の一つ(そこでは当然サイバネティックスの考え，新しい数学的方法，現代の論理学が考えられる)は第二信号系としての言語の形成過程を研究することです。最初，まだ概念がまったくなかった頃，言語は一定のイメージを呼び起こす信号の役割にもなります」[46] によく対応する。

なお，Wienerによれば次のように考えることができる[65]。すなわち「……スイッチの開閉，発電機の位相をあわす操作・水門の流水調節，タービンの開閉等の実際行う動作の一つ一つはそれ自身一つの言語とみなすことができ，それぞれの動作の確率がそれ自身の履歴により定まっている。この枠の中では，可能となるどの命令の系列もそれ固有の確率を持っているから，それに固有の量の情報を運ぶのである」。これは言語の意味の大きな拡張であり，現在のコンピュータ言語よりもずっと広い言語を意味している。

繰り返せば，人工知能の研究には二つの側面があり，一つは人間知能の代替の役割を果たし，人間の知的活動を増大させるコンピュータをつくることであり，今ひとつは，人間の知能，知識とはいかなるものであるか，という包括的疑問に答える道の一つとするものである。著者らが考える説明自動化の目的の一つは，これによって専門家でない人が流体工学を確実に利用できるようなプログラムを開発することであり，もう一つは野心的なもので，流体問題への知識工学の応用可能性を探ることによって，知識工学に新しい問題，手法，思想を提供しようというものである。前者の有用性については，例えば，孟子[66] の言う「公輪子のようにいくら手先が器用でも規(コンパス)や矩(定規)がなくては円や四角形を正確に描くことはできない」の，この規矩が素人に提供されたことを考えれば明らかである。孟子に遅れること2000年の後に，ライプニッツは「補助的な便宜を持っている貧しい頭脳が……最善の者を打ち負かす。ちょうど偉大な達人が手で引くよりも定木を使った子供の方がうまく線を引

3 定性物理

くことができるように」と書いている[67]。

後者については，Arnoldの"Hydrodynamics is one of those fundamental area in mathematics where progress at any moment may be regarded to measure the real success of mathematical sciences"[68]を挙げよう。流体工学は知識工学においてもこの役割の一つを果たすものと著者らは考える。例えば最近の話題であるデータマイニングにおける問題の一つ，計算量に関して，決定木で最も時間の掛かる部分は連続数値性に対して各ノードにおいて各属性量ごとに各属性値の順にソートして情報利得比などの評価指数を求め最適な閾値を決定する部分である，と言われている。これは流れで言えば，乱流，非乱流の識別，乱流からの渦の抽出，バーストの抽出の問題そのものである。

分節はarticulationの訳語である。これは言語そのものの発生にかかわっている。例えばプラトンは言語の発生について，「……ついでさらに，すみやかに技術によって，音声に区切りを付けていろいろの言葉を作ったし……」[69]と人間が言語をつくり出すことを技術（テクネー）のなせる重要な技であると論じている。ここで重要なのは，音声に区切りを付けてできた，ということと，技術によって，という指摘である。前者は，現在の情報理論で言えば，音という連続過程に語頭をつけ，ひとまとまりの単位をつくりだすものである（人間は有限長の連続音しか出せないので，おのずから区切りができるが，そこに規則がなければ言語にはならない）。ここに，技術とは何か，の重要な包括的疑問が現れている。現代において技術という言葉は，狭い意味から広い意味まであると言えよう。狭い意味が多くの技術論の立場でこのときの技術はもっぱら工業的技術を指している。もう少し広くなると音楽家の技術，医師の技術が含まれるようになる。弁護士の技術と言う場合には更に抽象的であるが，ギリシャ時代の技術の範囲はこれまで含んでいるし，さらには人間の徳性の形成の方法まで含んでテクネーの言葉が使われている。ここでは広い意味の「技術」であるとしよう。実際，コンピュータプログラム技術は旋盤使用技術よりも弁護士の技術に近い。いずれにしても，技術の重要な点の一つは，共通の基盤に立つ，ということである。このことから言語はあるグループ内では個人によらず，誰でも操作できる通信手段である技術となる。

ここでは上の分節の考えに立った場合に「ウズ」という言葉自身の発生，つまり流れからの渦の分節について考えてみよう。渦は流れのパターンとして用いられる場合と，渦のオントロジーについての前節での考察が明らかにしたように比喩的に意味が拡大して用いられる場合があることは他の語と同じである。本論ではもちろん，流れの「渦」の発生，つまり分節の意味を考えることにする。まずウズという語は日本語に固有な語である点であることを注意する。

よって人間の特色ある知能をコンピュータに搭載するプログラムの持つべき条件の立場に立てばウズが語として現れる理由，その必然性を考察しなくてはならない。流れと渦をこの観点から見ると，流体力学的に渦があるという場合と，日常的に渦があるという場合を区別しなくてはならない。Couette流れを初めて説明された学生に，これには渦がある，と言っても学生はなかなか納得しない。それどころか著者らも，日常直感には反するが，流体力学

的意味で渦があると納得しようとしているに過ぎない。一方においてカルマン渦ならばどんな人でも一見して，渦がある，という。二つの場合を比較すると，力学系の言葉を借りるならカルマン渦には平衡点があり，Couette流れにはそれが存在しないことが注目される。また，渦を我々は一つある，二つあると数える。この点では渦の特性は流れという連続場で離散的性質を持つ。すると渦には"To me word "Topology"with any adjective is the study of the discrete invariants of the continuous objects of the corresponding branch of geometry, be they homeo-morphism or not"というArnoldの言葉がよく対応し[70]，我々が流れに渦を識別するのは，連続な流れの中にトポロジー的性質を発見するためであると言えよう。これが見やすいのは渦面の不安定から渦が発生するPrandtlの古典的描写，図-3.9のような状況である[71]。ここで，せん断流の不安定からの渦の形成過程を見ると，いつ，どこで渦ができた，というのか？ という疑問が生ずる。これを決定するのは，データマイニングにおいて大きな問題の一つが，前述のように連続時系列データ分類の最適閾値決定であることと類似である。

これは乱流遷移でどこからが乱流か，DNSで流れの中の渦領域はどこか，という問いと同じ性質のもの，つまり連続量から定性(離散不変量)抽出問題である。純数学的には存在しない特異点を，そうであるかのようにみなしている。純数学的に特異点が存在すれば見つける方法もあろうが，厳密には存在しない可能性があるものを「かのように」としようとするわけである。また，これは白いペンキの缶に何滴黒ペンキを落としたら黒いペンキになるかとい

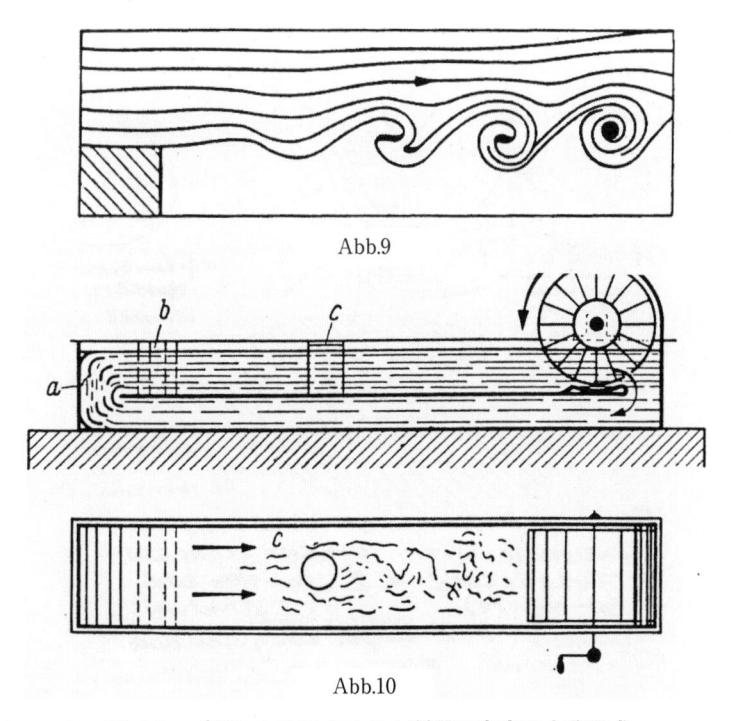

図-3.9 プラントルによるせん断層不安定の古典図式

う問題と通じている。これは数学者によれば「連続変化量をある点で2値に分割すればかならず矛盾が生ずる」と言われる。すなわち，[0, 1]の区間で−1から＋1まで連続に変化する関数はある点で0となるが，そこで関数を−1と＋1の値のみとるように2値化してしまうと，0で連続の仮定が破れ，得られ2値関数は元の連続関数から連続写像では対応つけられない。どうしても連続性を維持したいとすると2値化はできず，2値化すると連続性は保てないことを意味する。

3.1.7 渦の分類とオントロジー

これまで定性物理の流れの問題への応用について考えてきた。この節では渦の分類と流れへの説明についてオントロジー的考えを追求してみよう。流れの定性的説明に最もよく用いられるのは「渦」の言葉と概念であろう。まず，なぜ渦か，という問いについては，"Vortices are sinews and muscles of fluid dynamics"(Kuechmann)[72] という考えがある。これは「わかる」ことにも関係し，説明があるレベルで自明とされることから出発しなくてはならない点にも由来する[73]。また，「いかなる個別的内容も空間的に規定され得るためには，それが全体に照らしてはかられ，"特定の類型的な空間形態"に関係付けられ，それに即して解釈されねばならない(カッシーラー[74])の観点がこの問いに対して適切な答えとなろう。渦が特定の空間的形態であることにはまず異論がないであろう。これを示す例には事欠かないが，その一つとして渦を乱流の説明に利用したもの図-3.10に，トルネードの発生に利用したものを図-3.11に示す。

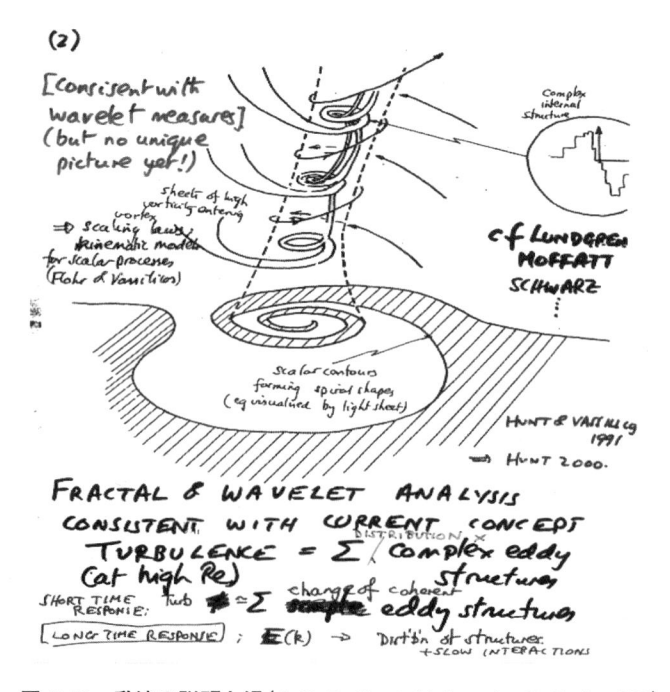

図-3.10　乱流の説明と渦(J. C. R. Hunt, University Colledge HP)

3.1 流れの定性物理

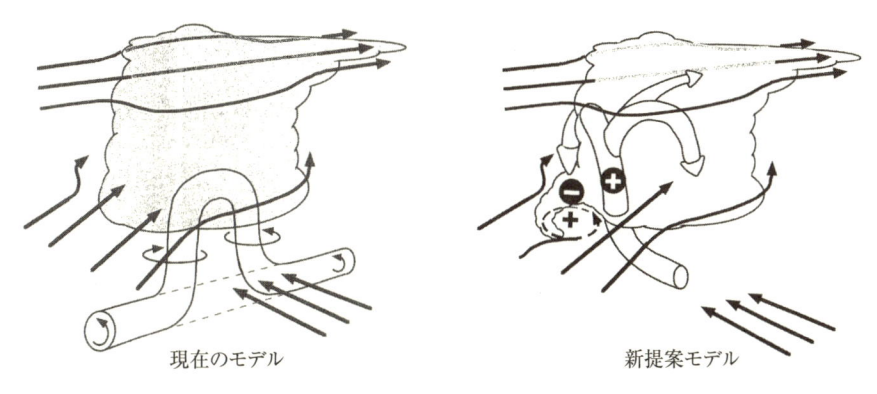

　　　　　　　現在のモデル　　　　　　　　　　　　新提案モデル

[出典] 佐々木：トルネードとハリケーン，可視化情報，Vol.19, No.4, pp.187-192（1999.7）

図-3.11　トルネードの説明渦モデル

　次に「渦」を使うことの意義を考えてみよう。流れの描写に「渦」を利用することの意義をある程度客観的に説明するには，これを用いることにより得られる利点をコンピュータ資源，あるいは生物の脳資源の点から見る立場が工学的に説得力があると筆者らは考える。すなわち，前述のKolmogorovの複雑度 K の観点から調べる方法である。いま，あるコンピュータを選び，P はそのコンピュータ上でのプログラム実行の作用素とする。x を描写すべき流れのコンピュータ上の一つの表現とし，y を付加的知識「渦」（のコンピュータ上の表現），z_1 を y のない場合の x をつくり出すのに必要なプログラム，z_2 を y の与えられた場合の同様な働きのプログラム，[*] をプログラム * の長さとすると，$K(x)$，$K(x|y)$ は次式で定義される。

$$K(x) = \min\{[z_1] | P(z_1) = x\}$$
$$K(x|y) = \min\{[z_2] | P(z_2|y) = x\}$$

このとき，

$$K(x|y) <<< K(x)$$

と予想されるからである。また，情報の伝送に際しても画像の代わりに「ウズ」を伝送するときの通信量の比は上の形であろう。これは脳の知覚野が局在的であるとされていることから見れば，そのまま脳資源の節約，脳内の通信量の節減に対応するはずである。脳の活動には電位差をつくる必要があり，これが脳が大きなエネルギーを用いる理由である。この節約は言葉，あるいは一般的にはシンボルを用いることの生物学的な最大の利点であろう，というより画像を記憶し操作することは生物の脳にとって大きな負荷で，言葉の利用なくしては脳資源の物理的制約から人間の現状はありえないであろう。これが Mach の思惟経済説の生物学的，情報論的裏づけである。また，生物が個別であり，かつ社会的であることから相互間の情報伝達が必要であるが，一つの個物が見ている画像をそのまま伝達することは音声では不可能で電磁波が必要であるが，生物は電磁波を出せないから画像伝達には情報縮約が不可欠で，そのためにはミツバチの花のありかの情報伝達のようなシンボル化が行われなければ

3 定性物理

ならない。

　上記のような概念の扱いの研究が人工知能分野ではオントロジーと呼ばれるのであるが，前述のようにオントロジーは哲学での主題の一つであり，人工知能分野では区別して綴りを小文字で始めているが，元来，AIでオントロジーという概念が出てきたこと自体が哲学の影響下なので，本質的には両者には共通する点がある。

　オントロジーとは何か，は現在も研究がなされている段階であるが，溝口[63]，来村と溝口[64]に従えば次のような内容からなる。すなわち，

① 概念の切り出し
② Taxonomy（概念分類，階層表示）
③ 概念間の関係記述
④ 形式的定義（公理化）

であり，さらに詳しく述語論理に必要な「語彙」すなわち具体的な述語を想定し，述語を階層的に分類して，各カテゴリーに属する概念（述語）が真理値をとる以外にどのような「意味」や「制約」を持つのかを規定することを考えるものである。

　このような観点からすれば流れ学の定性物理的アプローチにはまず渦のオントロジーを考察するのが自然であろう。

　それでは「渦」の定義について考えよう。概念の切り出された最も基本的なものは，そのものの定義であろう。ところで定義とは何か，はまた議論の対象となり得る。渦のような言葉の意味するところの定義の確立に際して参考になるのは，辞書的定義と約定的定義の区別である（岩波哲学事典[75]）。前者はこれまでの渦の使用例を調べ，

　　渦：＝回転している流れの状態

といった形式で公共的に使用されている渦の意味を集約するものである。後者は，

　　渦：＝非回転流の中に存在する渦度がゼロではない領域

といった形式である。なお，この約定的定義はSaffmann[72]によるものである。この形ではTaylor渦は至る所で渦度があるから渦の条件に当てはまらないことになる。また，約定的とされる定義に，実際の言語使用に依拠しつつ，ある表現を特定の意味で用いることを相手に勧めるための説得的定義があるとされる。これはTownsend[76]の乱流描写に特徴的に使われている大渦（large eddy）の用法に対応すると考えられ，

　　大渦：＝せん断乱流中の大きな乱れの塊領域

といった風に用いられる。なおTownsendは著書中で，large eddyの明確な定義は与えていない。

　また，妥当な定義を発展させるために，まず暫定的定義を提示し，これに批判を加えてさらに妥当なものを与え，次々にこれを進めて最終定義に到達しようとするインドの定義の理論がある[75]。この批判には3種のものがあり，それは，過大適用，過小適用，適用不能，であるとされる。これは西洋哲学史の観点からはヘラクレイトスあたりからはじまり，プラトンが徹底的に用いた弁証法（ディアレクティーケ）の議論に一部対応する。

3.1 流れの定性物理

「渦」の辞書的定義の例

ここでは，渦の定義について，包括的とは程遠いが著者らが調べた例について述べる。まず，渦には厳密な定義はない，とする立場がある（機械工学事典[77]）。しかし，その本文中では，実は

　　渦：＝ある中心周りに回転する流れの領域

の定義が与えられ，さらに，

　　自由渦：＝旋回速度が半径に逆比例して減少する渦
　　強制渦：＝旋回速度が半径に比例して増加する渦

のような形で定義が与えられている。このような例を調べるのに，著者らは国語辞典，百科事典，便覧，標準的テキスト，渦を主題とした本やインターネット上の渦関連ページを調べた。これにより検索されるページは膨大で「渦」，「うず」でそれぞれ1.6万，1.4万件，「vortex」，「eddy」でそれぞれ220万，250万件「Wirbel」で26万件ある。いずれも概数であり，うず，eddyなどはこれが名前の一部に含まれるページも出てくるから正確ではない。これらを概観すると2種が認められ，流れの渦に関係するものと，なにかの比喩として渦を用いているものである。すなわち，

　　F：＝渦

で示される流れの渦についてのページと，

　　X：＝渦のようなもの

といった渦がXを定義するために用いられている場合にわかれる。これは日本語でも英語でも同様である。これらのインターネットのページについては本論文では除外し，本のみに限定して述べる。それでも分類，定義が難問であるのは「内包的定義を必要かつ十分に行うことは非常に難しい。それは特徴についての体系を作る必要があるからである」（長尾[73]）の通りである。また前述のように渦を理解するレベルが人によって非常に異なるからでもある。

そこでインドの理論に従って暫定的定義から始めよう。なお，このインドの理論はダーウインの「中間から中間まで」の発想と同じである[81]。これはまた，すべての設計営為者に共通であり，事実これなくしては設計は機械設計からソフトにいたるまで一歩も進めないことは機械技術者のまず理解すべきことであろう。「渦」を本の表題にしたもの2種について調べると，次のように分類できる。なお，分類とは集合論の言葉を用いるならば，ある集合Ωを同値関係で分類してつくられる商集合である。今の場合の同値関係は，調べてみると，

① 渦の形態
② 渦の発生場所
③ 渦の流体力学的性質
④ 人名

に分類できる。第1の渦はらせん渦，馬蹄形渦，第2には水槽表面渦，ビルジ渦，鳴門の渦，第3には自由渦，強制渦，第4にはカルマン渦などが挙げられる。もちろんこれらの分類も考え方によっては2種の混合などがあり，むしろ説得的に使用に同意する，つまりプロトコ

ル的に考える必要もある。なお，この渦の分類の詳細は紙面の関係上省略する。

3.1.8 結 び

　以上の考察は，具体的な流れを定性物理的に説明するように動作するプログラムについての検討ではなく，あくまでそのようなプログラムを構築するに際して問題であろう各種の点を論じたものである。この方向での議論の一つはTarskyの言説[78]「形式言語の使用は，論理学や数学の議論をするのにぴったりである。他の科学，とくに実験科学の理論面の展開に，どうして形式言語が使われないのか，私にはその本質的な理由がわからない」である。また，カタストロフィー理論を幅広く応用することを提案したThom[79]はさらに議論を進めて，「将来あらゆる実験的理論で概念が徐々に排除され，適当な数学的本質にとって替わられることになる」と予言している。これらは一面，定性物理がコンピュータに搭載可能であることを主張していると考えられよう。しかし，以上の考察や，後の節の具体例からわかるようにこの野心が可能かどうかはいまだ不明である。その点では，Kolmogorovの「多分，関心が持たれるのは，この創造過程の最初の直感的な段階を研究することばかりではなく，創造の過程において思考をまとめる段階での人間(例えば，計算をまとめる段階での数学者)に役立つような機械の樹立や，そのような機械に，すべての数学者が創造的探求の過程で紙の上に描いている図や式のまだなんとなくはっきりしない，補助的な草案を，完全な形で理解し，決定してもらったり，例えば多次元空間の図形の映像の草案を思い出してもらったりすることなのでしょう」[80]の考えはきわめて実際到達可能な目標を示していると考える。つまり流れのエキスパートでない人々に対する流れ場理解の支援ソフトの開発の有望性が示唆されている。また流れの研究者でも問題を理解し解決するまではその問題のエキスパートとは言えず，そのような状況ではこのようなプログラムは流れの専門家にとっても有用と考えられる。また，そのようなプログラムのあり方を考察することは，当面する問題の解決にも有益であろう。これは「中間から中間へ」の考えにも合致し，この方向へのさまざまな段階の試みを行うことが重要である。

　また，「現象設計」[45]を言語の関係から見ると，流れの要素的現象とそれらを統語する実体はソシュールの言うラング[82]，すなわち「言語の体系，形式の体系としての言語」であるとみなされよう。流れの基礎研究とはこの観点からは流れの表現のラングの構築のための研究と言えよう。一方，その流れの表現ラングに基づいて，問題の個別的流れを表現し，それを制御する可能性を思考実験する「現象設計」は，ラングに対する，パロール，すなわち「現実の発話，言語によって可能とされる発話行為である」に相当すると我々は考える。この関係はプログラム言語をラングとみなし，個別につくられるプログラムをパロールとみなすことができることも示唆している。

　次節以降はその試みとしての具体的な流れの問題解決プログラムについて述べる。

3.2 流体工学問題の解決

3.2.1 差分法のためのFORTRANコードの自動生成

(1) 導　入

近年では，各種の問題領域における現象を数値的に調べるために，多くのパッケージソフトが利用できる環境にある。しかし，従来のソフトウェアの多くは，あらかじめ想定とした物理現象あるいは方程式の形があり，対象としていない任意の支配方程式を数値的に解析するためには，相変わらず，一定の手順に従い式を処理して，計算プログラムを作成する必要があった。これに対して，連立方程式，常・偏微分方程式自体を入力として受け付け，その解を数値的に求める解法ソフトや解法シミュレータ開発環境も提案されてきている。本節では，解析のためのプログラム作成の手順に，記号処理を用いて，自動化を進めた研究[83]について述べる。この自動化により，解析の効率化を進めるとともに，方程式の定式化における人的なミスの低減をはかることができる。

開発した記号処理システムは，非線形放物型微分方程式と境界条件を入力として受け付け，ニュートン法により非線形差分方程式の解を求めるための，反復計算に必要なFORTRANコードを生成する。差分法にはKellerのBox法[84]を用いており，方程式の階数に対する制限はない。処理システムは，記号処理に適した言語であるLISPで記述する。

(2) 定　式　化

一つあるいは複数の独立変数に依存する放物型微分方程式に対して，一つの独立変数方向に陰的に解く場合を考える。高階の項に対して，新しい従属変数を導入することにより，微分方程式は，1階の連立系で表す。

$$\Psi_i\left(x_1,\cdots,x_1,y_1,\cdots y_n,\frac{\partial y_1}{\partial x_1},\frac{\partial y_1}{\partial x_2},\cdots,\frac{\partial y_1}{\partial x_2},\frac{\partial y_2}{\partial x_1},\cdots,\frac{\partial y_n}{\partial x_1}\right)=0$$
$$(i=1,\cdots,n) \tag{3.11}$$

方程式は$(x_1,\ldots,x_1)$空間で与えられており，$y_1,\ldots,y_n$は従属変数である。

式(3.10)を中心差分で近似し，次の連立差分方程式を得る。

$$\Delta_{ij-1/2}\left(y_{1j-1},\cdots,y_{nj-1},y_{1j},\cdots,y_{nj}\right)=0$$
$$(i=1,\cdots,n \quad j=1,\cdots,j_{\max}) \tag{3.12}$$

ここで，陰的に解く空間座標上の隣接離散点は，$j-1$とjであり，その中点は$j-1/2$とする。これらの方程式は，一般に非線形であり，既知変数と既知係数を含む。

式(3.12)をニュートン法により解く。反復回数に対して，反復回数$\lambda+1$の近似値を，次式で表す。

$$y_{pq}^{\lambda+1} = y_{pq}^{\lambda} + \delta y_{pq}^{\lambda}$$
$$(p = 1,\cdots,n, \quad q = j-1, j, \quad j = 1,\cdots j_{max})$$
(3.13)

式(3.12)と式(3.13)より,反復計算で用いる線形式を得る.

$$\sum_{p=1}^{n}\sum_{q=j-1}^{j} A_{pq}\delta y_{pq}^{\lambda} = -\Delta_{ij-1/2}$$
$$(i = 1,\cdots,n, \quad j = 1,\cdots j_{max})$$
(3.14)

係数 A_{pq} は,

$$A_{pq} = \frac{\partial \Delta_{ij-1/2}}{\partial y_{pq}}$$
(3.15)

で与えられる.式(3.13)と境界条件より, $n\times(j_{max}+1)$ 個の未知数に対して, $n\times(j_{max}+1)$ 本の方程式を得る.

(3) コードの生成

式(3.11),および,式中の独立変数名,従属変数名と,境界条件を入力として,FORTRAN コードの自動生成を行う.生成される FORTRAN コードは,次の三つの部分より構成される.

① 式(3.14)の,左辺係数行列と右辺定数ベクトルの決定
② 線形連立方程式(3.14)の求解
③ 式(3.13)による,近似解の更新

一般に,差分方程式を解くための,実行可能な FORTRAN プログラムは,入出力部分,既知パラメータの値を設定する部分,反復計算の収束を判定する部分,そして,線形方程式を解き,高次の反復値を求める部分などの,いくつかの部分よりなる.1つの独立変数上に配置された未知数の値を求める計算の流れを,**図-3.12**に示す.まず,格子点上の独立変数の値が与えられ,境界条件を満たす未知変数の初期分布が決定される.次に,式中に,陽に現れる既知パラメータが設定される.続いて,収束解が得られるまで,反復処理が繰り返される.生成される FORTRAN コードは,**図-3.12**で示される流れ図のうちの,破線で囲まれた部分に該当するコード

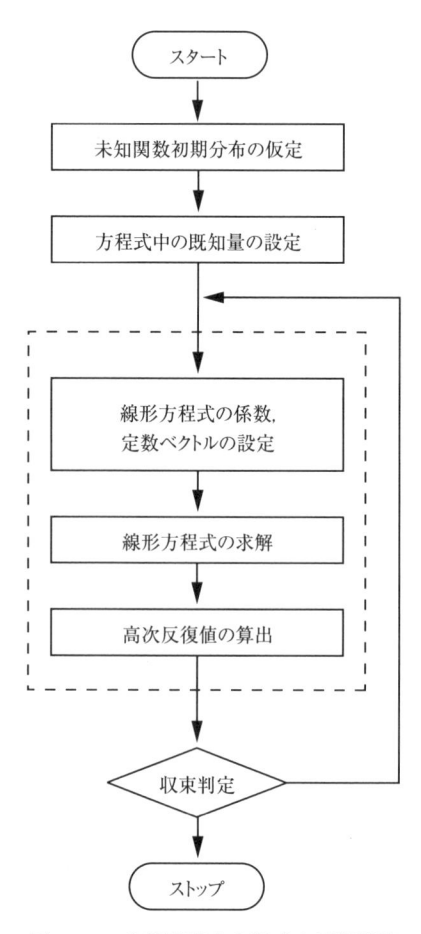

図-3.12 非線形連立方程式の反復計算

である。

すでに述べているように，このLISPによる記号処理システムは，必要なFORTRANコードを生成するものである。このため，既存のサブプログラムを用いて問題を解く，汎用プログラムとは異なる。この記号処理プログラムを用いて問題解決を行う過程は，次のようになる。

① 支配微分方程式，変数名，境界条件の設定
② FORTRANコードの生成
③ 入出力部の付加とFORTRANプログラムの完成
④ FORTRANプログラムの実行

ここで，①は記号処理システムへの入力の記述，②は記号処理システムの実行，③はFORTRANプログラムの編集，そして④は数値計算の実行である。

(4) 例

記号処理システムを用いた解析例を示す。対象とした現象は，層外の主流が，円錐頂点から母線に沿う距離 x に対して線形に減速する，軸流中の回転円錐体上の境界層流れである。

支配方程式

$$\begin{aligned}
&f'-u=0 \\
&u'-v=0 \\
&v'+c_1 fv+c_2(x)gg+c_3(x)+xv\frac{\partial f}{\partial x}-xu\frac{\partial u}{\partial x}=0 \\
&g'-q=0 \\
&q'+\frac{3}{2}fq-2ug+x\frac{\partial f}{\partial x}q-xu\frac{\partial g}{\partial x}=0 \\
&\theta'-s=0 \\
&\frac{1}{Pr}s'+\frac{3}{2}fs+x\frac{\partial f}{\partial x}s-xu\frac{\partial \theta}{\partial x}=0
\end{aligned} \tag{3.16}$$

2点境界条件

$$\begin{aligned}
&\eta=0: \quad f=0, u=0, g=1, \theta=1 \\
&\eta=\eta_e: \quad u=1-x, g=0, \theta=1
\end{aligned} \tag{3.17}$$

独立変数，従属変数

$\quad x, \eta$

$\quad f, u, v, g, q, \theta, s$

独立変数に依存する既知パラメータ

$\quad c_1=3/2, \ c_2(x)=\alpha^2 x^2, \ c_2(x)=x(x-1)$

ここで，u, g は，x 方向，周方向の速度成分，θ は温度であり，α は，円錐回転数に比例し，x に対する主流の減速率に反比例するパラメータである。これらの入力に対して，**図-3.13**に示すFORTRANコードが作成される。

3 定性物理

```
      A(N+46)=-0.5*(X(IX)*U(IX,J-1)+X(IX)*U(IX,J-1)
     &       +X(IX-1)*U(IX-1,J-1))/DX+0.5*X(IX)*U(IX-1,J-1))/DX
      A(N+53)=-0.5*(X(IX)*U(IX,J)+X(IX)*U(IX,J)
     &       +X(IX-1)*U(IX-1,J))/DX+0.5*X(IX)*U(IX-1,J)/DX
      A(N+47)=-1.0/DETA+0.5*C1(X(IX))*F(XI,J-1)
     &       +0.5*X(IX)*F(IX,J-1)/DX-0.5*X(IX)*F(IX-1,J-1)/DX
      A(N+54)=1.0/DETA+0.5*C1(X(IX))*F(XI,J)+0.5*X(IX)
     &       *F(IX,J)/DX-0.5*X(IX)*F(IX-1,j)/DX
      A(N+48)=0.5*(C2(X(IX))*G(IX,J-1)+C2(X(IX))*G(IX,J-1))
      A(N+55)=0.5*(C2(X(IX))*G(IX,J)+C2(X(IX))*G(IX,J))
      A(N+67)=-1.0/DETA
      A(N+74)=1.0/DETA
      A(N+68)=-0.5
      A(N+75)=-0.5
```

図-3.13 生成したFORTRANコード(一部)

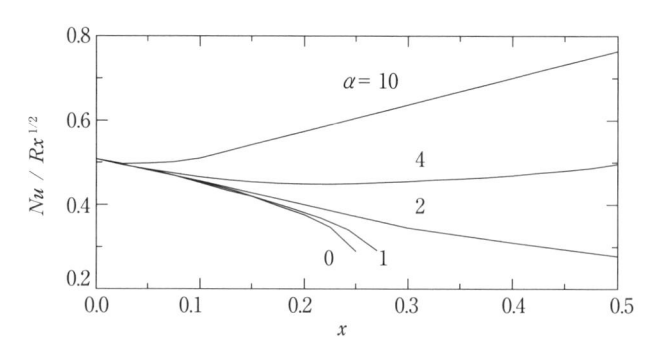

図-3.14 回転円錐体上の壁面熱伝達率

図-3.14は，このFORTRANコードを用いて解析した，壁面熱伝達率(ヌセルト数，Nu)のx方向への変化である．回転数が低い，αが0と1の場合には，それぞれ，xが0.25，0.27において，境界層方程式が破綻して計算が終了するが，回転の影響が大きくなると，熱伝達が促進されるようになる．

3.2.2 次元解析の支援

(1) 導　入

人間の推論活動を支援する計算機機能の要求が高まって久しく，機械工学においては，知的CADや産業ロボットの知能化などが，これまでにも行われてきた．この計算機の知的利用は，定量的な設計情報やロボット制御のためのみならず，現象の解析における各種のツールにも反映できるものと期待できる．

物理現象を理解するためのアプローチの一つとして，次元解析がある．流体工学においては，各種の流れの相似構造を見出すために，次元解析が利用されてきた．本節では，次元解析における計算機の支援法について考える．

3.2 流体工学問題の解決

　物理現象を支配する変数間の関係が明白でない場合にも，次元解析のパイ定理は，問題の構造を説明するために有力な方法である．次元解析は，現象を支配する量の間の，次元の同次性により定式化される[85],[86]．この方法では，明確な数学的裏づけと，秩序だった解析手順が与えられており，古典的な手法に加えて，情報を増やして，より詳細な解析を行う方法も提案されている[87],[88]．

　流体工学の専門家が，流体問題について次元解析を行うことは，容易いことであろうが，専門外の領域の問題の解析では，戸惑うかもしれない．また，各専門分野では特別な意味を持つ無次元量が提案されている場合，対象問題から，このような無次元量を抽出することは，そこでの現象を理解するための，大きなきっかけとなるであろう．このため，これらの点を考慮して，次元解析システムを構築する．

(2)　次元解析

　ある単位系において，m 個の物理量で支配される現象を考える．これらの物理量の，ある組み合わせにおいては，無次元量が得られるとは限らない．この無次元量が得られなくなる組み合わせが持つ，物理量の最大の個数を k とする．パイ定理において，k は次元行列のランクに相当し，これは，基本単位の数を越えることはない．この k 個の物理量を用いて，残りの $m-k$ 個の物理量を無次元化したパイナンバーが得られる．

　同じ物理量が支配する現象においては，次元行列のランクが大きくなるほど，得られる無次元量の数は少なくなり，より洗練された結果が得られると期待できる．このため，ベクトル量の各方向成分を区別することで，次元行列のランクを増やす，方向性次元解析を導入する．つまり，例えば，水平方向と垂直方向の長さを区別して扱い，独立な次元の数を増し，より少ない支配無次元量を抽出することを考える．

(3)　物理量の登録と変換

　パイ定理を用いた次元解析の支援システムには，図-3.15 に示す機能を用意した．

　問題を支配する各変数については，速度や長さといった物理的意味と，他の変数と区別するための変数名を与える．代表的な物理的意味を持つ量の次元は，あらかじめデータベースとして登録する．例えば，長さ，質量，時間の基本単位系においては，物理的意味の速度は，(長さ，質量，時間)が(1, 0, -1)の指数の次元を持つことが登録されている．そして，支配変数 u が速度であるとされた場合，u は速度の次元を持つと判定する．また基本単位系に応じて，登録されている物理量や，入力される支配変数の次元を変換する．解析にあたっては，複数の基本単位系から一定の系を選択することが可能である．

　パイ定理により得られる無次元量を，特定の物理的意味を持つ量で置き換えることは，無次元量が支配する現象を理解するうえでも助けとなる．このため，多くの既知量を，その物理的意味と，既知量を構成する物理量の組合わせとして，データベースに登録しておき，これを利用することで，物理量の置き換えの便宜をはかる．例えば，レイノルズ数は，(速度，

3 定性物理

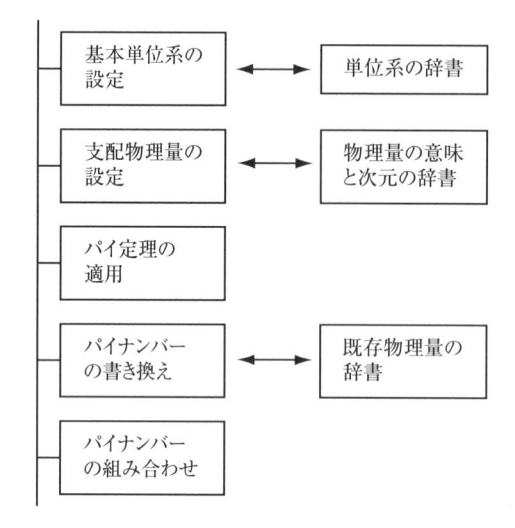

```
┌──────────┐      ┌──────────┐
│基本単位系の│◄────►│単位系の辞書│
│  設定    │      │          │
└────┬─────┘      └──────────┘
     │
┌────▼─────┐      ┌──────────┐
│支配物理量の│◄────►│物理量の意味│
│  設定    │      │と次元の辞書│
└────┬─────┘      └──────────┘
     │
┌────▼─────┐
│パイ定理の │
│  適用    │
└────┬─────┘
     │
┌────▼─────┐      ┌──────────┐
│パイナンバー│◄────►│既存物理量の│
│ の書き換え │      │  辞書    │
└────┬─────┘      └──────────┘
     │
┌────▼─────┐
│パイナンバー│
│の組み合わせ│
└──────────┘
```

図-3.15 次元解析支援のための機能構成

長さ,動粘度)について(1, 1, −1)の指数を持つ量であることや,通常の略称名として Re があることなどが,データベースに登録されている。これにより,必要に応じて,速度,長さ,動粘度のすべてあるいは一部を含む無次元量を,レイノルズ数で表現しなおすことを可能とする。

(4) 例

解析対象として,初等水力学問題の管内流を考えてみよう。現れる物理量は,速度 u,管直径 d,流体の動粘度 ν,密度 ρ,そして壁面せん断応力 τ とする。(長さ,質量,時間)の基本単位系において,**図-3.16**に示すように,動粘度,密度,せん断応力を用いて,速度,管直径を無次元化したパイナンバーを得る。

$$Pi(u) = u\rho^{1/2}\tau^{1/2}$$
$$Pi(d) = d\nu^{-1}\rho^{-1/2}\tau^{1/2} \qquad (3.18)$$

速度 u と管直径 d から構成される既存物理量を問い合わせた上で,u のパイナンバーと d のパイナンバーの積を整理する。

$$Pi(ud) = du\nu^{-1} \qquad (3.19)$$

さらに書き直して,積 ud をレイノルズ数で書き直す。

$$Pi(ud) = Re \qquad (3.20)$$

レイノルズ数 $Re = du\nu^{-1}$

これは,速度と管直径の積の無次元量が,レイノルズ数で表されることを意味する。

```
次の単位系が利用可能です.
  1 長さ    質量    時間
  2 力      長さ    時間
  3 長さ    質量    時間    温度
  4 力      長さ    時間    温度
  5 長さ    時間    エネルギ    温度
一つ選んでください.
  R 1
方向性次元解析を行いますか (yes/no)
> no
支配物理量を受け付けます.
> velocity   u
> length     d
> kinematic-viscosity   nu
> density    rho
> stress     tau
ランクは3です.
無次元化に用いる量の組合せは以下の通りです.
  1 (u d rho)
  2 (u d tau)
  3 (u nu rho)
  4 (u nu tau)
  5 (d nu rho)
  6 (d nu tau)
  7 (d rho tau)
  8 (nu rho tau)
一つ選んでください.
> 8
  1 Pi(u) = u * rho^(1/2) * tau^(-1/2)
  2 Pi(d) = d * nu^(-1) * rho^(-1/2) * tau^(1/2)
履歴メニュー, 書換メニュー, 書換補助メニュー
> u d
    フルード数     Fr = velocity * length^(-1/2) * gravity^(-1/2)
     :      :     :     :      :      :
    レイノルズ数   Re = length * velocity / kinematic-viscosity
履歴メニュー, 書換メニュー, 書換補助メニュー
> 1  1  2  1
  3 Pi(u*d) = u * d * nu^(-1)
履歴メニュー, 書換メニュー, 書換補助メニュー
> rewrite  3 with Re
    Pi(u * d) = Re
        レイノルズ数  Re = d * u * nu^(-1)
```

図-3.16 無方向性次元解析の支援例

管内流を3次元現象としてとらえよう。流れ方向に z，管断面に (x,y) を持つ座標系 (x,y,z) を導入し，各方向への長さの次元を Lx, Ly, Lz とする。速度 u は，z 方向に向かう成分を持つため，u の長さの次元は Lz とみなせる。また，管断面が (x,y) に広がっていることを考慮すると，管直径の次元は，$Lx^{1/2}Ly^{1/2}$ とみなせる。密度 ρ の長さの単位には，Lx, Ly, Lz が，それぞれ -1 の指数で現れる。動粘度が管断面内での速度の変化を引き起こすことより，動粘度の長さの単位は，$LxLy$ とする。同様に，せん断応力も，管断面の速度変化にかかわることより，せん断応力の長さの単位は，$Lx^{-1/2}Ly^{-1/2}$ とする。これらを用いると，図-

3 定性物理

3.17の実行過程で示すように，次元行列のランクは4となり，5つの物理量に対して，1つの無次元量が得られる。速度uを無次元化の対象とすると，

```
次の単位系が利用可能です.
  1 長さ    質量    時間
  2 力      長さ    時間
  3 長さ    質量    時間    温度
  4 力      長さ    時間    温度
  5 長さ    時間    エネルギ    温度
一つ選んでください.
> 1
方向性次元解析を行いますか (yes/no)
> yes
各単位に対して, 方向性を指定してください.
  長さについて
     > x y z
  質量について
     > no
  時間について
     > no
支配物理量を受け付けます.
> velocity  u  (z)
> length    d  (x 1/2 y 1/2)
> kinematic-viscosity  nu  (x y)
> density   rho  (x -1 y -1 z -1)
> stress    tau  (x -1/2 y -1/2)
ランクは4です.
無次元化に用いる量の組合せは以下の通りです.
  1 (u d nu rho)
  2 (u d nu tau)
  3 (u nu rho tau)
  4 (u nu rho tau)
  5 (d nu rho tau)
一つ選んでください.
> 5
  1 Pi(u) = u * d^(-1) * nu * rho * tau^(-1)
履歴メニュー, 書換メニュー, 書換補助メニュー
> u d
    フルード数    Fr = velocity * length^(-1/2) * gravity^(-1/2)
        :      :     :      :       :       :
    摩擦係数    Cf = stress / density / velocity^(2)
        :      :     :      :       :       :
    レイノルズ数  Re = length * velocity / kinematic-viscosity
履歴メニュー, 書換メニュー, 書換補助メニュー
> rewrite  1 with Cf
  2  Pi(u) = nu * Cf^(-1) * u^(-1) * d^(-1)
         摩擦係数  Cf = tau / rho / u^(2)
履歴メニュー, 書換メニュー, 書換補助メニュー
> rewrite  with Re
     Pi(u) = Re^(-1) * Cf^(-1)
         摩擦係数  Cf = tau / rho / u^(2)
         レイノルズ数  Re = d * u * nu^(-1)
```

図-3.17 方向性を考慮した次元解析の支援例

$$Pi(u) = ud^{-1}\nu\rho\tau^{-1} \tag{3.21}$$

となる。この無次元量の書き換え候補として，摩擦係数

$Cf = $ stress $*$ density $\wedge(-1) *$ velocity $\wedge(-2)$

を選ぶと，

$$Pi(u) = C_f u d \nu^{-1} \tag{3.22}$$

が得られ，さらに，書き換え候補としてレイノルズ数 Re も併用すると，

$$Pi(u) = C_f Re \tag{3.23}$$

となる。これは，摩擦係数はレイノルズ数に逆比例するという，層流の管内流の関係式を与える。

3.2.3 流体物性値問題の解決

(1) 導　　入

　人間の活動を支援するために，多くの知的システム，知能ロボットなどが開発されてきている[89]。これらでは，特定領域の問題に対して，時に，一般の人間以上の問題解決能力を発揮することが目指されている。

　また，計算機支援教育システムの開発の面から，いわゆるテキストブック問題の解決についての取り組みも行われている[90]。これらのいくつかでは，典型的な問題の解法をルールとして蓄えており，具体的な問題が与えられた場合には，問題全体あるいは問題の一部に適用可能なルールを抽出し，処理を進める。

　本節では，流体工学の物性値問題を取り上げ，学生が教科書の問題を解く過程のシミュレーションについて考える。そして，この領域での知識構造と問題解決機構の解明を進める。

(2) 流体物性値問題解決の基本過程

　簡単な問題として，比体積を求める問題を取り上げ，学生が問題解決を進める過程を調べてみよう。現時点では，普遍的な問題解決過程を想定することは困難であるが，ここでは，1つの例としてのモデルを導入する。学生は，専門用語の物理的意味や，問題の内容を理解する概念は持っているものとする。問題が与えられると，学生には，与えられている量は何か，求めるべき量は何か，制約は何かなど，問題について抱く表象が生まれる。もし，比体積が問題に与えられているのであれば，問題は即時に解くことができる。比体積 v が与えられていない場合にも，密度 ρ が与えられていれば，次の関係式を用いて，比体積が決定できる。

$$\rho = 1/v \tag{3.24}$$

密度が未知の場合には，さらに密度を求める副問題を設定し，この副問題を解いて密度を求

めた後に，式(3.24)を用いて比体積が決定できる可能性がある．一方，密度が決定できない場合にも，比体積v，圧力p，一般気体定数R，分子量M，そして絶対温度Tとの関係，

$$pv = \frac{RT}{M} \tag{3.25}$$

より，比体積を求める問題は，圧力，気体定数，分子量と絶対温度を求める副問題に展開される．このように，ある問題は，物理量間の関係式を用いて，副問題に書き換えることができる．そして，副問題の解がすべて求められると，元の問題も解くことができることとなる．後にも触れるが，このような，未知量と既知量を，関係式を通して関連付ける解決方法は，学生の試行錯誤的な問題解決において，具体的に観測された．

副問題を設定して問題解決を進める方法が存在する一方で，密度は，粘度や分子量などと同様に，流体の特性量であり，例えばデータブックを参照することでも知ることができる．このため，解決シミュレーションにおいては，これらの特性量を，あらかじめデータベースとしても登録しておくことも考えられる．

式(3.24)により展開された副問題の1つは，絶対温度を求めるものである．もし，絶対温度が問題中に与えられていない場合には，絶対温度の探索が続けられる．流体問題においては，絶対温度を求めることができない場合にも，例えば，標準状態においては，セルシウス温度θで15℃であると仮定することができる．すると，セルシウス温度と絶対温度の関係式を用いて，標準状態における絶対温度を見積もることができる．同様なことは，圧力についても言える．これらの標準的な値に関する知識は，「標準知識」として登録しておこう．

気体定数を求める副問題を考えよう．気体定数や重力加速度は実験定数であるため，通常の問題解決の過程において，実際に実験を行い，これらの値を決定することはなされない．また，実験定数は，問題文中は明示されない場合も多い．このため，実験定数が求められない場合には，問題の持つ制約に応じて，代表的な値を用いることとしよう．このような代表的な値を用いる知識を「暗黙知識」と呼ぼう．

多くの問題解決において，標準知識，暗黙知識を無視することはできない．しかし，これらにより決定される量が，問題に与えられていない場合や，他の方法では決定できない場合において，これらの知識を用いるのが妥当であろう．また，これらの知識は，対象とする問題領域に依存する点についても注意する必要がある．実際に標準知識，暗黙知識を明確に記述することは，困難である．しかし，経験を持った教師は，十分に学習をしていない学生よりも，これらの定義に対して，優れた能力を持つであろうと考えられる．

式(3.24)，式(3.25)は，比体積を決定するためにのみ用いられるのではない．別の問題では，式(3.24)は，密度を求めるために用いられるかもしれない．つまり，これらの式は，物理量間の関係を表しているのであり，さまざまな状況で利用可能である．一方で，式(3.25)は，流体が気体であるときにのみ有効であるという制限がある．また，これらの関係式を利用する場合には，現れる物理量の次元を，事前に統一しておく必要がある．

流体の物性値問題を解決するための過程の概略を，図-3.18に示す．ここで，Xは，対象

3.2 流体工学問題の解決

とする領域に現れる物理量の集合である．問題の中で，求めるように指示されている未知量は，それ自身が要素となる部分集合を X の中につくる．図-3.18中で，S_0 が，この部分集合である．また，P は，問題で与えられている量の集合，Q は，標準知識および暗黙知識で規定される量の集合である．

初期の未知量集合 S_0 から初めて，関係式などを通して，別の量を求める副問題を設定する変換 h_i により，ある未知量集合 S_{i-1} から，新たな未知量集合 S_i がつくられるとしよう．このとき，部分集合 S_i に含まれる量がすべて既知となれば，S_{i-1} に含まれる量も得られることになる．部分集合 S_i のすべての要素が，P もしくは Q に含まれるならば，問題は，与えられたデータと，標準知識および暗黙知識により解くことができる．一方，S_i を P もしくは Q に含めるような変換列が見出せない場合は，その問題は解くことができない．次項では，このような考え方に基づく問題解決過程を実装する．

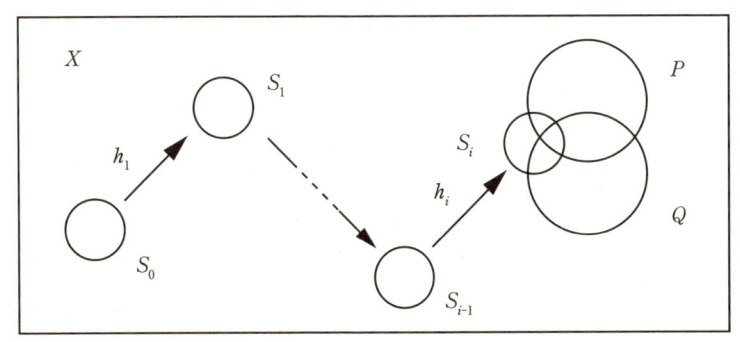

図-3.18 未知量から既知量への探索過程

(3) 解決過程の実装

システムの構成を図-3.19に示す．ここで，メインメニューは，全体の処理を統括する．

概念データには，流体の密度，圧縮率などの特性量が，参照方法を付記した表や，算出方法を明記した手続きとして与えられている．つまり，各温度，圧力ごとの密度の値や，温度に対する圧縮率の近似式が規定される．このとき，表を参照したり，算出式を用いるために

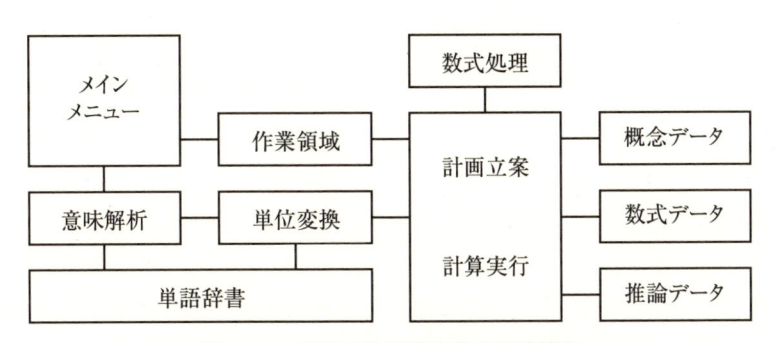

図-3.19 流体の物性値問題の解決機能

3 定性物理

必要な温度や圧力も，問題解決の探索対象となるとともに，これらの探索が失敗したときに用いる代替値も備えられている。

　数式データには，複数の物理量間の関係を表す式が，その名前，式中に現れる物理量，式の適用条件，そして，式中の物理量の中で暗黙値が適用可能な量とともに記述されている。解決計画立案過程では，ある1つの未知の物理量の値に対して，他の物理量の値を求める副問題を展開するために，式が用いられる。また，計算過程では，数式処理により，その式が，1つの物理量に対して解かれる。計画立案過程，計算過程において，適用条件が満たされない式は採用されない。

　推論データには，標準知識と暗黙知識が，それらを採用するためのルールとともに登録されている。問題文中に与えられているデータのみからは解が求められない場合は，適宜，ルールに適合した標準知識と暗黙知識が採用され，問題解決が進められる。

　特性量，式や，標準知識，暗黙知識のデータベースは，計画立案機能や計算実行機能とは独立であるため，各種のデータベースを与えることで，幅広い問題を扱うことができる。

　入力文に対しては，構文解析と意味解析が行われる。そして，内部表現に変換され，作業領域が更新される。入力は，以下のような問題文である。

　　絶対温度300，圧力1 000.0 hPaでの，水の密度，粘度を求めよ。

この入力に対する内部表現を，図-3.20に示す。ここで，Conceptは問題が対象としている流体，Goalは未知量，Dataは与えられている量を表す。入力文で，物理量の単位が省略された場合は，暗黙のMKS系が用いられる。入力文にGoalが存在しない場合は，問題とみなされず，入力文の意味に従い，暗黙知識の表示などの支援機能が働く。

　問題が与えられると，それを解くための計画がつくられる。前節で述べた手順に従い，副問題を設定しつつ，未知量からの経路が，計画立案機能により探索される。解決計画が見出されると，計算実行機能は，その計画に従って，数式処理，計算を行い，未知量の値を求める。

```
(((Concept  water)
  (Goal
    (density  kg/m**3)
    (viscosity  kg/m/s))
  (Data
    (absolute-temperature  300  K
      (given))
    (pressure  1.0  hPa  (given)))))
```

図-3.20　問題の内部表現

(4) 例

　図-3.21に，空気の比体積，および水の音速を求める問題を示す。空気の比体積を求めるように指示したところ，まず，気体定数などの暗黙値の利用について問い合わせが来ている。

```
＞ 空気の比体積を求めなさい．

気体定数として，暗黙値8.31433[J/mol/K]を用いてよろしいですか．
＞ よきにはからえ．

2つの解法を見つけました．

＞ 式7を示しなさい．
    式7
      任意変数
        絶対温度：    ABSTEMP
        セルシウス温度：  CELSTEMP
      関係式
        ABSTEMP = CELSTEMP + 273.15

＞ 2を実行しなさい．
    気体定数の暗黙値  8.31433[J/K/mol]
    セルシウス温度の仮定  20[C]
    絶対温度の計算値  293.15[K]
    分子量の参照値  28.97[g/mol]
    比体積の計算値  0.8303325[m**3/kg]
    比体積は  0.8303325[m**3/kg]  です．

＞ セルシウス温度25における，水の音速[km/h]を求めなさい．
    既知のセルシウス温度  25.0[C]
    密度の参照値  996.95[kg/m**3]
    圧力101.325[kPa]における圧縮率の暗黙値  4.845E-10[1/Pa]
    体積弾性率の計算値  2.06938E9[Pa]
    音速の計算値  1438.853[m/s]
    音速は  5179.871[km/h]  です．
```

図-3.21 空気の比体積の求解過程

```
比体積の解法2

比体積を求めるために，式1を選ぶ．
式1を使うために，空気の密度が必要である．
空気の密度を求めるために，空気のデータを選ぶ．
セルシウス温度を  20[C]  と仮定する．
```

```
比体積の解法1

比体積を求めるために，式12を選ぶ．
式12を使うために，空気の，気体定数，絶対温度，分子量，
圧力が必要である．
気体定数の暗黙値は  8.31143[J/K/mol]  である．
絶対温度を求めるために，式7を選ぶ．
式7を使うために，セルシウス温度が必要である．
セルシウス温度を  20[C]  と仮定する．
空気の分子量を求めるために，空気のデータを選ぶ．
圧力を  101.325[kPa]  と仮定する．
```

図-3.22 空気の比体積に対して得られた解法

これに対しては，暗黙値以外では値を決定できないときには暗黙値の利用を許可することで，図-3.22に示す2つの解法が見出される。この後，図-3.21では，式7の内容を確認し，2番目の解法を実行している。

温度25℃における水の音速を求める問題では，入力により作業領域が書き換えられ，新たな問題として，音速の値が決定される。

3.2.4 管路問題の構成論的な表現と解決

(1) 導　　入

de Kleerら[4]により提案された，要素中心的なモデリング手法では，系の振る舞いを論じる上で，系をつくる各要素の構造が重要視される。そして，局所的な問題記述単位が相互に作用を及ぼして，全体系に影響を与えるという，構成論的な立場を取る。これにより，例えば，電気回路の問題では，抵抗やコンデンサなどの作用要素という観点から系を明確に分割できるために，各種のモデル化，解析が行われてきた[91]。近年では，このアプローチは，オントロジの考え方と結びつき，広範囲の分野での適用可能性が，あらためて指摘されている[63],[92]。

水力学の問題，とくに，管路問題は，流れに影響を及ぼす要素として，管やポンプ，水車などが区別でき，構成論的な表現が可能であると考えられる。本節では，この管路問題に対する，オントロジカルな知識表現法と，現象を支配する方程式の導出について検討する。

(2) 問題構成要素と問題の種類

流体の管路問題の特徴としては，系を構成する装置が，流体に作用を及ぼす要素として特定しやすいことや，ある状態における流体の物理量は，系を支配する方程式により関連付けられること，そして，流体の状態は，装置によって別の状態に変換されることなどが挙げられる。これらの特徴を積極的に取り入れて，問題が定義される物理系をモデリングする。

直感的には，流体の状態に変化を及ぼす要素として，ポンプや管が存在し，それらの要素の接合部で，流体は一定の状態を取る。また，問題が与えられた場合，ある状態における，いくつかの物理量が観測できる。これは，電気回路上の端子点において，電圧，電流を測定することに相当する。しかし，電気回路の問題とは異なり，流体力学においては，この局所的な点における状態だけでも，各種の物理量間の関係を含む，より複雑な問題を構成する。この局所的な問題を，静的問題と呼び，静的問題を扱う概念をInformation Flow(IFと略記する)とする。

ポンプや管は，電気回路における電池や抵抗に対応し，局所状態を変化させる要素である。これより，流体問題における作用要素は，要素を取り巻く点において観測される流体に作用を及ぼし，それらの状態を関連付けているものとみなすことにする。この複数の状態に関する問題を，動的問題とし，動的問題を扱う概念をデバイスと呼ぼう。

流体力学の学習者の立場から見ると，静的問題は，教科書の比較的冒頭で学ぶ，物性値問題や静水力学問題に対応し，それら以降の，より発展した運動量の問題や管路問題などには，

動的問題が表れる。

(3) 問題構成要素の記述

　ある点の流体の状態を考えたときに想定できる，流体の物理量と，物理量の関係を，それぞれ，IFパラメータ，静的拘束条件としよう。ある点の状態を記述するIFが持つ主なデータは，次の通りである。

　　　状態の名前
　　　IFパラメータとそのフォーマットのリスト
　　　静的拘束条件
　　　静的問題を解決するルール

IFパラメータのフォーマットは，IFパラメータの名称，物理単位や，その値を参照するための変数名などの書式を持つ。IFパラメータとしては，流体の圧力や絶対温度などがあり，静的拘束条件としては，気体の状態方程式などがある。ルールは，当該の状態での既知量や流体の種類に応じて，未知量の値を見出すための手順を探索するために用いられる。

　デバイスが持つ主なデータとして，次のものがある。

　　　デバイスの名前
　　　ポート数
　　　ポートフォーマットリスト
　　　デバイスパラメータとそのフォーマットのリスト
　　　動的拘束条件

ポートとは，そのデバイスに対する流体の出入口である。ポートフォーマットリストは，各ポートに接続するIFの名前と，デバイスが必要とするIFパラメータ，およびその書式を持ち，デバイスとつながるIFとのデータの整合をはかる。デバイスパラメータは，デバイスが独自に持つ物理量に対応し，ポンプであれば，その吐出ヘッド，動力などがある。動的拘束条件は，デバイスが持つ質量保存則，エネルギ保存則などであり，各ポートにおける状態を表すIFパラメータおよびデバイスパラメータの間の関連を与える。

(4) 問題の構成と方程式導出の原理

　与えられた問題に対して，そのモデルは，さまざまな幾何学的寸法を持つ具体的なデバイスを，それらの位置関係を考慮して組み合わせることで構築する。デバイスの間に存在する状態を決定付けるIFには，デバイスのポートフォーマットリストを参照することで，妥当なものを適宜導入する。

　図-3.23(a)に，ポンプから吐出された流体が直管を通り，Y形管に導かれる流れの例を示す。Y形管は，平板で支えられ，運動量交換に伴う力とのバランスを取っている。この図に対するモデル構成を**図-3.23(b)**に示す。ここで，四角形要素がデバイスであり，楕円要素がIFである。

3 定性物理

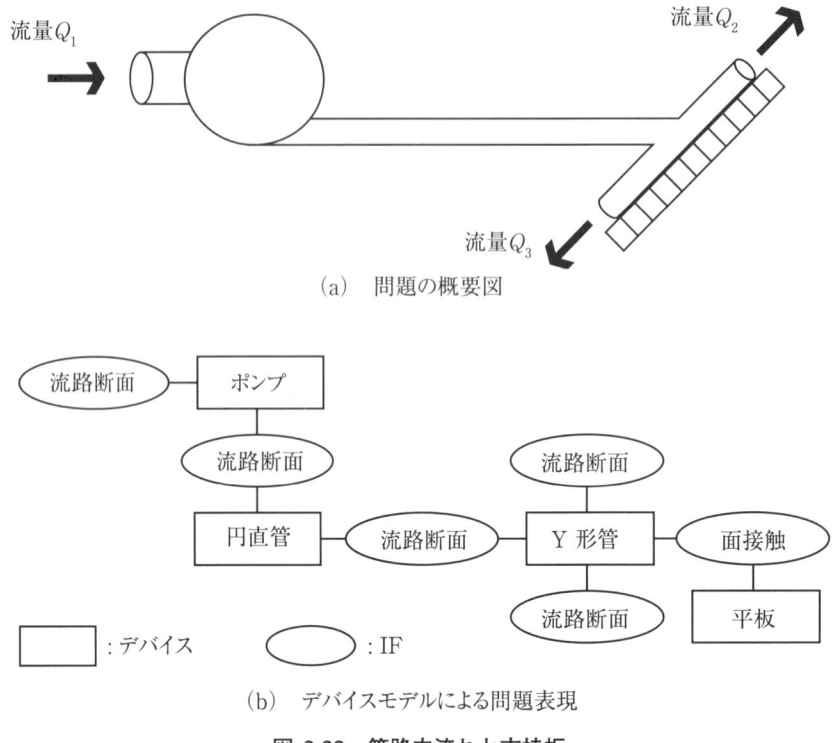

（a） 問題の概要図

（b） デバイスモデルによる問題表現

図-3.23 管路内流れと支持板

問題解決過程において，求めるべき量の値を見出すために必要な，動的拘束条件，静的拘束条件が選択される．そして，各物理量に対して，動的拘束条件と静的拘束条件により与えられる値が等しいという事実に基づき，方程式を導出する．この，2種類以上の異なった拘束条件に表れる1つの量を等価と扱うことは，人間が方程式を立てる際の基本的思考過程を反映したものである．選択された拘束条件は部分的な支配方程式であり，これらの集合が，問題全体を支配する方程式系となる．

（5） 流れ方向の仮定の必要性

流体問題においては，系を特徴づける重要なパラメータである流速や流量がベクトル量であり，移動媒体の流れ方向は，系を支配する方程式の成立条件に大きくかかわることがある．例えば，異なった直径の円管が非連続的に接続されている管は，流れ方向により，急拡大管にも急縮小管にもなり，損失ヘッドの評価式が互いに異なってくる．このため，妥当な制約式を導くためには，定式化の前に，管路ネットワークにおける流れ方向を仮定しておく必要がある．また，計算結果を調べ，あらかじめ仮定した流れ方向の妥当性を吟味し，必要となれば，流れ方向を再設定して，方程式の導出を繰り返す必要がある．

（6） 流れ方向の仮定候補の生成

移動媒体の流れ方向が曖昧になるのは，主に，問題中に分岐管，合流管の節点が現れる場

合である．これらの節点を途中に含まない管路区間では，流れの方向は一定となる．この流れ方向が一定の区間を，閉区間と呼ぶことにする．流れ方向を仮定するにあたり，問題モデルを，事前に，閉区間よりなるグラフで表現する．

各閉区間に設定できる流れ方向は，2通り存在する．各区間における流れ方向は，無作為に設定するのではなく，管路問題に固有のヒューリスティクスを用いた，より客観的な手法により，確からしさを考慮して決定することにする．

流れ方向の確信度の指標として，次の拘束レベルを導入する．

- 拘束レベルA：ポンプの吸込口から吐出口への流れなど，デバイス機能が持つ強制的な流れ方向，および，問題中に陽に与えられる流れ方向を示す．
- 拘束レベルB：分岐管や合流管の節点を挟んで，拘束レベルAを持つ閉区間と直接つながる閉区間における流れ方向であり，拘束レベルAの区間の流れにより，引き込まれる，あるいは，押し出される結果により決定される流れ方向を示す．
- 拘束レベルC：問題中の2点の観測点における，位置ヘッドの高低差が与える流れ方向を示す．
- 拘束レベルD：節点を挟んで，すでに拘束レベルが設定された区間の流れのために，引き込まれる，あるいは，押し出される結果により決定される流れ方向を示す．

ここでは，拘束レベルA，B，C，Dの順に，より強い拘束レベルであるとする．

1つの閉区間に対して，複数の拘束レベルが割り付けられる状況もある．このような場合には，競合解消を行う．与えられた事実に基づいて，各閉区間の2通りの流れ方向に対して，拘束レベルを独立に設定する．このとき，同一方向に異なる拘束レベルが設定されるのであれば，最も強い拘束レベルを採用する．また，互いに逆方向の拘束レベルが設定される場合

表-3.1 流れ方向拘束ベクトルの競合解消

拘束レベル		更新後の流れ方向	更新後の拘束レベル	信頼度
方向1	方向2			
A	A	任意*1	A	+
A	B	方向1	A	++
A	C	方向1	A	+++
A	—	方向1	A	++++
B	B	任意*2	B	+
B	C	方向1	B	++
B	—	方向1	B	+++
C	C	任意	C	+
C	—	方向1	C	+++

注) ＊1 B以下の拘束レベルを持てば，その方向に従う．
　　＊2 C以下の拘束レベルを持てば，その方向に従う．

3 定性物理

には，**表-3.1**に従い，新たな流れ方向と拘束レベルを，その信頼度とともに設定する。

全閉区間に，いずれかの拘束レベルを持つ流れ方向が仮定されたならば，それらを第1候補として，閉区間に含まれるデバイスに，流れ方向を割り付ける。第2候補以下は，拘束レベルの低い順に，また，拘束レベルが同じ場合には，信頼度が低い順に，閉区間の流れ方向を逆転することで，順次生成する。このとき，ある節点に接続する区間の流れ方向が，すべて流入あるいは流出となる場合は，その節点において，非現実的な吸込みや湧き出しが存在することが示唆されるため，これらの存在が陽に示されていない限り，対象とする問題ではありえないとして，候補から除外する。

(7) モデルの処理過程

モデルの処理機能は，**図-3.24**に示すように，オブジェクト指向環境で構築する。ルールインタプリタ，数式処理システムをサブシステムとして，ルールドライバ，方程式導出システム，数式処理システムのオブジェクト，そして，その下に，デバイス，IFのオブジェクトを設ける。下位オブジェクトは，上位オブジェクトの機能を多重継承するとともに，自身のデータ参照，処理メソッドを持つ。コネクタオブジェクトは，デバイスの接続関係と流れ方向の同定を行う。変数管理オブジェクトは，物理量，IFパラメータ，デバイスパラメータのうち，値が拘束されていない量に変数を導入し，その一意性を管理する。以上のオブジェクトは，処理システム固有のオブジェクトである。これらのオブジェクトに加え，ユーザオ

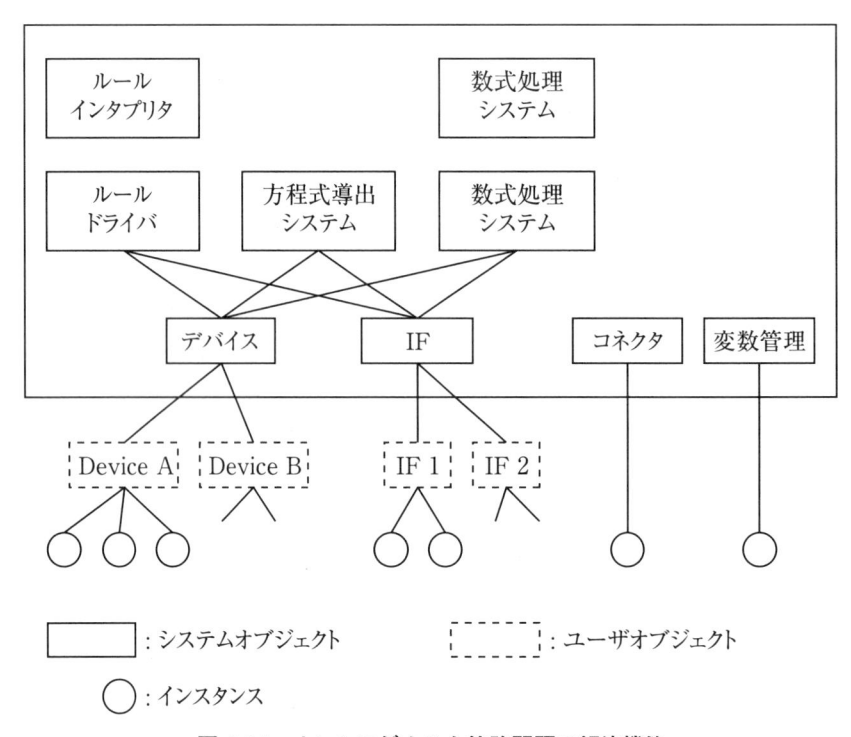

図-3.24 オントロジカルな管路問題の解決機能

ブジェクトとして，問題に応じてた貯水タンク，円直管，非連続管，Y字管，ポンプ，タンクなどのデバイスオブジェクトと，円形流路断面，矩形流路断面，水面，ソース・シンク，面接触などのIFオブジェクトを導入した上で，問題を構成する要素を，インスタンスとして生成する。

　問題解決機能は，IFインスタンス，デバイスインスタンスに起動メッセージを送ることによって発動される。

　IFインスタンスが，求解の対象である未知の目的物理量をオペランドとした起動メッセージを受けると，まず，IF自身のルール，静的拘束条件により，そのIFインスタンス内で問題解決が可能であるかを調べる。目的物理量がIFパラメータの一つであり，その値が決定できるのであれば，そのパラメータに変数を導入し，求めた解と対応付けた後に，導入した変数を呼び出し元に返す。目的が達成できない場合は，他のインスタンスの値や条件が必要と判断する。そして，コネクタインスタンスにより，当該IFインスタンスに接続するデバイスインスタンスを特定して，そのデバイスインスタンスに起動メッセージを送る。デバイスインスタンスにおける処理が終了した後に，その返値に含まれる変数を，自らが持つIFパラメータと対応付けて，後の方程式導出の際に利用する。

　デバイスインスタンスは，起動メッセージを受けると，未知の目的物理量を含む動的拘束条件を選択する。この選択した動的拘束条件が，デバイスパラメータやポートフォーマットリストにある物理量を含む場合には，変数を導入する。そして，ポートフォーマットリストのIFパラメータに変数を導入した場合には，当該のデバイスインスタンスのみでは問題が解決できないとして，未処理のIFインスタンスを起動する。

　このように，IFインスタンスとデバイスインスタンスの起動の連鎖により，問題解決に必要な拘束条件の選択，変数の導入を行う。一連のインスタンスの起動が終了した後に，方程式導出のメソッドが起動され，支配方程式が導かれる。導かれた方程式は，汎用の連立非線形方程式の求解ルーチンに引き渡され，問題中の未知量の値が決定される。

(8) 例

　図-3.25(a)に示す，タンクから流動損失を持つ管を通り放出される流れを見てみよう。タンクからは系統Aと系統Bの2系統が配置されており，系統Bには，陽に流れを放出するためのポンプが備えられている。

　閉区間を特定した後の問題の表現を，図-3.25(b)に示す。系統Bのポンプによる強制的な流れのため，最初の流れ方向の仮定では，系統Aにおいては，T字管からタンクに向かう流れが設定される。問題の表現に具体的な値が与えられ，解決過程が進むうちに，系統Aでの流れに矛盾が生じた場合には，この最初の仮定は破棄される。

　図-3.25(c)は，導かれた連立式の例である。式は，LISPの書式に従う前置記法でかかれている。式中のvarからはじまる文字列は，解決過程途中でつくられた変数である。左欄の最初の式は，長さ1 200 m，直径0.3 m，損失係数0.03の，系統Cの直円管において，速度ヘッ

3 定性物理

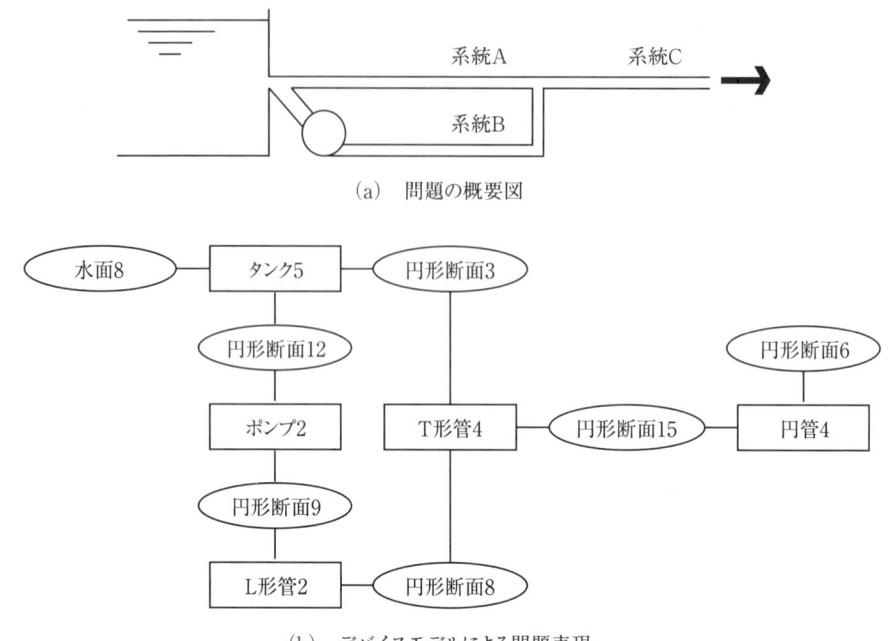

(a) 問題の概要図

(b) デバイスモデルによる問題表現

```
(- var5 (* 0.03 (/ 1200 0.3) var7))
(+ (- var1) var6)
(- var3 (+ var4 var5))
(- var10 (* 0.03 (/ 1200 0.6) var13))
(+ var11 (- var12))
(- var8 (+ var9 var10))
(- var16 (* 0.02 (/ 1200 0.6) var20))
(- var19 (/ (* 63700.0 var17) 1))
(+ (- var17) var18)
(- var 14 (- (+ 6.5 var15) var16))
(- var21 (+ var15 var23))
(- var21 (- var9 var22))
(+ (- var6) (- var11) var17)
```

```
(- var14 var8)
(- var1 (* 1 (* 0.09 (/ 3.14 4))
        (sqrt (* 19.6 var7))))
(- var14 var3)
(- var4 (+ var7 var2))
(- var20 (/ 1.8225 19.6))
(- var17 (* 1.35 (* 0.36
        (/ 3.14 4))))
(- var12 (* 1 (* 0.36 (/ 3.14 4))
        (sqrt (* 19.6 var13))))
(- var18 (* 1 (* 0.36 (/ 3.14 4))
        (sqrt (* 19.6 var 24))))
```

(c) 導出した連立方程式

図-3.25 閉路を含んだ管路問題の解決

ドを表す変数 var7 と，損失ヘッドを表す変数 var5 との関係

$$\mathrm{var}5 = 0.03 \frac{1\,200}{0.3} \mathrm{var}7 \tag{3.26}$$

を与えている。また，右欄の2本目の式は，系統 C での流量を var1，円直管の直径の2乗を 0.09，重力加速度 $g = 9.8\ \mathrm{m/s^2}$ の2倍を 19.6 として，

$$\mathrm{var}1 = \frac{0..09 \times 3.14}{4} \sqrt{19.6^{*} \mathrm{var}7} \tag{3.27}$$

の関係を与えている。これらの方程式を連立して解くことにより，各系統における流量が決定される。

3.2.5 流体問題解決における知識獲得

(1) 導　入

　原理原則を知らなければ，広範囲の課題を解くことはできない。一般的に用いられているルール形式の知識には，あらかじめ想定した状況が実際に観測されたときに，それに対する応答が記述されているに過ぎない。これでは，問題を理解しているとは言い難く，少し異なった状況に対処できるとは限らない。この問題は，知識処理システムが具体化され，一定の成果をもたらしはじめる以前の，人工知能の発祥当初より指摘されてきたことであり，行動主義を一貫して取ってきたアプローチにも一石を投じるものであった[11]。

　原理原則に基づいた問題解決については，深い知識や素朴知識を導入したモデルの構築が試みられてきた[54]。その後，たとえ問題領域を限定したとしても，その領域の問題を系統的に表現するための枠組みの必要性が認識され，オントロジの研究へと続いている[93]。そこでは，問題解決のためには，深い知識のほか，類推や発想が重要性であることも指摘されている。

　知識を表現するためには，人間から知識を抽出する必要がある。このため，この知識自体の抽出についての研究も，延々と進められている。本節では，教科書的な流体工学問題を対象として，その解決で人間がとる過程を観測し，必要となる原理原則知識の体系化，モデル化について検討する。

(2) プロトコル解析と問題解決モデル

　外部からは直接的に観測できない人間の思考過程を調べる方法として，プロトコル解析がある[94]。これは，問題解決を実行している人間の作業過程，発話過程などを，逐次記録し，その後，それらの過程に現れる各行動の関連を調べることにより，人間の認知過程を明らかにしようとするものである。この方法は，主観的な内観法にも通ずるものであるが，同じ状況に置かれた複数の人間の行動を観測することにより，それらの過程の中に存在する普遍的な部分を掘り起こそうとすることで，科学的客観性を高めている。

　プロトコル解析には，音声やビデオ映像によるものなど，各種のデータサンプル法がある。本節では，筆記プロトコル法をとる。これは，人間が問題解決において考えていることを，思いついたままにメモとして筆記する方法である。この方法では，筆記により思考過程が中断される可能性はあるが，一方で，筆記により，より深い潜在的な内省が得られるものと期待できる。

　理数系問題の解決過程を明らかにして，教育に役立てようとした試みは，Polya[95]が行っている。Polyaは，自らの体験により，問題解決過程をいくつかのステップに分類し，各ステップにおいて，学習者のレベルに応じた，具体的アドバイス法を提案している。その後，人工知能システムにおける知識の記号化を見越した解析が行われ[96),97)]，問題の内容や構造，

3 定性物理

解法を理解するステップ，問題を解くステップ，問題を吟味するステップにより，問題解決過程を分類する方法や，思考を，推論的思考，論理的思考，因果的思考に分類する方法などが提案されてきた。ここで，推論的思考や論理的思考においては，初心者は，「値を知りたい変数」から初めて，紆余曲折を経て問題解決を進める，いわゆる後ろ向き推論をする一方で，専門家は，比較的たやすく，「分っている変数」から解を求める，前向き推論を行うことが示された。

物体の運動を伴うような物理問題の解決過程は，例えばLarkin[98]が調べている。そして，初心者でも，高い所の物が落ちてくると勢いがつくなど，通常生活の経験に基づく素朴知識は持つものの，専門家は，物理的定義や法則が適用可能な，抽象的な物理表現を形成できるなどの違いがあることを示した。

流体工学問題も物理問題の一種であり，問題解決のためには，与えられた問題から，法則や公式が適用しやすい物理的表現をつくることが重要となるであろう。ここでは，具体的問題に対して，各種のレベルの学習者が示す解決過程に注目する。とくに，「わからなくても，これまでの知識，経験を用いて，解いてみようとする」場合についての解決過程を解析する。

(3) プロトコル収集と解析

実験に先立ち，被験者に対しては，プロトコル解析の意義について説明し，数学分野の問題における筆記プロトコルの例を示した。実験で配布する資料は，問題用紙，解答用紙と，問題に対するヒントである。解答用紙には，解答とともに，問題に対する思考過程を，文および図で記述する。実験では，問題をじっくりと読み，たとえ問題が理解できないとしても，最初の10分は，思い付いたことを記すように指示した。また，回答を説明した後の感想も，自由に記述してもらうようにした。筆記にあたり，消しゴムは使わないこととし，間違えたり，考えが変わった場合は，2重線で記述を取り消すように求めた。被験者としては，高校時代に物理を学んだことがある，39名の学部学生を採用した。

(4) ベルヌーイ式の問題

被験者のうち，一部の学生には既学であり，他の学生については未知である，ベルヌーイの方程式を適用する問題の解決過程をみる。

[問題]

　タンクに入れた流体が，タンクの壁に開けた穴から噴出するときの速度を求めなさい。ただし，流体の粘性は無視でき，また，容器の断面積に比べて穴の面積は十分小さく，流れは定常的とみなせるとします(説明:**図-3.26**)。

[ヒント]

　単位質量あたりの流体のエネルギーは，

　　位置エネルギー　　gz
　　圧力エネルギー　　p/ρ

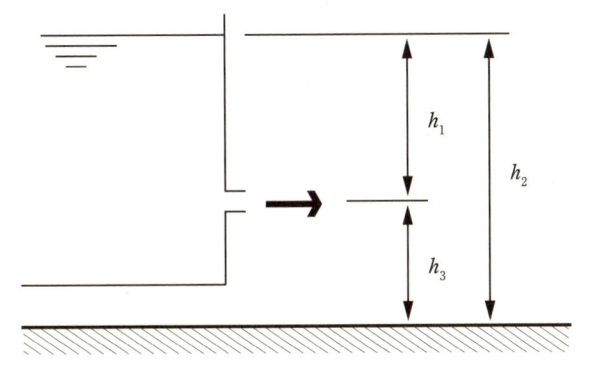

図-3.26 ベルヌーイ式の問題の説明図

速度エネルギー　　$v^2/2$

の和で表されます。

[解答]

　この問題の答えは，$v=\sqrt{2gh_1}$ です。この解答について，思いついたことを，自由に書いてください。

　この問題をすでに学んだことがある学生は，即座に解答を記述した。つまり，ベルヌーイの式で解くことができる問題であることを理解し，各エネルギーを求め，流出速度を得た。一方で，未学習の学生は，いくつかの試行錯誤を示したが，その多くが，質量保存，力学的エネルギー保存の立場から，理論的に問題をとらえようとしていた。未学習の学生が，ヒントを見る前までに記述したプロトコルの例を，**図-3.27** に示す。この例では，流れ始めてか

流体の粘性無視
流れは定常的
エネルギー保存則
最初の状態の持つエネルギー

$$Wh_2 \times \frac{1}{2}g$$

ここで，Wは流体の重さ，h_2は容器の底面を基準とした容器の高さ
t 秒後の速度を　として，状態のエネルギーを考える
t 秒間に流出した流体の量

$$s\int_0^t v(t)\,dt$$

　s：穴の大きさ
状態の位置エネルギーの損失分

$$s\int_0^t v(t)\,dt \times \frac{1}{2}\frac{s}{s_0}\int_0^t v(t)^2\,dt$$

　s_0：容器断面積

図-3.27　ベルヌーイ式の問題のプロトコル例

3 定性物理

らの流量や，エネルギーの変動を見積もろうとしていることが受け取られる。この解答を記述した学生は，解答の説明後に，$v=\sqrt{2gh_1}$ は，物体の自由落下における速度そのものであると理解し，自身もエネルギー保存則を適用しようと試みていたと記した。また，この学生は，器の上側で静止している物体が下に移動して運動をする，自由落下の問題に似ていることより，エネルギー保存を思いついたとしていた。このため，この未学習の学生も，力学問題における剛体の運動から，妥当な物理モデルを類推していたものと考えられる。この傾向は，他の未学習学生にもみられた。

(5) 圧縮性気体の問題

未学習の問題として，高度による気体の状態変化の問題を用いる。
[問題]

実際の気体の変化は，ポリトロープ変化 $p/p_0=(\rho/\rho_0)^n$ で良く近似されます。海面上で，$T_0=15℃$，$p_0=101.3\times 10^3$ Pa，$\rho_0=1.255$ であるとき，3 700 m の高さでの気温は，どれだけになりますか。また，密度，圧力は，どれだけになりますか。ただし，ポリトロープ指数 n は 1.25 とします。

[ヒント]

鉛直上方に z 軸をとり，高さが dz，上下底面積が dA の流体要素に着目して，基礎式を導きます(説明：図-3.28)。

多くの被験者が，高校物理で学ぶ，ボイル・シャルルの法則を適用しようと試みた。しかし，そのほとんどが，海面上の高さの扱いに迷い，妥当な解にたどりつけないでいる。また，一部の学生は，100 m ごとに一定の割合で温度が低下するという，物理的知識を思い浮かべ，ボイル・シャルルの法則を適用している。さらに，ポリトロープ変化という用語より，圧縮，膨張に関する問題であることに気付いた学生もいたが，正しい物理モデルを導出するまでにはいたっていない。ヒントを参照した後でも，正答を求めることができた学生は，少なかった。テスト後に，微分方程式を立てて圧力と密度を関連付けることの必要性を説明をすると，

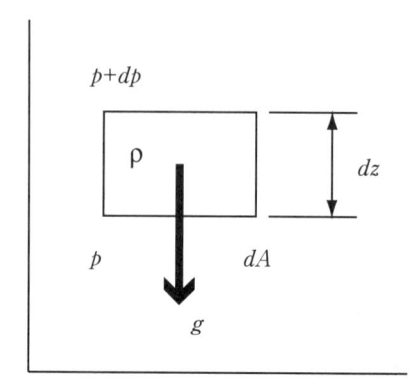

図-3.28 圧縮性気体の問題のヒント

ほとんどの学生は理解できていたことより，学生たちには，十分な数学的能力があったと考えられる。このため，物理問題において，式を立てる重要性には気付いているものの，微分を含むなど，問題が少し複雑になると，問題に適した式が導けていないものと言える。

この問題の正答率が低かった別の理由には，学生にとって，問題の状況を正確に認識することが困難であったことが考えられる。気体の状態変化は，高校や大学の物理でも扱われる。しかし，体積変化を伴う気体では，容器内の圧縮，膨張の実験を行うのが一般であり，対象とした問題のように，高度による圧力，体積変化は，日常は容易に観測できない。このため，実験で同じ物理現象を体験しているにもかかわらず，そのことを思いつかなかったようである。これは，問題解決における経験の想起と，類推能力の必要性を示唆する結果である。

(6) 運動量保存則の問題

運動量保存，力積に関する問題を考えよう。ヒントとしては，Polyaが問題の解決の第2段階として提案している，計画立案のステップにおけるアドバイスを修正し，用いた。

[問題]

図のように，水深 h のところのタンク左右壁面に，面積 a_1，a_2 のノズルが取り付けられています。ノズルの面積は，タンクの断面積と比べて十分に小さいとき，タンクが水平方向に受ける力は，どれだけですか（説明：図-3.29）。

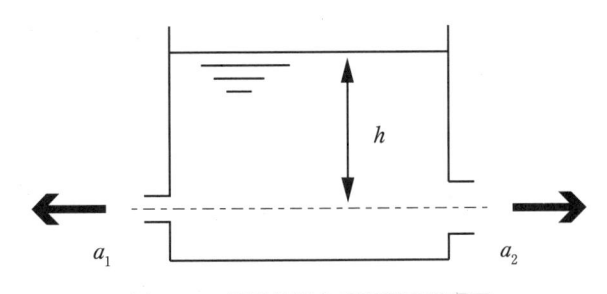

図-3.29 運動量保存の問題の説明図

[ヒント]

以前に，同じ，または似た問題を見たことはありませんか。
——それは，どのような問題ですか。どこで見ましたか。どうしてその問題が，この問題と似ていると思ったのですか。それを，ここで使えませんか。
役に立ちそうな定理，法則，公式を思い付きませんか。
——これは，どのような定理，法則，公式ですか。どうして，それが役立ちそうだったと思ったのですか。それを，ここで使えませんか。
$a_1 > a_2$ のとき，あるいは $a_1 < a_2$ のとき，タンクが受ける力は，どちら向きになると思いますか。また，大きいほうのノズルの穴を，さらに大きくすると，タンクが受ける力はどうなりますか。

3 定性物理

――どうしてそうなると思ったのですか。
――これに似た事例，現象を見たことはありませんか。それは，どのような事例，現象ですか。どうして，その事例，現象が似ていると思ったのですか。そこで成り立っている定理，法則，公式は何ですか。それをここで使えませんか。

力の問題であるため，多くの学生が，ニュートンの第2法則に従い，流出する水量とそれにかかる加速度より，力を決定しようと試みた。また，ノズルの断面積の変化に対する現象の変化については，妥当に把握していることは伺われた。しかし，加速度の取扱いに失敗しており，解決には至っていない。Polyaのヒントを見た後でも，依然として加速度と力の関係に注目していた。一部の学生は，この問題が，ロケットの推進力を求める問題と似ていることより，単位時間あたりの運動量変化に着目していた。ヒントを提示後に，さらに，水平方向の運動量変化についてのヒントを与えると，多くの学生は，問題を理解できることが確認できた。

(7) さまざまな理解過程

初等流体工学を学んだ学生であれば，ベルヌーイの方程式が，エネルギー保存の式であり，そこでは速度，位置，圧力の3種類のエネルギーが現れ，それぞれが，ヘッドと呼ばれる量で定義されることを知っている。この知識の形式的な表現は，例えば，**図-3.30**のようにな

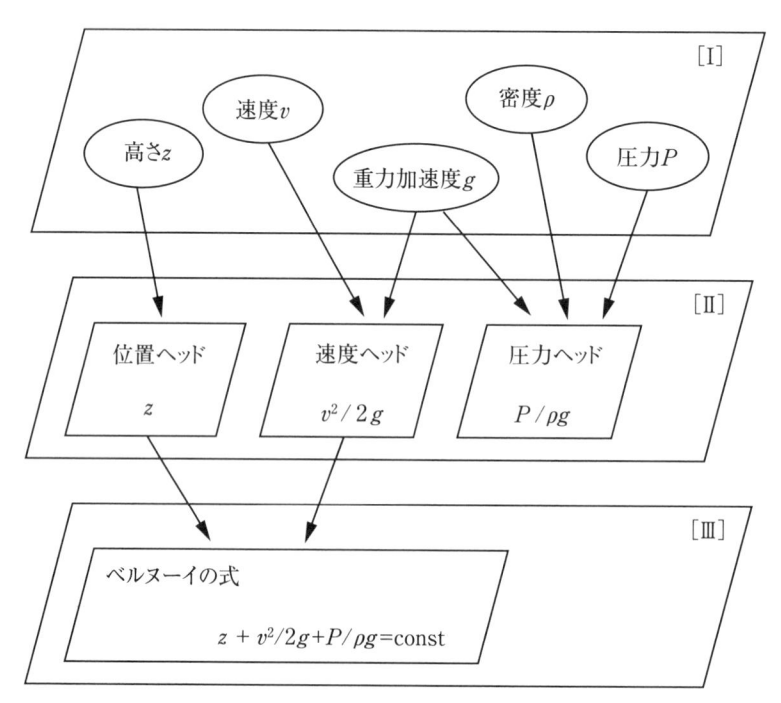

Ⅰ：物理領域，Ⅱ：定義量領域，Ⅲ：物理法則領域

図-3.30 ベルヌーイ式に関する知識構造

る。ここで，領域[Ⅰ]は，問題に現れる物理量を表す。領域[Ⅱ]は，領域[Ⅰ]の量から構成され，一定の意味を持つ物理量を定義し，領域[Ⅲ]は，領域[Ⅰ]と[Ⅱ]に現れる量を支配する物理法則を与える。この知識体系を用いて問題を解く場合は，領域[Ⅰ]や[Ⅱ]に現れる量を求めて，それを領域[Ⅲ]の法則で関連付けることになる。

対象とする問題に対して専門的な知識を持たない場合にも，学習者は，与えられた問題に対して，別の領域の知識や自らの経験を用いて，問題の理解を試みることを，前項までで見てきた。Larkin[98)]は，十分に理解することなく形成された，あいまい性を含んだ問題表現を，素朴表現とよんだ。そして，素朴表現では，必ずしも物理法則が直接適用できるわけではなく，これが，問題が解けない一因になっていることを指摘した。3.2.5(4)項の，ベルヌーイ式を用いる問題のプロトコルより想定できる，学生の素朴表現の一例を図-3.31に示す。高い位置に静止して置かれた水が，低いノズルの位置まで落下し，早い速度を持つことを示している。この表現は，図-3.30のような知識構造をとっておらず，物理法則を適用することは困難である。物理法則を利用するためには，まず，対象の問題から，問題を支配する情報を同定し，それらを適切に記号化する必要がある。その上で，物理法則などの適用できる知識表現に合わせるためのマッチング操作が求められる。

流体力学を学んでいない学生でも，高校時代に物理学を学んでいれば，初等力学に対して，図-3.32のような知識表現を持っているであろう。すると，高いところにある流体が低いところに移るという問題では，エネルギー形態の変化に着目し，保存則を適用しようとしたことは，妥当な推論と言える。一方で，図-3.32の知識構造が，対象としている問題について適当か否かを判断するための知識は，この知識構造自体には記されておらず，この知識を利用するための，より高位の知識で表されるものと考えられる。人間の問題解決過程をモデル

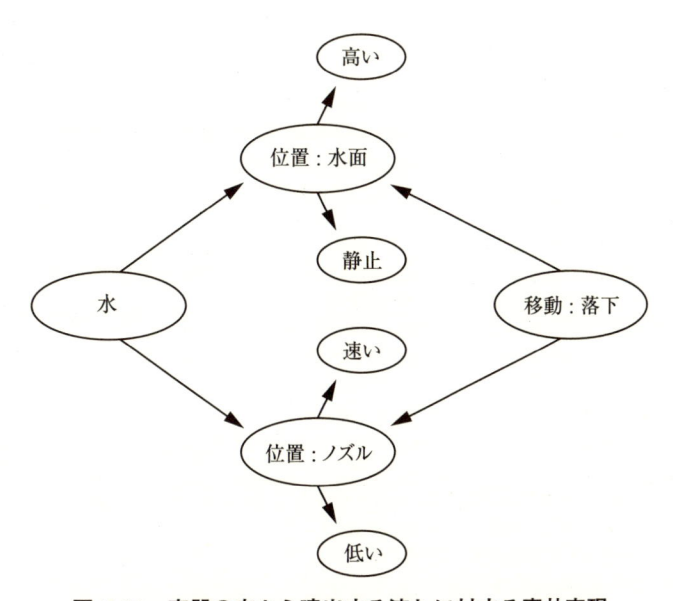

図-3.31 容器の穴から噴出する流れに対する素朴表現

3 定性物理

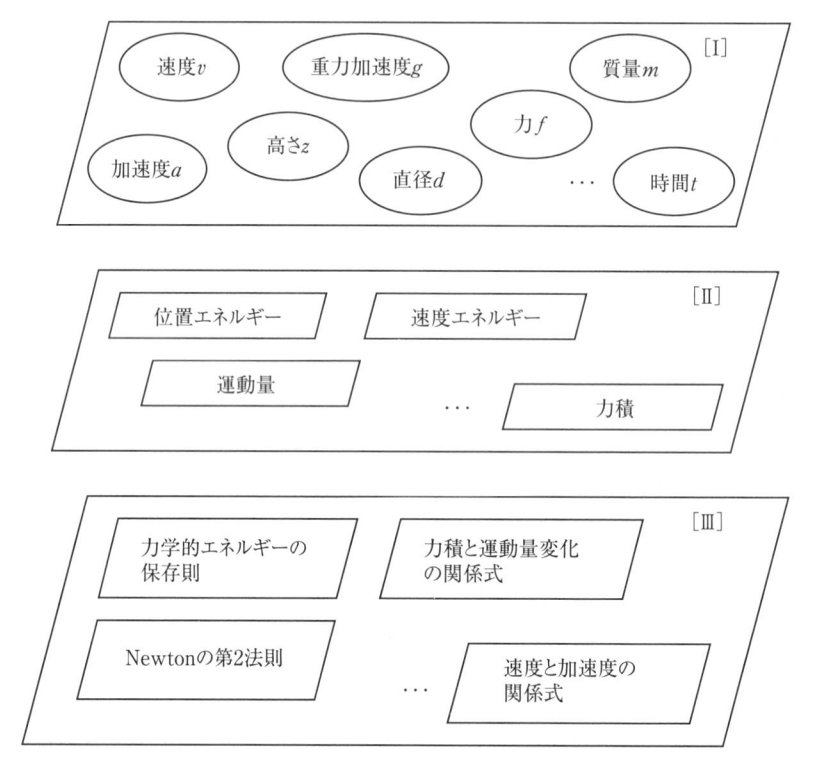

図-3.32 力学的エネルギーの保存則に関する知識構造

化するためには，このような高次の知識，つまりメタ知識の構築の必要性も高い。

◎参考文献

1) 溝畑：解析学小景, 岩波書店, p.7 (1997)
2) Hayes, P.: Naïve Physics manifesto I: Ontology for liquids, in Formal Theories of the Commonsense World, eds. Hobbs, J. and Moore, R. C. Ablex, pp. 71-107 (1985)
3) Hunt, J. C. R.: Qualitative Questions in Fluid Mechanics, App. Scientific Res., Vol. 48, pp. 483-501 (1988)
4) Artificial Intelligence, Special Volume on Qualitative Reasoning about Physical Systems, Vol. 24, Ns1-3 (Dec. 1984). とくに, de Kleer, J. and Brown, J. S., A Qualitative Physics Based on Cofluense, ibd. pp. 7-83
5) AI Magazine, Vol. 24, No. 4 (Winter. 2003)
6) 西田：定性推論の諸相, 朝倉 (1993)
7) 岡田：オントロジー応用のための方法論の考察と展望, 人工知能学会誌, 17巻5号, pp. 604-613 (2002.-9)
8) Forbus, K. D.: Helping Children Become Qualitative Modelers, 人工知能学会誌, 17巻4号, p. 471 (2002.-7)
9) プラトン 著, 田中 訳：テアイテトス, p. 220, 岩波書店 (1984)
10) プラトン 著, 藤沢 訳：パイドロス, p. 120, 岩波書店 (1984)
11) Searl, J.: Minds, Brains and Programs, with Peer Commentaries, The Behavioral and Brain Sciences, Vol. 3 (1980), see The Mind and the Machine, ed. Torrance, S., Ellis Harvord Ltd (1984)
12) S. トーランス 編, 村上 監訳：AIと哲学, 産業図書 (1985)
13) Lighthill, J.: Artificial Intelligence, A General Survey., Artificial Intelligence: A Paper Symposium, Science Research Council, pp. 1-21 (1973)
14) MaCarthy, J.: Review of "Artificial Intelligence: A General Survey" http://www-formal.stanford.edu/jmc/reviews/lighthill/lighthill.html (2002.11.20)
15) 信原, 門脇 編：ハイデガーと認知科学, 産業図書 (2002)
16) 戸田山：知識の哲学, p. 160, 産業図書 (2002)

17) van Dyke, M.：Computer-extended series, Ann. Rev. Fluid Mech. Vol. 16, p. 287 (1984)
18) Perry, A. F. and Chong, M. S., J. Fluid Mech., Vol. 13, p. 207 (1986)
19) 竹内：数学的世界観, p. 66, 岩波書店 (1982)
20) 寺田：物理学序説, p. 124, 岩波書店 (1948)
21) Schleuchtendahl, E. G.：A Theory of Fractal Fluids, Kernforshungzentrum, Karlsruhe, KFK4070 (1986)
22) Oberlack, M.：Symmetries, Invariance and Scaling-Laws in Inhomogeneous Turbulent Shear Flows, Flow Turbulence and Combustion, Vol. 12, p. 111 (1999)
23) Oberlack, M.：A unified approach for symmetries in plane parallel turbulent shear flows, J. Fluid Mech., Vol. 427, p. 299 (2001)
24) Liao, S. J. and Campo, A.：Analytic solutions of the temperature distribution in Blasius viscous flow problems, J. Fluid Mech, Vol. 453, pp. 411-425 (2002)
25) Liao, S. J.：A uniformly valid analytic solution of 2D viscous flow past a semi-infinite flat plate, J. Fluid Mech, Vol. 385, pp. 101-128 (1999)
26) Akers, R. L., Kant, E., Randall, C. J., Steinberg, S. and Young, R. L.：SciNaps：A Problem-Solving Environment for Partial Differntial Equations, IEEEE Computational Science and Engineering, pp. 32-42 (July-Sept. 1997)
27) Cahill, E.：Knowledge-based algorithm construction for real-world engineering PDEs, Mathematics and Computers in Simulation, Vol. 36, No. 4/6, pp. 389-400 (1994)
28) Yip, K. M-K.：Model simplification by asymptotic order of magnitude reasoning, Artificial Intelligence, Vol. 80, pp. 309-348 (1996)
29) Yip, K. M-K.：Understanding complex dynamics by visual and symbolic reasoning, Artificial Intelligence, Vol. 51, pp. 179-221 (1991)
30) デカルト：方法序説, 落合 訳, p. 68, 岩波書店 (1967)
31) アリストテレス 著, 出 訳：形而上学 (上), p. 31, 岩波書店 (1992)
32) Li, M. and Vitanyi, P.：An Introduction to Kolmogorov Complexity and its Application, 2nd ed. Springer (1997)
33) Fayyard, U., Shapiro, G. P. and Smyth, P.：From data mining to knowledge discovery in databases, AI Magazine, pp. 37-53 (Fall. 1996)
34) N. ウイーナー 著, 池原, 弥永, 室賀, 戸田 訳：サイバネティックス 第2版, p. 191, 岩波書店 (1981)
35) 藤沢：イデアと世界, p. 54, 岩波書店 (1980)
36) B. ラッセル 著, 東宮 訳：図説西洋哲学史 下, p. 78, 社会思想社 (1968)
37) 細谷：物理的とは何だろうか？, 日本物理学会誌, Vol. 58, No. 3, pp. 198-199, 日本物理学会 (2003)
38) E. マッハ 著, 広松, 加藤 訳：思考実験について, 認識の分析, p. 101, 法政大学出版 (1972)
39) R. ファインマン, 江沢 訳：物理法則はいかにして発見されたか, 岩波書店 (2001)
40) R. ファインマン, 釜江, 大貫 訳：光と物質の不思議な理論, 岩波書店 (1987)
41) Truesdell, C.：Thermodynamics for beginners, in Irreversible Aspects of Continuum Mechanics and Transfer of Pysical Characteristics in Moving Fluids, eds. Parkus, H. and Sedov, L. I., pp. 373-389, Springer (1968)
42) Birkhoff, G.：Hydrodynamics；A study in logic, fact, and similitude, Dover, p. 36 (1955)
43) アインシュタイン, A. 著, 湯川, 井上 編：物理学と実在, 世界の名著；現代の科学II, p. 209, 中央公論 (1981)
44) トム, R. 著, 弥永, 宇敷 訳：構造安定性と形態形成, p. 5, 岩波書店 (1980)
45) 桑原：ガソリンエンジンの開発を支えた筒内現象診断技術, テクニカルレビュー (三菱自動車), No. 15, pp. 25-34 (2003)
46) コルモゴロフ, K. 著, 馬場, 保坂, 山崎 訳：学問と職業としての数学, p. 365, 大竹出版 (2003)
47) 内井：科学哲学入門, p. 85, 世界思想社 (1997)
48) ポパー, K. 著, 森 訳：客観的知識, 木鐸社, p. 217 (1984)
49) トゥールミン, S. 著, 藤川 訳：科学哲学, p. 41, 東京図書 (1973)
50) ラッセル, B. 著, 野田 訳：非論証的推論 (私の哲学の発展, 16章), pp. 245-267, みすず書房 (1997)
51) Terada, T. and Hattroi, K.：Some experiments on motions of fluids, Rept. Aero. Res. Inst. Tokyo Imp. Uni., No. 26, p. 287 (1927)
52) Benjamin, Y. B.：Bifurcation phenomena in steady flows of viscous fluid, Proc. R. Soc. Lomd. A, Vol. 359, p. 1 (1978)
53) 大石：非線型解析入門, p. 214, コロナ社 (1997)
54) Davis, E.：The Naive Physics Perplex, AI Magazine, pp. 51-7 (Winter. 1998)
55) 竹内, ゲーデル：日本評論社, p. 79 (1998)
56) 久保：統計物理学, p. 246, 岩波書店 (1972)
57) ガリレオ, G. 著, 今野, 日田 訳：新科学対話, p. 99 (1960)
58) Weber, E.：Unification：What is it*How do we reach and why do we want it？Synthese, Vol. 118, pp. 479-499 (1999)
59) Kicher, P.：Explanatory Unification, Philosophy of Science, Vol. 48, pp. 507-531 (1981)
60) Salmon, W.：Scientific Explanation and the Causal Structure of the World, Princeton Univ. Press (1984)
61) 中谷：科学の方法, p. 131, 岩波書店 (1958)

3 定性物理

62) Bird, A.：Explanation and laws, Synthese, Vol. 120, pp. 1-18 (1999)
63) 溝口：オントロジー研究の基礎と応用, 人工知能学会誌, 14巻, 6号, pp. 45-56, 人工知能学会 (1999)
64) 來村, 溝口：オントロジー工学に基づく機能的知識体系化の枠組み, 人工知能学会論文誌, 17巻, 1号 SP-B, pp. 61-72, 人工知能学会 (2002)
65) ウイーナー, N. 著, 池原 訳：人間機械論, p. 88, みすず書房 (1958)
66) 小林 訳注：孟子 (下), p. 11, 岩波文庫 (2000)
67) アーノルド, V. I. 著, 蟹江 訳：数理解析のパイオニアたち, p. 43, シュプリンガー (1999)
68) Arnold, V. I., and Kehsin, B. A.：Topological Methods in Hydrodynamics, p. V Preface, Springer (1998)
69) プラトン 著, 藤沢 訳：プロタゴラス, 岩波文庫, p. 45, 岩波書店 (1991)
70) Arnold, V. I.：Polymathematics：Is Mathematics a Single Science or a Set of Arts? Mathematics：Frontiers and Perspectives, eds. Arnold, V. I. etal. AMS, p. 406 (2000)
71) Prandtl, L.：Über die Flussigkeitsbevegung bei sehr kleiner Reibung. Proc. 3rd Int. Math. Congr. Heiderberg, pp. 484-491 (1904)
72) Saffmann, P. G.：Vortex Dynamics, Cambridge (1995)
73) 長尾：「わかる」とは何か, 岩波新書, p. 50, 岩波書店 (2001)
74) カッシーラー, E. 著, 木田 訳：シンボル形式の哲学 [4], 岩波文庫, p. 16, 岩波書店 (1997)
75) 広松, 他6名 編：岩波哲学・思想事典, p. 1103. 定義, 岩波書店 (1998)
76) Townsend, A. A.：The Structure of Turbulent Shear Flow 1st ed. Cambridge., p. 99 (1956)
77) 機械工学事典, p. 75, 日本機械学会 (1997)
78) タルスキー, A. 著, 一松 訳：真と証明, 別冊サイエンス, コンピュータ数学, p. 34, 日経サイエンス社 (1983)
79) トム, R. 著, 弥永 訳：自然科学における質的なものと量的なもの, 科学, pp. 206-302 (1978)
80) コルモゴロフ, K. 著, 馬場, 保坂, 山崎 訳：学問と職業としての数学, p. 88, 大竹出版 (2003)
81) デネット, D. C. 著, 山口 監 訳：ダーウィンの危険な思想, p. 20, 青土社 (2001)
82) カラー, J. 著, 川本 訳：ソシュール, 岩波現代文庫, p. 38, 岩波書店 (2002)
83) 中村, 渡辺：差分法のためのFORTRANプログラム自動生成の一試み (流体力学問題への適用), 日本機械学会論文誌 (B編), 52巻, 474号, p. 570, 日本機械学会 (1986)
84) Ceberi, T. and Bradshaw, P.：Momentum Transfer in Boundary Layers, Hemisphere Publ (1977)
85) Bridgeman, P. W.：Dimensional Analysis, Harvard Univ. Press (1921)
86) Birkhoff, G.：Hydrodynamics, Princeton Univ. Press (1950)
87) Petho, A. and Mumar, S.：Int. J. Heat Mass Transfer, Vol. 29, No. 1, p. 157 (1986)
88) Murota K.：J. Appl. Math., Vol. 2, p. 471 (1985)
89) 情報処理, 特集 知能ロボット技術：人工知能からのアプローチ (前編), (後編), Vol. 44, No. 11, p. 12 (2003)
90) 伊藤：知的学習支援システムの過去・現在そして未来, 人工知能学会誌, Vol. 17, No. 4, p. 444, 人工知能学会 (2002)
91) 淵 監修, 溝口, 古川, 安西 共 編：定性推論, 共立出版 (1989)
92) 人工知能学会誌, 論文特集：開発されたオントロジー, Vol. 19, No. 2 (2004)
93) AI Magazine, AAAI, Special Issue：Ontology, Vol. 24, No. 3 (2003)
94) 海保, 原田：プロトコル分析入門, 新曜社 (1993)
95) Polya, G. 著, 柿内 訳：いかにして問題をとくか, 丸善 (1954)
96) Simon, D. P. and Simon, H. A.：Individual Differences in Solving Physics Problems, in Children's Thinking：What Develops?, ed., Siegler, R., Lawrence Erlbaum Assoc. (1978)
97) 鈴木 (宏), 鈴木 (高), 村山, 杉本：教科理解の認知心理学, 新曜社 (1989)
98) Larkin, J. H.：Understanding, Problem Representations, and Skills in Physics, Thinking and Learning Skills, Vol. 2, eds., Chipman, S. F., Segal, J. W. and Glaser, R., Lawrence Erlbaum Assoc. (1985)

4 協調的可視化

4.1 協調的可視化の必要性

4.1.1 可視化の第一人称性と情報ビッグバン

　1946年に刊行された「目に見えないもの」[1]に収蔵された最後の随筆「思想の結晶」の冒頭で，湯川秀樹先生は次のように述べている。

　『水は凍つた時に初めて手で掴むことが出来る。それは恰かも人間の思想が心の中にある間は水の様に流動して止まず，容易に捕捉し難いにも拘はらず，一旦それが紙の上に印刷されると，何人の目にもはつきりした形となり，最早動きの取れないものとなつて了ふのと似ている。寔に書物は思想の凍結であり，結晶である。』

主観的なことばによって著された科学的アイデアが一人歩きを始め，時間的・空間的に隔たりのある第三者に辿り着いたとき，いったいそれがどのような影響を与えることになるのか，そこには必ず光と影の双方が存在するはずだというのが，同文の本旨であろう。

　ここで，この一節における，「紙」を「ディスプレイ」に，「書物」を「可視化」にそれぞれ置き換えて読み直してほしい。少なくとも物理的な意味では束縛が解かれつつある今日のディジタルメディアを介して，我々は果たしてどこまで，凍結ではない，結晶としての科学的知見を表出することができるのだろうか。今日，可視化 (computer visualization)[2] の分野で最も大きな課題となっていることを，半世紀以上も前に湯川先生は見抜いておられたのだ。

　専門家たちによって編纂された事典の紙面や，テーマにそって陳列された博物館の所蔵品を見るのとは異なり，手元にある生データを，自らの好きなやり方で絵に直して独自に解釈できる点，すなわち第一人称性 (first-person Perspective)[2] こそが，可視化技術が培ってきた最も優れた特質の一つである。可視化は，この性質をもつとき，湯川先生が指摘される思想の凍結を未然に防ぐ手立てを具備した方法論を提供すると断言できる。

　科学技術にとどまらず，人文社会学の諸分野で発生する大規模データを視覚化の対象に拡大しようとする情報可視化 (information visualization) の分野でも世界をリードしてきた米国PARCのグループは，その技術の本質を，知識の晶化 (knowledge crystallization)[3] ということばで説明している。その効果を保証していくためには，第一人称性を確保すること以外に有効な方策は考えられない。

4 協調的可視化

しかし，スーパーコンピュータ等を用いた高性能計算(High Performance Computing；HPC)技術やセンサネットワーク(Wireless Sensor Network；WSN)に代表される高度計測技術の発達を受け，対象となるデータは多次元・多変量となるだけでなく，当然のごとく時系列問題をも扱うために，そのサイズや複雑さは加速度的に増す一方である。可視化技術がもつ社会的インパクトの大きさを1987年に世界で初めて産官学界に向けて広く周知したViSC(Visualization in Scientific Computing)レポート[4]のフォローアップとして，2006年1月に刊行されたNIH/NSF Visualization Research Challenge(VRC)レポート[5]-[7]では，近年のこの状況を情報ビッグバン(information big bang)と称している。同レポートによれば，その発刊時においてすでに，2003年以降に生成されたデータだけを集計しても，それ以前に人類が生成した全文書のデータ量を凌駕し，しかもその90％以上がディジタルの形式をとるとのことである。その絶対量は，例えば2010年の1年間に新たに生成されるデータ量だけで0.988Zバイト(補助単位Z(Zetta)＝2の70乗)に達すると，米国の国立可視化分析論センター(National Visualization and Analytics Center；NVAC)は試算している。

VRCレポートは，このように過剰で複雑なデータを効果的に理解・利用するための可視化技術の開発こそ，今世紀に人類が挑戦すべき最も価値ある課題の一つと位置づけている。しかし，個々のユーザが独自のやり方で可視化を実行するとき，対象データの特徴が十全に表現されるような表示形式へ常に適切にマッピングされるどうかを確約することはできない。同一データからでも異なる情報量の可視化画像やアニメーションはいくらでも作成され得る。この多義性(potential explanations)[5]が，今日の可視化を本質的により困難なものにしている。

さらに，今日の地球規模の情報基盤(Global Information Infrastructure；GII)を形成するインターネットを介して自在に入手できるものは生のデータだけとは限らない。圧倒的に情報伝達密度の高い視覚情報に，情報の発信側で原データを変換してしまうケースは今後もますます増えてくるだろう。となると，情報の受信側はどういう行動をとるだろうか。自らの手で可視化する手間を避けて，提供されるままに第三者の図的解釈を鵜呑みにする性向をもつとは言えまいか。専門性のスペクトルが拡大したユーザ達による情報の流通にあっては，さらに確度を失った結果がより大きな誤解を連鎖的に生み出しかねない。インターネットの登場によって，湯川先生が心配された思想の凍結がかえって助長される危険性が今後増し続けていくことはないと，誰が断言できるだろうか。

大型計算機のオペレーティングシステムの開発等における多大な功績が認められて，1999年にACM(米国計算機学会)から情報科学分野のノーベル賞と言われるチューリング賞を授与された，米国ノースカロライナ大学チャペルヒル校のF.P.Brooks,Jr.教授は，IEEE Visualization'93国際会議の基調講演で，可視化について以下のように述べている。

『可視化は，人間の知識増幅(Intelligence Amplification；IA)のツールとして成功してきた。未だ効果半ばの人工知能(Artificial Intelligence；AI)よりも高い価値をもつ。』

この図式"IA＞AI"を，ここではF.P.Brooks,Jr.の不等式とよぶことにする。肉眼のもつ能力

の限界を超えて，遠い星を観測するために望遠鏡が開発され，また極微の世界を覗き込むために顕微鏡が開発されてきたのと同様に，可視化も確かにデータに潜む見えない対象を視るためのツールとして，これまで多くの人間の知的判断を増強してきた事実を，このF.P.Brooks,Jr.の不等式は端的に言い表している。しかし，情報ビッグバンの最中にあって，上述した可視化の第一人称性を維持していくには，より遠くの星やより小さな世界をとらえるために，さまざまな原理を利用した望遠鏡や顕微鏡が次々と開発されてきたのと同様に，可視化にもまた革新的な原理の導入が必要ではないだろうか。F.P.Brooks,Jr.の不等式を破ることにつながるかもしれないが，実はそれがAIやその境界領域の研究開発から生まれてくるのではないかと，著者は常々考えてきた[8]。

4.1.2 可視化ライフサイクルと協調的可視化

VRCレポートでは，可視化発見プロセス(visualization discovery process)の枠組みを呈示して，『人間の空間的な推論・決定能力を比喩的に(metaphorically)増強(bootstrapping)すること』により，『パターンの検出や状況の的確な把握，タスクの優先順位付け』を可能にする，IA技術としての可視化の性格を明らかにしている(図-4.1)。この可視化発見プロセスは，データと可視化，ユーザが三位一体となっている点で，ユーザの役割が明示されていなかったViSCレポートのデータフローパラダイム(dataflow paradigm)から大きく前進している。「可視化」を通じて画像化されることで，「知覚・認知」されたデータはユーザの「知識」となり，その拡充を求める「探査」によって，ユーザはさらに望ましいハードウェアやアルゴリズム，特定のパラメータ値等を「仕様」化し，可視化を改良する可視化ライフサイクル(visualization lifecycle)が明確にモデル化されている。理想的には，可視化は計算・計測の後処理だけでなく前処理にもなるべきである[9]。

この枠組みは，今後の可視化研究開発に対する多くの示唆を含んでいる。まず，本質的にユーザの介入を許していることから，可視化技術のレベル向上は，半導体デバイスの性能向上を支配すると言われるムーアの法則(Moore's law)には馴染まない。その代わりに，人間の知覚，認識の本質や制約，効果に関する知覚心理学の研究成果の積極的な導入を勧めている。また，4KディスプレイやHDR(High Dynamic Range)ビデオに代表される高解像度・高精細

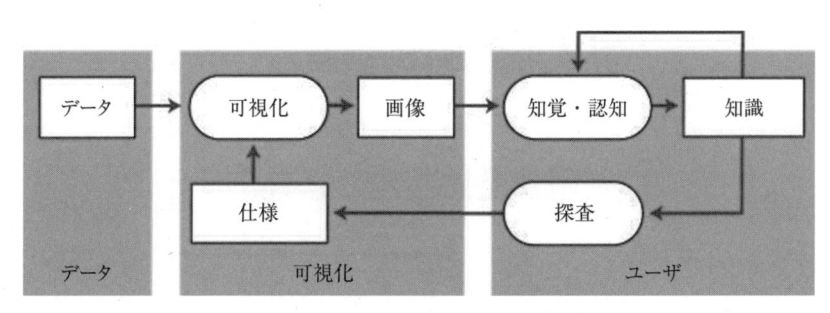

図-4.1 可視化発見プロセス[5),7)]

化技術，聴覚や力覚等の多感覚情報呈示，ユビキタスデバイスによってもたらされる可搬性，高速ネットワーク利用等の急速な進展を常に迎い入れることによって，表示効果の継続的な向上が図れるとしている。

しかし前項でも触れたとおり，可視化の技術的本質は視覚マッピング(visual mapping)にある。すなわち，与えられたデータに潜在する対象の特徴的な構造や挙動に関する情報を効果的にとらえられるような視覚形式へ如何にして適切に変換するかについて考えることが重要である[2]。**図-4.1**では中間的に得られた知識からの探査へのフィードバックは明示されているが，「可視化」ステージそのものは詳述化されていない。そのような視覚マッピングを実現するためのトップダウン設計は通常，**図-4.2**に示すような，自己フィードバックをもつ3ステージのプロセスから構成できる。

まず概念設計では，ユーザが自身の可視化目的を同定し，それを達成するためのおおまかな方針を決定する。それに従って，次の構成設計で具体的な可視化プリミティブ(visual primitive)を選定し，標的データをそれに変換する。可視化プリミティブは自身の視覚属性(形状や色，半透明度等)に関する制御パラメータをもつので，望ましい可視化結果を得るには適切なパラメータ調整も欠かせない。

そこで，従来はユーザ自身の手に委ねられていた，この一連の設計プロセスをソフトウェア側が知的に支援することによって，ユーザに大規模で複雑なデータを第一人称的視点から効果的に探査させることができると考えられる。このような可視化環境を協調的可視化環境(Cooperative Visualization Environment；CVE)[10]とよぶことにする。協調的可視化は，同じ目的をもつグループユーザが，バーチャルリアリティ(virtual reality)や遠隔可視化(remote visualization)の環境を介して，同一のデータを協力して可視化する協同可視化(collaborative visualization)とは異なる概念であることに注意されたい。ただし次節で説明するように，知的可視化ソフトウェアを介して，複数のユーザは効果的な可視化資源の恩恵を共有することができる。

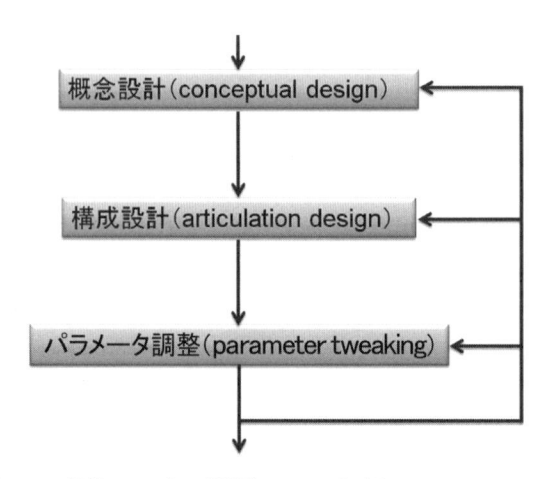

図-4.2 視覚マッピング設計のトップダウンフレームワーク

本章の残りでは，これまで著者らによって進められてきたCVEに関連する研究開発の最新成果を，**図-4.2**のトップダウンフレームワークにそって紹介することにする。次節ではまず，主として上流の概念・構成設計を直接的に支援するとともに，可視化ライフサイクル全体の管理を目指したCVEであるVIDELICETシステム[11]のプロトタイプを，その階層的出自管理機能を中心に紹介する。続いて4.3節では，下流のパラメータ調整フェーズの半自動化技術として，時系列ボリュームデータに対して微分位相幾何学の知識を援用する一連の取り組み[12]について概説する。なおどちらに対しても，フルードインフォマティクスに関連した可視化事例を採り上げ，その効果を例証する。

4.2 VIDELICETによる可視化出自管理

可視化は直感的にデータを理解させる点で知識発見にとって必要不可欠な道具となっている。しかし，可視化のユーザは必ずしも可視化技術そのものの専門家ではなく，洞察に富む可視化結果を常に得られるとは限らない。しかも，たとえ個々には満足のいく結果画像やアニメーションが得られたとしても，一連の研究の流れのなかで利用した可視化プログラムや肝心の覚書と関係付けて一貫して管理しない限り，折角得られた知見を散逸させてしまう可能性が指摘されている。

このような背景から開発されているCVEがVIDELICET（VIsualization DEsign and LIfe CyclE managemenT）である。VIDELICETは，旧来の流動可視化技法を体系化し，その適用可能性や効果を評価するために，専用のオントロジを導入した設計空間を導入するとともに，成功事例のリポジトリを公開することによって，ユーザの経験の多少にかかわらず目的に合致した手法とそのワークフローを選択させる支援機能をもつ。さらに，複数ユーザによって階層的に構成されるプロジェクトの可視化ライフサイクル全体を通して，出自情報を詳細に記録し，プロジェクト全体にその閲覧と再利用を許す機能を提供している。

4.2.1 階層的可視化出自モデル

出自（provenance）とは，データや表明（assertion）を再現するために必要な一切の情報をさす。英語では，audit trail, lineage, pedigree とよばれることもある。可視化に係る出自は，ある結果の画像やアニメーションを再現するために必要な原データと，それを可視化するワークフローや可視化パラメータ値の集まりである。結果の画像やアニメーションを観察することによって得られる知見を含む場合には，観察部位や読図の詳細が追加される必要がある。**図-4.3**にVIDELICETのシステムアーキテクチャの基礎を与える階層的可視化出自モデル（hierarchical visualization provenance model）[13,14]を示す。

VIDELICETは，視覚解析プロジェクトに属する複数のユーザによる協同作業を前提としている。各プロジェクト（project）には，一人の管理者と複数の通常ユーザが含まれる。通常ユーザはそれぞれ単一のデータを扱うが，管理者はプロジェクトの全データを閲覧・編集で

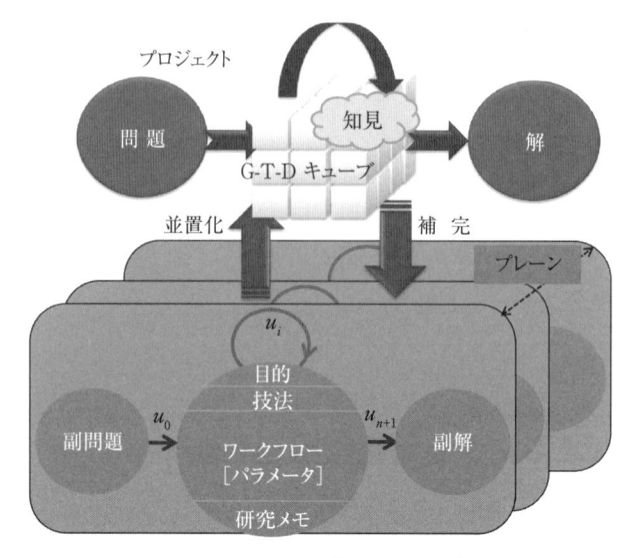

図-4.3　階層的可視化出自モデル

きると仮定する。通常ユーザは複数のグループに参加可能であるが，ログイン時に指定するグループによってデータへのアクセス権が異なるものとする。

図-4.3に示すように，現行の出自モデルでは，各プロジェクトを2層から構成し，各プロジェクトは一つ以上のサブプロジェクトを表すプレーン（plane）に分割可能とする。各プレーンの親プロジェクトは一意に決定される。同型のマルチフィールドデータセットを取り扱うときにプレーンは同型と定義する。簡単のため，プロジェクトの各プレーンは，個々に単一のデータセットだけを取り扱うと仮定する。

あるプロジェクトのプレーンにおいて，試行錯誤するユーザの視覚解析過程は，可視化の状態を表すバージョン（version）をノード，その間の遷移をリンクでおのおの表現したバージョンツリー（version tree）の形式で記録される。ここでルートは，まだ可視化が実施されておらず，プレーン固有のデータセットを伴う副問題が規定されているだけの初期状態を表す特別なノードである。この副問題を複数の目的で再規定した後，各目的は個々に専用の可視化ワークフローによって達成されるものと仮定する。

実際に通常ユーザは，システムの目的指向可視化設計支援機能が推奨する適切な技法によって，自身の視覚解析を開始する（**図-4.3**のリンクu_0に相当）。システムの知識ベースは，Wehrendマトリックス（Wehrend matrix）とよばれる可視化技法分類[15]を拡張した可視化オントロジ（visualization ontology）[16),17)]に基づき，標準的な流動可視化技法と対応するテンプレートワークフロー（workflow）を組織的に格納している。Wehrendマトリックスは，どのような可視化を行うかを表す動詞actionと，何を可視化するかという目的語targetの組み合わせによって可視化目的を直截的に表現するもので，文献18)では百数十件の可視化事例を分類する際の構造的索引として利用され，その効果が実証されている。本オントロジは，流

4.2 VIDELICETによる可視化出自管理

動可視化を対象とする観点から，

① オリジナルのactionとtargetの語彙を洗練化するとともに，targetとなる物理場から勾配や渦度等の導出場をsubtargetとして明示的に指定できるようにした

② 対象データの流動様式(定常流/非定常流，単時刻/時系列)，データ特徴(次元，格子構造，サンプル点数)，可視化優先条件(品質/計算速度)，出力様式(静止画/アニメーションの別)を加味することにより，可視化技法をより詳細に分類した

2点が特徴的である。

ユーザがそのオントロジの属性値から構成される設計要求指示(design directive)を発行すると，システムはそれを知識ベースへの照会文に翻訳し，対応する推奨可視化技法リストを，これまでの適用成功事例の統計に基づいて優先順位付で戻す。例えば，「2次元定常流を表す直交格子データから流速"vector"フィールドと圧力"scalar"フィールドを"associate"」する要求に対しては，圧力をカラー情報に変換した，矢線表示(arrow plots)，流線表示，線積分畳込み法(Line Integral Convolution；LIC)，等の技法が順に推奨される。しかも，推奨技法リストはユーザのスキルレベルに応じて適応的に作成されるので，初心者にはわかりやすい技法に限定される一方，経験者には古典的な技法だけでなく，最新の技法も推奨される。そしてユーザがこのリストから適当な技法を選択すれば，システムは対応するワークフローを自動的に実行し，最初の可視化結果u_1を戻す。この支援機能は，ユーザ自身による後続の可視化作業によって効率的かつ効果的に最終結果を得るための適正な初期結果を設定する点でたいへん重要な出自管理の役割を果たしている。

後続のバージョン更新(versioning)の中間状態は，目的，技法，ワークフロー，パラメータ，覚書の5つの要素から構成され，ユーザ自身の視覚解析過程を記述する。バージョン更新には，ワークフローの編集，関連パラメータ(アフィン変換，伝達関数，視点，照明，その他技法固有(idiosyncratic)のパラメータ)の調整に加え，目的の変更，技法の再選択，そして，新たな観察による覚書の変更の計5種類が用意されている。もし同一型の別データを解析する必要が生じた場合には，プレーン間バージョン更新(inter-plane versioning)とよばれる特別なリンクを用いて，次の状態をルート(初期状態)とする別プレーンへ例外的に遷移することも許されている。

ここでユーザは，システムのケースリポジトリ(case repository)を探索し，すでに他者によってカスタマイズされたワークフローやパラメータ値を利用して効率的なバージョン更新を行うこともできる。このショートカット操作はとくに，例示による設計(Design by Example)とよばれ，VIDELICETの可視化設計支援を特徴付ける機能となっている。

このような過程がn回繰り返された後，最後の状態遷移u_{n+1}でユーザは満足のゆく副問題解決に到達する。得られた最終の「知」は出版の対象となる。

ユーザは任意の時点でバージョンツリーの縮合(condensation)を実行できる。不要なバージョンを消去すると，そこから派生したすべてのバージョンも同時に消去されるだけでなく，ケースリポジトリに登録されていた関連情報も消失する。加えて，参照/再利用可能フラグ

の状態が直前のバージョンに継承される。参照可能なバージョンは後述する並置化の対象となる。また，適用された技法ごとにたかだか1つ指定可能な再利用可能バージョンはケースリポジトリに登録され，後続のプロジェクトに供され，システムの自己改善に貢献する。なお，デフォルトの再利用可能バージョンは最新タイムスタンプをもつバージョンとする。

一方，管理者は図-4.3に示すような並置化(juxtaposition)とよばれる操作によって，複数の通常ユーザが実行した最新の可視化結果を収集し，G(oal)-T(echnique)-D(ataset)キューブとよばれる3項関係を生成することができる。ここで並置化は，CADデータベースにおいて，現在利用可能な部品群から最新製品を組み立てる操作である構成(configuration)[19]の特別な場合とみなせる。下層のバージョン更新とこの並置化の組み合わせることによって，VIDELICET特有の階層的バージョン更新(hierarchical versioning)が実現される。なおシステムは，ユーザによって指定される最適なワークフローとパラメータ値をもつ最新の参照可能バージョンだけを並置化の対象とする。

管理者は，このG-T-Dキューブを，2次元のスプレッドシート型インタフェースを介して効率的に閲覧できる。G-Dの表は，T-Dの表のセルをすべて含む。T-Dの表は目的ごとに切り替える。G-Tの場合には，データセットごとに表示を切り替えるが，不適合なセルが発生する可能性があることに注意されたい。さらに，データの視覚差分(optical difference)や異なる目的(技法)による可視化結果の重畳(superimposition)等の可視化コンテンツ専用操作により，鳥瞰的な立場から元の問題に対する知見を得ることができる。これは上層特有のバージョン更新を与える。

ここで，スプレッドシート上の"Not Found"セルは，評価時において対応する可視化が下層の対応プレーンで未実行であることを意味する。この場合，管理者は補完(complementarity)とよばれる操作を実行し，関連する出自情報をもとに，対応する可視化結果を，対応ユーザに依頼することなくただちに生成できる。そしてその直後に並置化を実行すれば，補完されたスプレッドシートが得られる。

4.2.2 システムアーキテクチャ

VIDELICETシステムは，図-4.4に示すようなクライアント-サーバアーキテクチャを採用している。ログインすると，ユーザはランチャを介して，二つのキーサブシステムであるGADGET/FVかProject Viewerのどちらかが提供する機能を利用することができる。

GADGET(Goal-oriented Application Design Guidance for modular visualization EnvironmenTs)の初期バージョンには，スカラ場の可視化を中心としたGADGET[20]，情報可視化を対象としたGADGET/IV(Information Visualization)[21]が存在するが，VIDELICETでは流動可視化に特化した最新のGADGET/FV(Flow Visualization)[16,17]を利用しており，実際の可視化は，代表的な商用モジュール型可視化ソフトウェア(Molular Visualization Environment；MVE)[22]であるAVS/Express7.0のモジュールネットワークに委ねられている。

一方Project Viewerは，Project Managerと組んで，可視化対象データ，可視化設計情報，

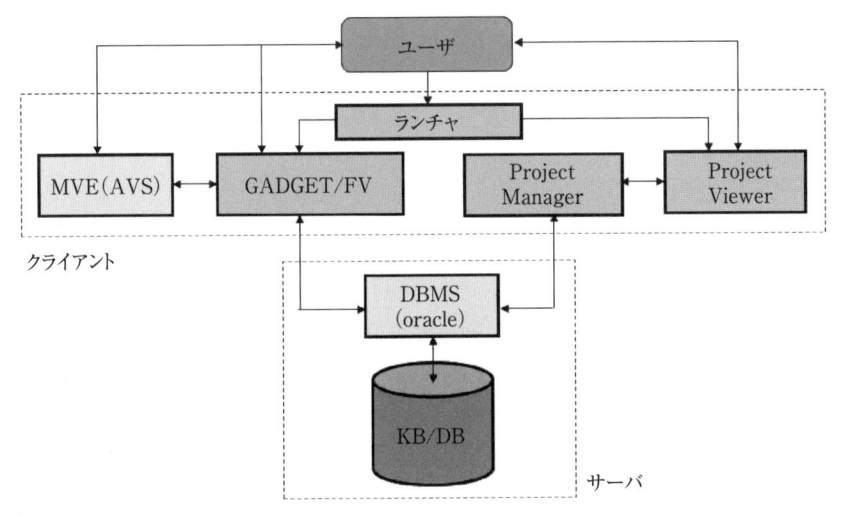

4.2 VIDELICETによる可視化出自管理

図-4.4 VIDELICETのアーキテクチャ

結果画像・アニメーション，覚書等を経時的かつ一元的に管理する。GADGET/FVとProject Managerは，サーバ上のデータベース管理システムORACLE 10gを介してデータ交換を実行することにより一貫性を保持する。システムの知識ベース/データベース(KB/DB)は，全プロジェクトにおけるユーザプロダクトの実体を格納しているが，可視化技法の分類学的知識ベースやユーザの代表的な可視化事例を網羅したケースリポジトリもここに含まれる。

各プロジェクトに対して，UNIX流の読み(バージョンツリーの閲覧)，書き(バージョン更新)，実行(バージョンの再実行)に関するアクセス権が，所有者，グループ，その他に対しておのおの設定できる。所有権は通常，グループ管理者に設定される。システムにログインした各ユーザには，参加プロジェクトごとにreadableなディレクトリに限定したビューが与えられる。

前項で説明したVIDELICETの可視化出自モデルは，あらかじめ決められた可視化技法に関するパラメータ調整を追跡するだけのP-Setモデル[23]よりも確実に記述する対象の幅を拡げている。また，階層的データ管理とバージョン更新におけるユーザ介入の制限から得られるスケーラビリティ(scalability)の点で，VIDELICETは米国ユタ大学SCIのVisTrailsシステム[24]やSDSCのKeplerシステム[25]の出自モデルよりも一歩進んだ可視化と知の追跡可能性(traceability)を有していると考えられる。一方，階層的出自管理のための可視化タスク分析は，後述する視覚分析論を標榜するIBM T.J.ワトソン研究所のHARVESTシステムでも検討が進められている[26]。

4.2.3 実 行 例

本項では，第2章で紹介されたハイブリッド風洞で生成された2次元角柱後方流れデータに現れるカルマン渦列の解析にVIDELICETを適用した事例を紹介する。

4 協調的可視化

ここではまず，入力された対象ファイル，可視化目的（"identify" + "scalar"），対象フィールド（pressure），次元（2D）を含む可視化設計要求指示に対して，サブシステム GADGET/FV が複数の効果的な可視化技法を提案している（図-4.5(a)）。

ユーザが推奨技法リストの中から colored contours（色付き等高線）を選択した後，Case examples ボタンをクリックすると，ケースリポジトリ内で管理されている過去の可視化事例のうち，この要求に合致した公開可能な事例が検索され，サムネイル画像とともに提示される（図-4.5(b)）。これらを順に閲覧することにより，ユーザは同技法の視覚効果を事前に確認できる。さらに，選択したサムネイル画像を右クリックすれば，対応する事例を生成した際の条件を可能な限り継承して，同一の AVS モジュールネットワークをユーザが指定したデータセットに適用した可視化結果を直接得ることもできる。

ここで，サブシステム Project Viewer を利用すれば，得られた可視化結果を永続化することができる。実際，プロジェクト名に加え，解析目的やデータに関する覚書を入力すると，元の可視化設計要求指示内容に併せて，選択された可視化技法と対応 AVS モジュールネットワーク，結果画像等が記録されたバージョンを含むプロジェクトが生成される（図-4.6(a)）。

個々のプロジェクトでは，可視化技法の変更やパラメータ調整などの更新履歴をツリー構造で管理することができる（図-4.6(b)）。ツリーの各リーフはバージョンを，また破線のアークは目的や技法の変更，実線は伝達関数等のパラメータの変更をそれぞれ表している。ここでは colored contours を用いた圧力場の可視化（上段）に加え，途中から colored arrow plots を用いた速度場の可視化（下段）も実行していることがわかる。

このようなバージョン更新により，プロジェクトの進展を追跡することができる。また必要に応じて，任意の時点のバージョンから，異なる系列の可視化を生成することも可能である。現行システムでは簡単なバージョンツリー編集機能も提供している。なお，図-4.6(b)で各段の最新バージョンの枠線がハイライト表示されるが，これはこのバージョンが技法ごと

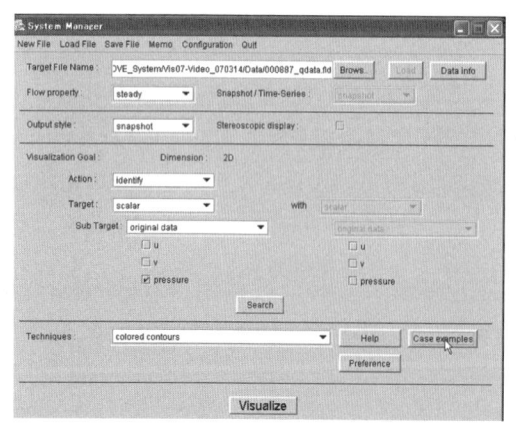

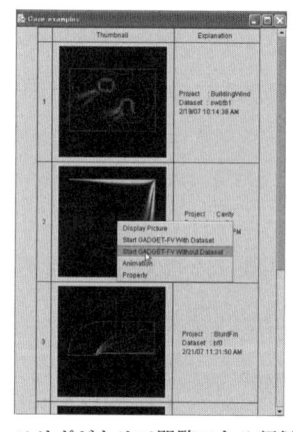

(a) 設計要求指示に対する推奨技法の呈示 (b) ケースリポジトリで閲覧できる類似成功事例

図-4.5　GADGET/FV の「例示による設計」

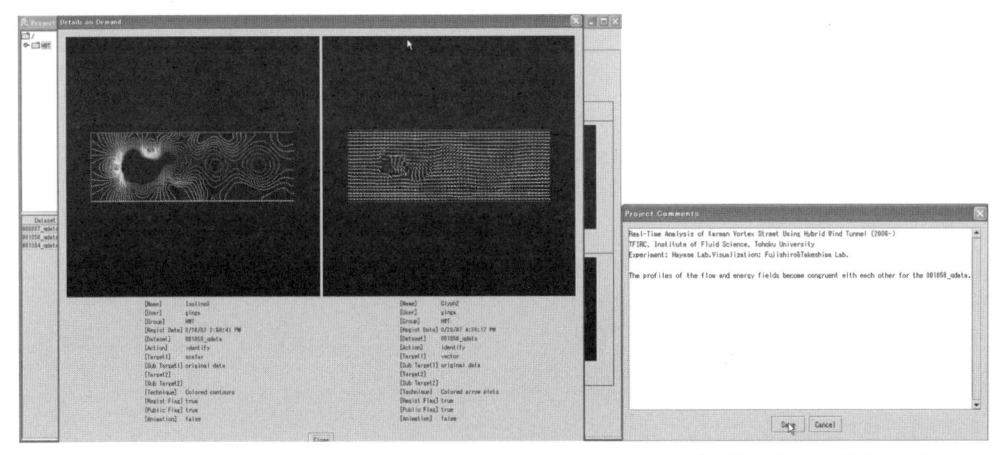

(a) 特定データセットの流速ベクトル場と圧力場の拡大比較 (b) 管理者による覚書の更新

図-4.8 オンデマンド詳細比較表示

4.2.4 より高度な出自管理とユーザ支援を目指して

　VIDELICET システムは，従来のデータフローパラダイムに準拠した，単純な可視化設計・実行にとどまらず，マルチユーザによる中長期的な可視化ライフサイクル全体を支援する環境を提供する．しかも，データや可視化ワークフローの共有化だけでなく，可視化設計に関する経験や知識も，ケースリポジトリを介してユーザに公開する機能をもち，より先進的なオープンサイエンス(open science)の素質を具備していると考えられる．オントロジに裏打ちされた適正な初期可視化の選択や，再利用可能バージョンに限定したケースリポジトリ公開，参照可能バージョンだけを対象とした並置化は，バージョン更新におけるスケーラビリティの実現に少なからず寄与するが，ユーザによる無制限なパラメータ調整も避けるべき重要項目である．そこで VIDELICET では今後，次節で説明する微分位相特徴解析ベースのさまざまなフィルタをもテンプレートワークフローに組み込み，適正なパラメータ値の選択までシステム側が推奨する CVE 機能を実現する予定である．

　また，オントロジの自然な拡張によって，可聴化(sonification)や可触化(haptization)等の多感覚情報呈示や並列可視化技法のサポートも期待されている．さらに，スプレッドシート特有の集約・統計演算を可視化向きに拡張し，より高度な階層的バージョン更新を可能にするとともに，バージョンツリー自身の部分類似検索を利用して，視覚解析の展開ノウハウをユーザに再利用させる機能を実現する挑戦的課題が残されている．

4.3 位相ベースの可視化パラメータ調整

　著者らは，大量の時系列ボリュームデータから有用な特徴を探り出すために，ボリュームデータマイニング(Volume Data Mining；VDM)[27), 28)] のツール群も VIDELICET と並行して

開発してきた[12]。そこでは，ボリュームデータの汎用的な視覚探索環境を実現することを目的として，データの局所的な性質だけでなく，大局的な傾向も同時に把握することができる特長をもつ微分位相幾何学(differential topology)[29]の知見に基づくという一貫した姿勢をとってきた。その中心となるデータ表現は，スナップショットボリュームの位相骨格を表現するVST(Volume Skeleton Tree)[30]である。VSTは，等値面(isosurface)の生成・消滅・併合・分岐を特徴づける臨界点(critical point)間の接続関係を表現したレベルセットグラフ(level-set graph)[31]の一種である。著者らは，独自の適応的四面体分割と位相骨格の簡単化に基づいて，複雑な内部構造やノイズ成分をもつボリュームデータからでも，効率的かつ頑健に多重解像度のVSTを抽出するアルゴリズムを開発した[32,33]。

4.3.1 位相強調型ボリュームレンダリング

図-4.9は，ある3次元の解析関数[30]を対象データの例にとり，位相強調型ボリュームレンダリング(topologically-accentuated volume rendering)[34]を適用する手順を示している。まず対象ボリュームに微分位相解析を施すことによって，同図(b)に示すような対応VSTが得られる。このボリュームの場合，フィールド値を降順に辿ると，等値面の生成に対応する2個の極大点(上向き三角形のノード)，等値面の併合を表す2個の鞍点(上向き五角形のノード)，等値面の分離を表す1個の鞍点(下向き五角形のノード)，有限矩形領域外で等値面の消失を表す1個の仮想極小点(下向き三角形のノード)の計4種類6個の臨界点からVSTが構成されていることがわかる。これは3次元位相球に対する臨界点に関するオイラー - ポアンカレの公式(Euler-Poincare's Formula)を確かに満たしている。これらの臨界点を結ぶ各エッジは，等値面の連結成分がスカラ値にそって掃引する位相的に同値な部分ボリューム，すなわち区間型ボリューム(interval volume)[35](の連結成分)を表している。この区間型ボリュームの中央フィールド値の等値面は代表的な位相特徴を表現しており，代表等値面(representative isosurface)とよばれる[36]。

位相強調型ボリュームレンダリングでは，この代表等値面を強調するように関連可視化パラメータ値を順に適正化する。まず，スカラ値に対して色や不透明度を決める伝達関数(transfer function)の強調は投影前に無条件に考えることができる。色相変化の角速度が一

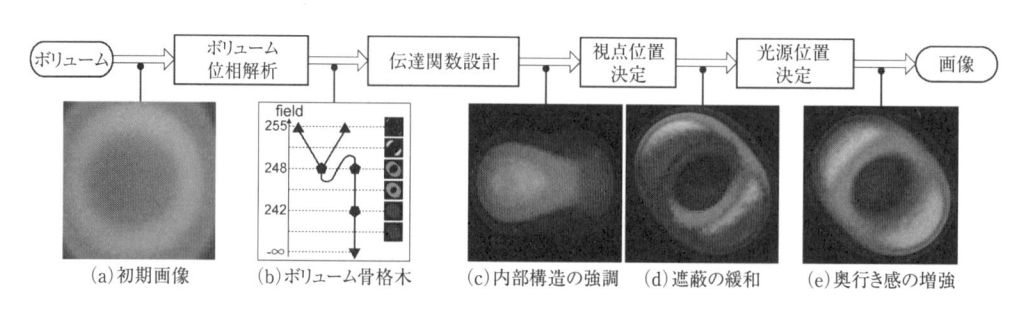

(a) 初期画像　(b) ボリューム骨格木　(c) 内部構造の強調　(d) 遮蔽の緩和　(e) 奥行き感の増強

図-4.9 位相強調型ボリュームレンダリングの手順

定な色伝達関数と平坦な不透明度伝達関数を適用した図-4.9(a)では，ボリューム内部が不明瞭に投影されている．そこで，色相変化の角速度を代表等値面付近で相対的に高くとるとともに，対応する不透明度にも山型の強調を加えると，同図(b)で解析されていた個々の代表等値面が浮き出てくることがわかる[30),34)]（同図(c)）．なお，スカラ値にそった臨界点の個数分布から臨界点ヒストグラム(critical point histogram)[37)]を導出し，それを参照することによって，臨界点を含む等値面，すなわち臨界等値面(critical isosurface)[36)]を強調することも可能である．

しかし，この位相特徴が互いに遮蔽する方向から投影していたのでは思うような観察はできない．そこで次に，ボリュームビューエントロピー(volumetric view entropy)とよばれる特徴量の極大化原理に基づいて，望ましい視点位置を自動決定する[38)]．実際同図(d)では，同図(c)よりも各代表等値面が隠れることなく観察可能であることがわかる．そして最後に，投影された等値面に一定の奥行き感(depth cue)を与えるために，ボリューム照明エントロピー(volumetric illumination entropy)を極大化する位置に照明を配置し，高いコントラストの描画結果を得る[39)]（同図(e)）．GPU(Graphical Processing Unit)がもつテクスチャマッピングを利用すれば，リアルタイムのボリュームレンダリングが利用可能になった現在でも，これらの可視化パラメータのすべてを手動で決めるタスクは効率的であるとは言えない．VSTを参照する位相強調型ボリュームレンダリングは，結果画像の情報量に一定の保証を与える点で，高度な出自管理を実現する半自動化技術とも言える．

4.3.2 VDMツール

VSTが保持する情報を効果的に参照して，より高度な視覚解析機能を実現したVDMツールの例を以下に四つ示す．

① 最適断面生成[40),41)]：臨界点やリンクに相当する区間ボリュームの連結成分の重心をなるべく多く通過するように断面をとれば，重要な位相特徴が観察可能な断面が生成できる．

② 等値面の包含関係の抽出[42)]：VSTの特定リンクパターンを解析することにより，同一のスカラ値をもつ等値面の連結成分同士が入れ子状をなす埋め込み(embedding)を効果的に同定することができる．深い位置にある連結成分の不透明度を相対的に高く設定すれば，浅い位置の連結成分による隠蔽を緩和できる．

③ 区間型ボリューム分解(interval volume decomposition)[43)]：VSTを仮想極小点から組織的に走査することによって，対象ボリュームを外側から順に区間ボリューム単位で取り除いていくことができ，位相ベースのボリュームブラウジング環境を提供できる．

④ 多次元位相属性[44),45)]：VSTに直接的に記述されている臨界点の分布に加え，VSTから導出される等値面の包含レベル・軌道距離・種数変化等の位相属性を複数組み合わせた多次元伝達関数(multi-dimensional transfer function)を用いることによって，対象ボリュームの局所的かつ大局的な特徴を効果的にレンダリングできる．

4 協調的可視化

ここでは，最後の多次元伝達関数の効果を示す事例を採り上げよう。図-4.10は，レーザー核融合の爆縮シミュレーションから得られた，ある特定時刻の質量密度データ[44),45)]の可視化結果である。この質量密度データの等値面は燃料とプッシャーの接触面を表しており，あるスカラ値区間では，複数の等値面成分のうち一つの等値面成分がその他の等値面成分を包含することが知られている。このとき外側の等値面成分は燃料とプッシャーの作用・反作用によって生じる不要な面であり，観察者の主たる興味の対象は内側の等値面成分に限られる。

図-4.10(a)に，この爆縮シミュレーションデータのVSTを示す。リンク横の数字は対応するリンクの入れ子レベルを表す。このVSTはすでに簡単化が施されており，爆縮データの大局的な構造を効果的に表現している。まず，上述した山型の1次元不透明度伝達関数を用いて代表等値面を強調したボリュームレンダリング画像を図-4.10(b)に示す。この図からは，一定の内部構造が視認できても，外側の球状の等値面成分が全体を覆っているため，実際に観察したい入れ子構造の内部が見えにくい。これに対し，図-4.10(c)のように従来のスカラ値に加え，VSTの入れ子レベルを定義域とする2次元伝達関数を用いて，外側に存在する等値面成分の不透明度を相対的に低くとると，先の例では観察しにくかった内部構造を明瞭に可視化することができる。さらに図-4.10(d)のように，入れ子レベルが0のとき不透明度が0になるように不透明度伝達関数を制御すれば，入れ子構造の内部だけを視覚的に切り出すこともできる。

(a) VST　(b) 位相構造を強調したスカラ値を変数とする1次元不透明度伝達関数を用いた結果　(c) スカラ値および入れ子レベルを変数とする2次元不透明度伝達関数を用いた結果　(d) 入れ子の内部構造だけを強調する2次元不透明度伝達関数を用いた結果

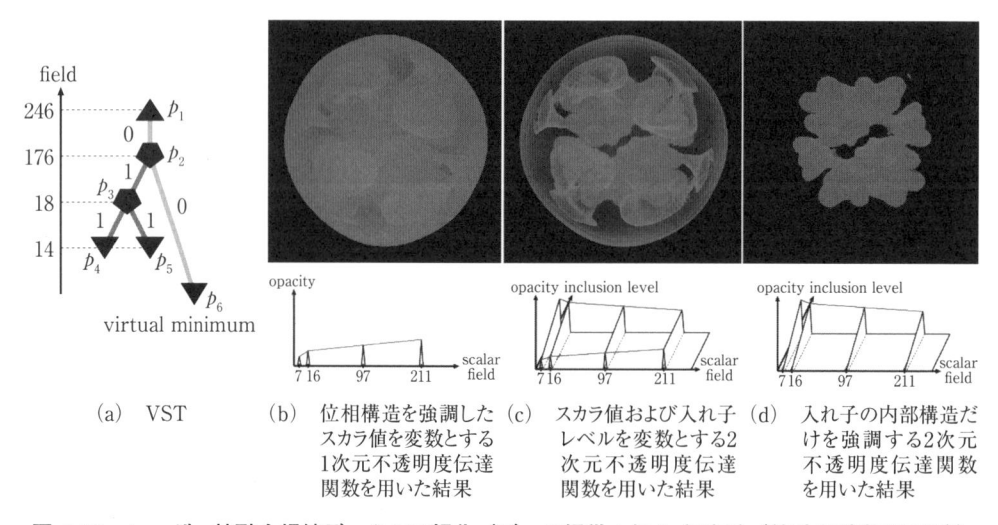

図-4.10　レーザー核融合爆縮データの可視化（データ提供：坂上 仁志氏（核融合科学研究所））

4.3.3 ハイブリッド風洞への応用

本項ではふたたび，ハイブリッド風洞の角柱後方流れに発生するカルマン渦を採り上げ，時間変化する圧力場の微分位相情報に基づいて視覚解析した結果[10)]について紹介する。

一般に，スカラ場の最小値から最大値までを線形に色づけする伝達関数では，非線形でダ

4.3 位相ベースの可視化パラメータ調整

イナミックレンジが広い対象場の特徴を識別することは難しい。マルチパスが許されるならば，時系列全体を通して単一の伝達関数を設計することもできるが，この大局的な手法はハイブリッド風洞のようなリアルタイム処理には適さない。そこで，時間方向の一様性を犠牲にしても，時刻ごとに伝達関数を調整し，スカラ場の特徴をトレースできるような段階的な手法を考える。

流れ場に伴う圧力場では，流れに一定の強さが保証されれば極小点が渦中心とほぼ一致する事実が知られており，圧力場から臨界点を抽出することで，カルマン渦列を同定することができると考えられる。実際ハイブリッド風洞で，フォグジェネレータを用いてオイルミストを発生させて実計測された流脈線に，計測融合シミュレーションから得られた圧力場とそのVSTを重畳した結果を**図-4.11**に示す。このような表示は，実際の流れ場に，観測不可能な圧力場を重畳して，両者の因果関係を解析しやすくする複合現実(mixed reality)型の並置化[46]の代表例である。

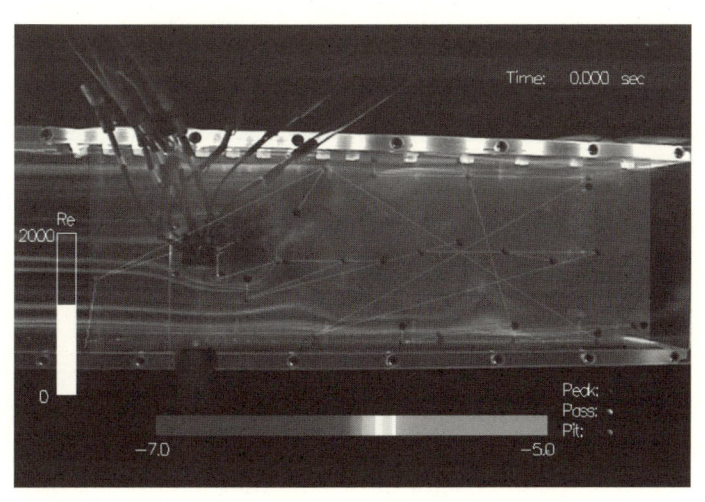

図-4.11 ハイブリッド風洞における観測流跡線，計測融合シミュレーションされた圧力分布とそのVSTの重畳表示

流入速度を変化させても，各時刻のスナップショットボリュームに対して対応するVSTが生成できれば，その圧力の極小点ヒストグラムを参照して，渦中心の周りに相対的に多くの色数を割当てるような伝達関数を構成することで，渦構造を見失わないアニメーションが生成できると考えられる。そこで，ハイブリッド風洞内の圧力場の計測融合シミュレーション結果を，線形の伝達関数と本手法による適応的伝達関数を用いて疑似カラー表示した結果を**図-4.12**に並べて示す。本実験では，流入速度を変化させることによりレイノルズ数を順に3段階に変化させ，流れ場の状態を変化させた。同図から，線形な伝達関数では任意時刻のカルマン渦列を視覚的に追跡することができず，圧力場の詳細な分布を理解することは困難であることがわかる(**図-4.12**(a)，(c)，(e))。一方，本手法による適応的伝達関数では，レイノ

ルズ数にかかわらず任意時刻のカルマン渦列を視覚的にとらえられたことがわかる(図-4.12 (b), (d), (f))。

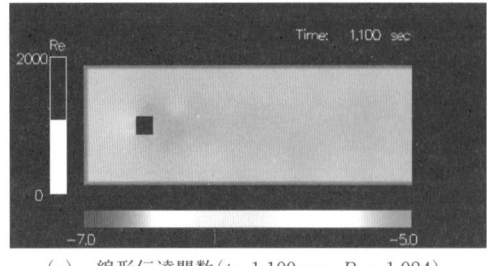

(a) 線形伝達関数($t=1\,100$ sec, $Re=1\,084$)
(b) 適応的伝達関数($t=1\,100$ sec, $Re=1\,084$)
(c) 線形伝達関数($t=6\,800$ sec, $Re=1\,856$)
(d) 適応的伝達関数($t=6\,800$ sec, $Re=1\,856$)
(e) 線形伝達関数($t=18\,000$ sec, $Re=100$)
(f) 適応的伝達関数($t=18\,000$ sec, $Re=100$)

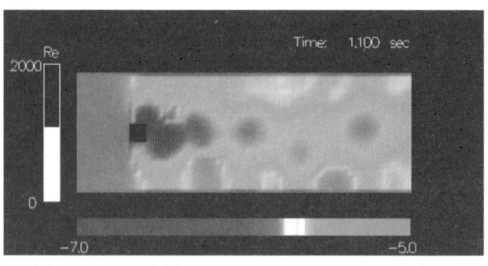

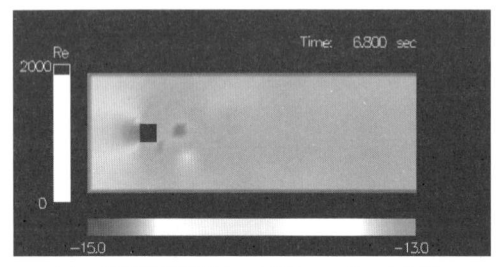

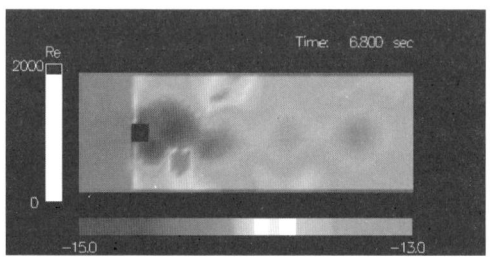

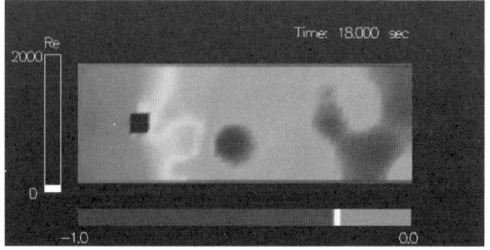

図-4.12 ハイブリッド風洞内における圧力場の疑似カラー表示

4.3.4 T-Map：時系列VDM

前項のように，スナップショットボリュームの可視化をいくら洗練化しても，大規模な時系列データのすべてを視覚的に比較することは難しい。そこで著者らは，微分位相幾何学の知見を時系列ボリュームデータへも拡張する試みを実施してきた。

図-4.13に，T-Mapとよばれる時系列VDMの枠組み[47), 48)]を示す。ここでは最初から対象の時空間をアニメーション化せず，その代わりに位相索引空間(Topological Index Space；T-IS)とよばれる帯状の時系列データプロファイルをユーザに提供する。T-ISを構成するには，まず各時刻のスナップショットボリュームから抽出されたVSTに対応する隣接行列と距離行列を固有値解析し，位相索引とよばれる特徴量に変換した後，擬似カラー符号化したもの

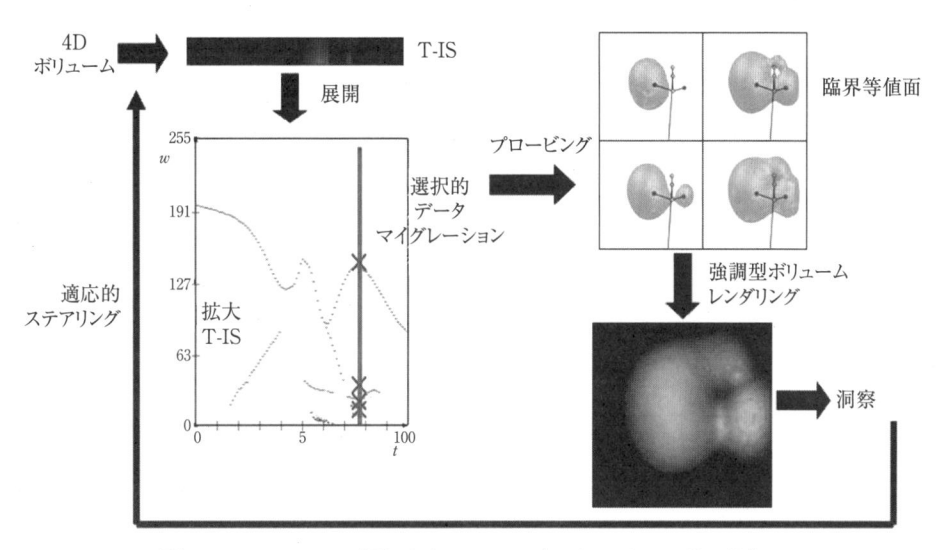

4.3 位相ベースの可視化パラメータ調整

図-4.13 T-Map：時系列ボリュームデータマイニングの枠組み

を一列に並べればよい．**図-4.13**では，水素原子に陽子を衝突させる数値シミュレーションにおける電子の電荷密度分布データ（1万ステップ）の時間変化を100分の1にダウンサイズしたT-ISが示されている．明るい箇所ほど位相的に複雑であることを示すT-ISから，位相的な意味で衝突に伴う複雑な現象が生じている部分時区間を視覚的に特定することができる．

次にこのT-ISを，位相変化を起こしているスカラ値を臨界点の種別ごとにトレースできる拡大T-IS（expanded T-IS）に展開（expanding）する．ユーザは特定された時区間内で今度は標的とすべきスカラ値の範囲を特定することができる．さらに同型の数値データが複数あるならば，T-ISや拡大T-IS同士を比較することにより，実際の可視化を行わなくても，物理パラメータ間の因果関係をおおまかに解析することが可能になる．

この時点で，高次記憶デバイスから仮想記憶領域に必要なデータフラグメントだけを選択的にロードする．このタスクを選択的データマイグレーション（selective data migration）とよぶ．その部分時空間に対して先鋭的にチューニングされた視覚パラメータを用いれば，情報量の豊富なアニメーションを効率的に制作することができる．このような「見せない可視化」（invisiblization）[49]は，大規模データ全体を力任せにすべて可視化しようとするout-of-core visualizationの概念と好対照をなしている．

さらにユーザは，アニメーションを観察した結果から，観察したい時刻を特定して，対応するスナップショットのボリュームを，上述のVDMツールを利用してプロービング（probing）することもできる．**図-4.13**では実際に，衝突直後に陽子から水素原子核に迂回して戻ろうとする，電荷の特徴的な歪みのパターンを伴う電子雲が得られている．

こうした一連の流れから得られた情報をベースにすれば，詳細に解析すべき時区間を限定して，より細かいタイムステップで，しかも必要ならば関連物理パラメータ値を調整したうえで，再計算を実行することができる．これが適応的計算ステアリング（adaptive computational steering)であり，このフィードバックループはCVEにおける情報ドリルダウン（information drill-down）の中核を構成する。

4.4 セレンディピティの科学を目指して

　本章では，ソフトウェア側がユーザと協調して，概念設計レベルからパラメータ調整レベルまで，適切な可視化を設計する方式を実現しようとする協調的可視化に関する著者らの取り組みについて紹介してきた。

　4.2節で概説したVIDELICETがもつ最大の特徴は，可視化評価の体系化として得られるオントロジに基づいて可視化応用設計支援を実現していることにある。可視化オントロジは，VRCレポート[5]でもとくに重要視されている研究課題の一つである。

　一方，4.3節で説明した微分位相ベースのVDMツールは，後段のパラメータ調整に有効な手段を提供しているが，今後VIDELICETにフィルタとして組み込むことによって，よりシームレスなCVEが構築できると考えられる。微分位相幾何学のような数理的原理の採用は，CVEの汎用化を進めるための基盤を与えるが，その一方で同ツールを特化し，現場で積極的に利用されるようにするには，分野固有の知識や経験を，基盤となる知識ベースに取り込む努力を同時に継続していく必要があることにも留意しておきたい。

　あらゆる領域で，計算資源の進歩に合わせて，ほぼ10年を一周期とするスパイラルのように，IAとAIは情報科学のイニシアチブを分け合ってきたように思う。しかし今後の10年間，可視化の分野では，AIへの回帰がより一層顕在化すると著者は断言する。実際，統計，数学，知識表現，管理・発見技術，知覚・認知科学，決定科学等の知見を取り込みながら，高度な対話的視覚インタフェースを用いた解析的推論を築く科学として，視覚分析論（Visual Analytics；VA）[50]が登場してきている。VAの使命は，巨大で動的，時に自己矛盾を起こしているような複雑なデータから，予期されることを検出するだけでなく，予期できないことも同時に発見し（To detect the expected, and to discover the unexpected），時機を得た評価を効果的に共有して行動に移すための環境を提供していくことである。CVEが視覚分析論環境（Visual Analytics Environment；VAM）として結実すれば，前掲のF.P. Brooks, Jr.の不等式は，確実に"IA＜AI"と書き改められることになるだろう。

　90年代の半ば頃，IEEE Visualization国際会議では，可視化に携わる研究者は「グーテンベルクにはなれてもシェークスピアにはなれないのではないか」という論争が盛んに行われていたことがある。セレンディピティ（serendipity）を必然化するという大きな命題に向かって，VAMが確立すれば，その答えは自ずと明らかになる。

◎参考文献
1) 湯川秀樹：目に見えないもの，甲文社（1946.3）
2) 中嶋正之，藤代一成 編著：コンピュータビジュアリゼーション（インターネット時代の数学4），共立出版（2000.11）
3) S. K. Card, J. D. Mackinlay, and B. Shneiderman（eds.）：Readings in Information Visualization Using vision to think,

Morgan Kaufmann（Jannary. 1999）

4) B. H. McCormick, T. A. DeFanti, and M. D. Brown（eds.）：Visualization in Scientific Computing, ACM Computer Graphics, Vol. 21, No. 6,（July. 1987）
5) C. Johnson, R. Moorhead, T. Munzner, H. Pfister, P. Rheingans, and T. S. Yoo： NIH/NSF Visualization Research Challenges, IEEE Computer Society（January. 2006） http://vgtc.org/wpmu/techcom/national-initiatives/nihnsf-visualization-research-challenges-report-january-2006/
6) 藤代一成：可視化情報, 機械工学年鑑7.6, 日本機械学会誌, Vol.110, No.1065, p.595（2007.8）
7) 藤代一成, 茅暁陽：ビジュアリゼーション, 画像電子情報ハンドブック（画像電子学会 編）, 第Ⅱ編第6章, 東京電機大学出版局, pp.252-264（2008.2）
8) 藤代一成：第一人称性の追求—IAとAIの間で—, 可視化情報学会誌, Vol.22 Suppl., No.2, pp.48-49（2003.2）
9) 藤代一成：可視化技術への期待：ポストをプレに！, 日本機会学会流体工学部門ニュースレター（2004.8） http://www.jsme-fed.org/newsletters/
10) 藤代一成, 竹島由里子, 高橋成雄：協調的可視化の役割—応用設計とパラメタ調整のソフトウェア支援—, 画像電子学会誌, Vol.36, No.2, pp.146-155（2007.3）
11) 藤代一成, 竹島由里子：協調的可視化環境：(1)基本コンセプトとアーキテクチャ；(2)流体融合研究におけるケーススタディ, 可視化情報, Vol.27 Suppl.1, pp.39-42（2007.7）
12) I. Fujishiro, S. Takahashi, and Y. Takeshima：Collaborative visualization, Topological approaches to parameter tweaking for informative volume rendering, Systems Modeling and Simulation:Theory and Applications, Asia Simulation Conference 2006, Springer-Verlag, pp.1-5（October. 2006）
13) 藤代一成, 竹島由里子, 早瀬敏幸：VIDELICET：階層的出自モデルに基づく可視化ライフサイクル支援システム, 画像電子学会 Visual Computing/情報処理学会グラフィクスとCAD合同シンポジウムDVD予稿集, 画像電子学会（2009.6）
14) I. Fujishiro and Y. Takeshima：On the recordability and traceability of visualization-centered knowledge discoveryproces, Proceedings of 5th ICFD, OS-6-7（November. 2008）
15) S. Wehrend and C. Lewis：A problem-oriented classification of visualization techniques, Proceedings of IEEE Visualization '90, pp.139-143（October. 1990）
16) 竹島由里子, 藤代一成：GADGET/FV：流れ場の可視化アプリケーション設計支援システム, 画像電子学会誌, Vol.36, No.5, 画像電子学会, pp.796-806（2007.9）
17) Y. Takeshima, I. Fujishiro, and T. Hayase：GADGET/FV：Ontology-supported design of visualization workflows in fluid science, CD Proceedings of International Workshop on Super Visualization 2008（June. 2008）
18) P. R. Keller and M. M. Keller：Visual Cues – Practical Data Visualization, IEEE Computer Society Press（May. 1993）
19) R. H. Katz：Information Management for Engineering Design, Springer-Verlag（1985）
20) I. Fujishiro, Y. Takeshima, Y. Ichikawa, and K. Nakamura：GADGET: Goal-oriented application design guidance for modular visualization environments, Proceedings of IEEE Visualization '97, pp.245-252, p.548（October. 1997）
21) I. Fujishiro, R. Furuhata, Y. Ichikawa, and Y. Takeshima：GADGET/IV:A taxonomic approach to semi-automatic design of information visualization applications using modular visualization environment, Proceedings of IEEE Symposium on Information Visualization 2000, pp.77-83（October. 2000）
22) G. Cameron（ed.）：Special Focus: Modular Visualization Environments（MVEs）, ACM Computer Graphics, Vol.29, No.2, pp.3-60（May. 1995）
23) T. J. Jankun-Kelly, K. -L. Ma, and M. Gertz：A model and framework for visualization exploration, IEEE Transactions on Visualization and Computer Graphics, Vol.13, No.2, pp.357-369（March. 2007）
24) C. T. Silva, J. Freire, and S. P. Callahan：Provenance for visualizations：Reproducibility and beyond, IEEE Computing in Science & Engineering, Vol.9, No.5, pp.82-89（September. 2007） http://www.vistrails.org/
25) I. Altintas, O. Barney, and E. Jaeger-Frank：Provenance collection support in the Kepler scientific workflow system, Provenance and Annotation of Data, Springer Lecture Notes in Computer Science, Vol.4145, pp.118-132（November 2006）
26) D. Gotz and M. X. Zhou：Characterizing users' visual analytic activity for insight provenance, Proceedings of IEEE Visual Analytics Science and Technology 2008, pp.123-130（October. 2008）
27) 藤代一成：ボリュームデータマイニング, 可視化情報学会誌, Vol.20 Suppl., No.1, 可視化情報学会, pp.161-162（2000.7）
28) I. Fujishiro, T. Azuma, Y. Takeshima, and S. Takahashi：Volume data mining using 3D field topology analysis, IEEE Computer Graphics and Applications, Vol.20, No.5, pp.46-51（September/October. 2000）
29) J. Milnor：Morse Theory, Princeton University Press（1963）
30) S. Takahashi, Y. Takeshima, and I. Fujishiro：Topological volume skeletonization and its application to transfer function design, Graphical Models, Vol.66, No.1, pp.24-49（January. 2004）
31) 藤代一成, 高橋成雄, 竹島由里子：大規模データ可視化におけるレベルセットグラフの可能性, 計算工学, Vol.10, No.1, pp.11-14（2005.1）
32) S. Takahashi, G. M. Nielson, Y. Takeshima, and I. Fujishiro：Topological volume skeletonization using adaptive tetra-

hedralization, Proceedings of Geometric Modeling and Processing 2004, IEEE Computer Society Press, pp.227-236 (April. 2004)
33) 竹島由里子, 高橋成雄, 藤代一成：位相的ボリューム骨格化アルゴリズムの改良, 情報処理学会論文誌, Vol.47, No.1, pp.250-261 (2006.1)
34) I. Fujishiro, Y. Takeshima, S. Takahashi, and Y. Yamaguchi：Topologically-accentuated volume rendering, Data Visualization：The State of the Art, F. H. Post, G. M. Nielson, and G. -P. Bonneau (eds.), Kluwer Academic Publishers, pp.95-108 (2003)
35) I. Fujishiro, Y. Maeda, H. Sato, and Y. Takeshima：Volumetric data exploration using interval volume, IEEE Transactions on Visualization and Computer Graphics, Vol.2, No.2, pp.144-155 (June. 1996)
36) 徳永百重, 竹島由里子, 高橋成雄, 藤代一成：位相解析に基づくボリュームビジュアリゼーションの高度化, 画像電子学会誌, Vol.32, No.4, pp.418-427 (2003.7)
37) Y. Takesihma, H. Terasaka, S. Shimizu, S. Takahashi, and I. Fujishiro：Applying volume-topology-based control of visualization parameters to fluid data, CD-ROM Proceedings of Fourth Pacific Symposium on Flow Visualization and Image Processing (June. 2003)
38) S. Takahashi, I. Fujishiro, Y. Takeshima, and T. Nishita：A feature-driven approach to locating optimal viewpoints for volume visualization, Proceedings of IEEE Visualization 2005, pp.495-502 (October. 2005)
39) 竹島由里子, 奈良岡亮太, 藤代一成, 高橋成雄：微分位相強調型ボリュームレンダリングのための照明配置設計, 画像電子学会誌, Vol.38, No.4, pp.459-470 (2009.7)
40) Y. Mori, S. Takahashi, T. Igarashi, Y. Takeshima, and I. Fujishiro：Automatic cross-sectioning based on topological volume skeletonization, Smart Graphics: Fifth International Symposium, SG 2005, Frauenwörth Cloister, Germany, August 22-24, 2005. Proceedings, A. Butz, B. Fisher, A. Krüger, and P. Olivier (eds.), Springer Lecture Notes in Computer Science, Vol.3638, pp.175-184 (August. 2005)
41) 森 悠紀, 高橋成雄, 五十嵐健夫, 竹島由里子, 藤代一成：ボリュームデータの位相構造に基づく自動断面生成, 画像電子学会誌, Vol.35, No.4, pp.252-260 (2006.7)
42) S. Takahashi, Y. Takeshima, I. Fujishiro, and G. M. Nielson：Emphasizing isosurface embeddings in direct volume rendering, Scientific Visualization：The Visual Extraction of Knowledge from Data, G.-P. Bonneau, T. Ertl, and G. M. Nielson (eds.), Springer-Verlag, pp.185-206 (2005)
43) S. Takahashi, I. Fujishiro, and Y. Takeshima：Interval Volume Decomposer: A topological approach to volume traversal, Proceedings of Visualization and Data Analysis 2005, SPIE, Vol.5669, pp.103-114 (January. 2005)
44) Y. Takeshima, S. Takahashi, I. Fujishiro, and G. M. Nielson：Introducing topological attributes for objective-based visualization of simulated datasets, Proceedings of Volume Graphics 2005, IEEE Computer Society Press, pp.137-145, p.236 (June. 2005)
45) 竹島由里子, 高橋成雄, 藤代一成：位相属性を用いた多次元伝達関数設計, 情報処理学会論文誌, Vol.46, No.10, pp.2566-2575 (2005.10)
46) N. J. Zabusky, D. Silver, R. Perlz, and Vizgroup'93：Visiometrics, juxtaposition and modeling, Physics Today, Vol.46, No.3, pp.24-31 (1993)
47) 大塚理恵子, 藤代一成, 高橋成雄, 竹島由里子：T-Map：位相的特徴解析に基づく時系列ボリュームデータマイニング手法, 画像電子学会誌, Vol.31, No.4, pp.504-513, 画像電子学会 (2002.7)
48) I. Fujishiro, R. Otsuka, S. Takahashi, and Y. Takeshima："T-Map: A topological approach to visual exploration of time-varying volume data, High-Performance Computing - 6th International Symposium, ISHPC 2005, Nara, Japan, September 7-9, 2005, First International Workshop on Advanced Low Power Systems, ALPS 2006, Revised Selected Papers, Springer Lecture Notes in Computer Science, Vol.4759, pp.176-190 (January. 2008)
49) 藤代一成：見せない可視化, 画像電子学会誌, Vol.36, No.3, p.193 (2007.5)
50) J. J. Thomas and K. A. Cook (eds.)：Illuminating the Path: The Research and Development Agenda for Visual Analytics, IEEE Computer Society Press (2006)　http://nvac.pnl.gov/agenda.stm

5 データマイニングと知識発見

5.1 なぜデータマイニングが必要になるのか

5.1.1 背 景

　VarianとLymanは，1999年に生み出された全情報量を1エクサバイト（Exa：10^{18}），2002年では，新たに保存された量が5エクサバイト，電子チャネル（電話，テレビ・ラジオ，インターネット）で伝送された量が18エクサバイトと見積もっている[1]。その後7年間の光ファイバー網への移行，1テラバイト（Tera：10^{12}）以上の記憶容量を提供し始めたハードディスク装置の大容量化，CD（650M，700M，Mega：10^6）から，DVD（4.7G，8.54G，Giga：10^9），Blue-ray（25G，50G）へと移行する記録媒体は，膨大な量のデータ・情報の個々人での蓄積と広域分散化を加速している。このような状況の下，この問題は情報科学を中心としたさまざまな分野・領域において情報爆発として取り上げられ，総量としてゼッタバイト（Zetta：10^{21}），さらにはヨッタバイト（Yotta：10^{24}）という量の，個々人への対応としてペタバイト（Peta：10^{15}）という量の，データや情報の革新的な処理法が模索されるようになる。統計解析と知識工学の結びつきによって発展を続けるデータマイニング技術はその最たるものである。

　流体科学においても，テキストデータ，音声や映像データよりも数値データに比重をおいたデータ分析という違いはあるが，同様にデータの大規模化，広域分散化が問題になっている。実験や観測におけるデータ取得技術は，点から面，そして空間へと進展し，流体計算においては時空間の高解像度化が進み，パーソナルコンピュータ（PC）の飛躍的な性能向上によってデータが個人の側に蓄えられることが増えたためである。

　図-5.1左図は計算に用いられる格子点のおよその推移である。95年以前は主としてAIAA PaperやJournal[2]から，95年以降はCFDに関連するウェブからのデータである。図中のSuper computingはスーパーコンピュータを用いたものであり，clusterは数十から百台規模のPCクラスターを示している。Personal computing（パーソナルコンピューティング）はPC単体や8CPU程度の小規模PCクラスター[3]を利用したものである。大学や企業の研究者へのヒアリングや著者の経験からであるが，執筆時点（2009年）で，日常的な計算はパーソナルコンピューティングによる百万点規模の計算が多いと考えられる。なお，2000年頃のパーソナルコンピューティングの可能性については文献4)にある。文献には約25万点の計算が5ス

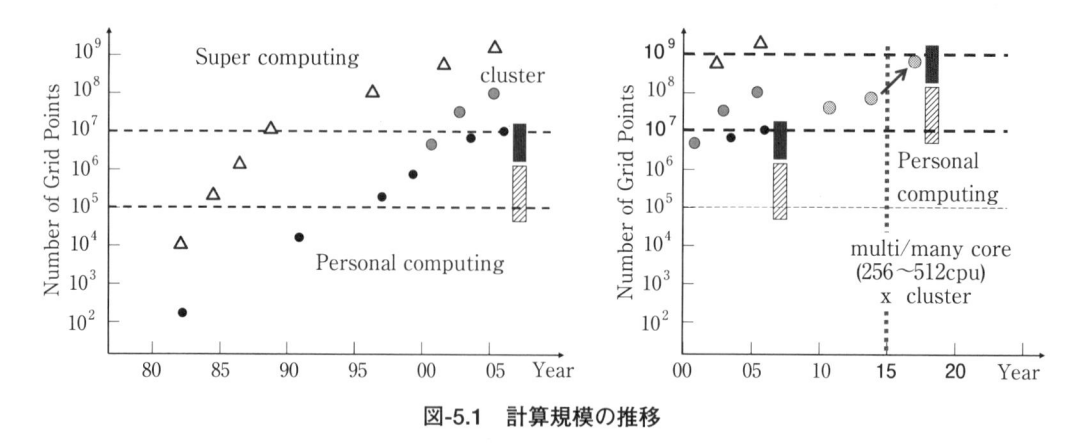

図-5.1　計算規模の推移

テップで約30秒とあるが，実用レベルの計算には数週間を要したことを記憶している。

さて，格子点数が百万点の3次元非圧縮性流れの計算の場合，1つのパラメータに対して，座標，速度場，圧力場を求めるなら，1時刻ステップあたり単精度で28M（$=7 \times 10^6 \times 4$）バイトの生データ（raw data）が生成する．100ステップで約3Gバイトとなる．解析には物理パラメータに加えて計算パラメータに対するものも必要になるので，この程度の計算規模であっても膨大なデータが生成され，解析を難しくする．

この状況を打開する一つの方法は，4章の可視化の利用である．事実，可視化によってデータは視覚情報にまとめられ（無意なものが棄却され），データ増加に伴う解析の困難が克服できると期待された．現時点では，可視化の有用性は認められているが，副次的に派生するデータ，陽に表現できないデータ，生み出された視覚情報自身の増加を加えると，消化できないほどのデータ・情報が，指数関数的に蓄積し続けているとの見方が大半である．そのようなデータ・情報も，ネットワークとパーソナルコンピュータの発展により広域に分散している．そして，他分野と同様に，さまざまなデータマイニング手法の利用が提案されるようになる．

一方，流れ場に関するデータは背後の数理的構造の存在が明らかにされており，社会や経済にかかわるデータのように不確定性は少ない（選別が容易で棄却できるデータも多い）と言える．このため，新たな手法やシステムの登場によって，情報は指数関数的な増加から漸増的ものに転じるという指摘ができる．ただし，今後の動向は楽観視できるものではない．Butlerの報告[5]には，2015年までに128，あるいは256コアのマルチコアプロセッサーの登場が予測されている．さらに512から1024コアになるという予測もある．実現すれば小規模PCクラスターでさえ，数千のCPUを提供するようになる．現在，Super computingとして行われている計算がパーソナルコンピューティングとして実施できるようになる．ソフトウェア開発を考慮する必要があるので2020年頃と予測したが，その頃には図-5.1右図のように数千万点規模の計算が日常的に行われるようになると考えられる．この変化に対応できる手法やシステムの確立が急がれている．

ところで，現在では，データは，いくつかの過程を経て，情報，知識へとまとめ上げられていくという考えが一般的である（データ，情報，知識については次節で述べる）。この工程がある程度均一に行われれば，あるいはこの工程の中で機械処理（コンピュータ処理）を援用できれば，個々人から生じる情報・知識がさらにまとまり，全体の情報量が抑えられることになる。これを支援するものの一つとしてもデータマイニングは重要になっている。しかしながら，この考え方には，個々の研究者間，あるいは分野間に大きな温度差がある。例えば，流体科学におけるさまざまな知見は，教育や訓練を通して蓄積されてきたことは事実であり，専門的知識を得ながら，実践を積みようやく新しい発見がなされるという意見も根強い。

このため，データマイニングや知識発見手法の有効性が疑問視されることも多い。これは正論である。流体科学ではないが一例を挙げる。HRダイアグラムと呼ばれる星の分類手法[6]は，データマイニングの一つであるクラスター分析の成功例として採り上げられることが多い。しかし，クラスタリング手法自身によってそのような発見がなされたわけではない。クラスター分析の結果を解釈した人間の貢献がほとんどである。情報をまとめることによってその増加を抑えるのは人の力によるところが大きい。

ここで問題なのは，個人の能力差によるデータ・情報・知識の集約度の違いである。今後のデータ量を考えると，人間の処理能力を逸脱していることは明らかであり，データに埋もれないためには半自動的な処理が必至である。また，たとえ，一握りの専門家が知識を集約していったとしても，知識創成の可能性のあるデータが大多数の個人の側に残されることも事実であろう。このため，情報量の指数関数的な増加から漸増的なものへのシフトには何かしらの具体的な，あるいは実戦可能な個人の側での対応策も必要になる。

一つの方法は，データ生成から知識集約までの統一的な処理手法の確立にある。データ生成過程に関しては，グリッドコンピューティング（あるいは狭い意味でのクラウドコンピューティング）におけるパラメータサーベイのように，ある対象に対して，系統的，あるいは網羅的に，かつ効率的にデータを取得するような仕組みが一般化している[7, 8]。

この際に，データや情報の記述性の低さが問題になる。これは多くの分野で共通の課題である。後述するXMLのような標準的記述形式の採用を起点として，効率的，かつ効果的なデータ選別法や，再利用性を考慮した記録や蓄積，機械処理の可能性に関して研究が進められている[9]。また，CODATA[10, 11]などのデータを中心に据えた組織的な活動が活発化している。データマイニング手法や知識発見手法自体も発展している。流体科学においてデータマイニングが必要とされる背景にはこのような状況がある。

5.1.2 流体情報への展開

流体情報を大別すれば，次の5つのものになる。
- プリプロセスに関連する情報（問題設定に絡む情報：形状，物理・設計パラメータ等）
- データ生成プロセスに関連する情報（数値計算，実験装置，観測装置）
- ポストプロセスに関連する情報（可視化情報等）

- 各プロセスの操作履歴に関連する情報（作業情報，履歴情報）
- 応用，展開，フィードバックに関連する情報（流体現象に関する情報，設計情報，制御情報等）

それぞれは独立しているわけではない，さらには細分化した方が良い場合もある。また，情報は，目的と最終到達点までの時系列に対応付けて分類・管理されることも多い。例えば，要求仕様，概念設計，予備設計，基本設計，詳細設計など，目標達成の段階に対応付けた管理である。社内報告書，研究会報告書，会議録，学術論文のように文書として記録されることも多い。

　話を進める前にデータマイニングがデータ分析，統計解析からの延長線上にあるのではなく，人間が介在するものであることを示しておこう。流体情報の中には，情報の選別過程など人間の判断に依存して生じたものが多くある。

　一例を挙げると，CFDにおける等間隔直交格子に基づく方法によって得られる結果の解釈がある。この方法はCFDの黎明期ともいえる60年代には主流であった。その後，格子生成法や高精度有限要素法が発達した現在においても研究が続いている。境界層の存在を考慮すると，実験や他の計算結果と一致するのは，基本的には境界の形状効果が小さな流れ場を扱っているとされる。しかしながら，形状効果が小さいという理由以上に有益な情報を獲得しているケースを見逃してはならない。解析者が境界形状の近似の意味を理解し，その上で計算結果を解釈し，信頼性を与えている場合である。ここでは，熟練者の知見が介在していることを認識することが重要である。もう一つの例として，ある基準解や類似する他の解に基づいて得られた数値解の正当性やモデルの妥当性を述べるという場合を挙げる。相応する適切な基準解とは何か，比較に耐えうる類似する他の解はどのように見つけるかという部分に熟練者の知見が活かされている場合が多い。

　このように人間の解釈や判断が必要なことが多い。しかしながら，用いた手法や実験環境，あるいは時空間の解像度などの情報から，機械的に，得られたデータの精度は何％と言えた方がよい。また，「この計算結果ではこの部分の信頼性は問題がない」と言えるような診断法が必要とされる。CFDにおいては，支配方程式の性質を反映するような基礎スキーム，あるいは数値解法の開発（移流方程式に基づく高精度スキームや，質量の保存，角運動量の保存，エネルギーの保存を保証する離散化の方法など），高速な計算法（数値解法のみならず計算環境を含めた統合的な意味での高速化），実験や観測との協調・統合，安定性解析などの理論的な側面からのアプローチ，事後評価法などの研究が進められている。

　とはいえ，流体力学が非線形な方程式系を扱う限りは，高度な数学的道具や高精度データを得るための実験装置が必要とされることに変わりはない。これまでの流体力学の方向性を決めてきたものの一つは，そのような道具をつくることであったし，その点に関しては今後も変わらないだろう。しかし，熟練者の判断や知見がいたるところに見え隠れしていることも事実である。そのようなものの多くが流体情報として蓄えられてきたかと問われると，懐疑的である。個々の研究者が蓄えている知見を知識として集約し再利用する仕組みの欠如が

指摘できる。他分野と同様に，データや情報の記述性が不完全であることが問題である。この観点からは，システム工学や知識工学に属する手法の活用を前提とする戦略が必要になる。

本章では，以上をふまえ，流体情報におけるデータマイニングと知識発見プロセスについて説明する。なお，CFDに関していえば，知識ベースに関連した研究は新しいものではない。エキスパートシステムとして知識ベースが組み込まれた流体解析ソフトウェア[12]もあれば，インテリジェントCFDソフトウェアというものも存在している[13]。しかしながら，人工知能の研究から発展した知識工学が，ゲーム理論，自然言語理解，パターン認識，学習理論，データマイニング，さらに脳自体の研究といった非常に広範囲の体系の中で再構成されていることを考えると，そのようなソフトウェアは，その一端を利用したものにすぎない。とくに，データマイニングをはじめとする知識獲得のための方法を用いたものは研究の初段階から脱していないと言える。

では，一般的なデータマイニング手法がそのまま適用できるのであろうか。

プリプロセスに関連する情報を考えてみよう。例えば，複雑な計算領域ということだけに着目すると，市販のソフトウェアを取り上げるまでもなく，どんな対象であっても，格子点数の制限がなく手間暇を厭わなければ，格子生成手法や生成パラメータなどの工夫によって格子生成が可能である。課題となるのは質の良い格子をいかに効率的につくるかである。さて，質の良い格子とは何か？　以前から診断量の提案[14,15]はあるが，作成者の判断に任されているのが現状である。そして，質の良い格子をつくるための一般原理を導けるかも定かではない。この一連の作業の中でデータマイニングを利用して作業分析を行う価値はある。質の良い格子をつくるためのいくつかのルールを導くことができるかもしれない。

ただし，現在のデータマイニング手法に対して万能であるとか，知識を自動的に発見してくれるという考えは捨てる必要がある。「よくよく考えるとそうだ」，「見逃していたことが示される」，あるいは「補助的な情報を半自動的に生成してくれる」のような，主として支援情報を提示するものと考えた方がよい。ドメイン（領域，あるいは分野）の情報や知識はある程度知っておく必要がある。このため，一般的なデータマイニングをそのまま利用するというよりは，いかにドメインの知識を融合するかが鍵となる。

したがって，流体情報における情報や知識の活用方法は，知識工学の研究を構成する体系と流体科学において用いられる計算技術，実験技術，可視化技術等を結びつけて提案される必要がある。これは，データマイニングの解説や教科書で指摘されることである。結局，他分野の応用例を流体情報に結び付けることは簡単とは言えない。そこで，各項目に対しできる限り具体例を示すことにした。具体例を通して，流体情報への展開を示す。

はじめに，本書の中で使われている知識に関する用語ついて，次節にまとめておく。人工知能（Artificial Intelligence），認知科学（Cognitive Science），知識工学（Knowledge Engineering）などの教科書[16,17,18]の中で，知識ベースと関連して扱われている事項についても簡単に紹介する。

5.2 知識ベース

5.2.1 データ・情報・知識

　データマネージメントという言葉は近年一般的に使われるようになったものである。分野ごとにニュアンスが異なるが，文字通りデータ，あるいは情報の管理と考えればよい。ところがその情報とデータの厳密な扱いについては詳細を述べることはできない。なぜなら，両者は対をなすものであり，全体のコンテクスト（内容，文脈）の中で判断されうるものだからである。ただし，情報とデータはコンテクストによる使い分けだけではなく，処理方法の違いによって区別されることに留意されたい。通常は意味のあるデータが情報と解されるので，情報の一般的な定義から簡単に記しておく。

(1) 情報とは

　「フランス語の renseignement が語源であるとされる。戦時下における情況の報告，あるいは報知という意味で使われていた。」

　多くの教科書では，「情報」を事例によって説明し，その概念を理解させることが多い。「情報」が普及する中で「情報学」が生まれ，発展する。

(2) 情報学とは

　「情報の獲得，表現，蓄積，伝達，処理という視点で情報の性質を探る学問のこと。」
データ操作と情報操作の意味は異なるものだが，手続きに類似性があるので情報学を学ぶとデータの持つ意味をより深く理解できるようになる。

(3) データとは

　「情報の表現法の一つである。アナログデータとデジタルデータに分けられる。連続的な値をとるデータがアナログデータ，離散的な値をとるデータがデジタルデータとされる。コンテクスト（文脈）なしで数値表現されたものをデジタルデータと見なす。コンテクストありの数値表現とは定義のようなものだがデータと見なされる場合がある。例えば，"震度3"のように"震度3"が指し示す何らかの指標がある場合でも"震度3"を情報とみるか，データとみるかは使われ方に依存する。」
という具合に説明されることが多い。テキストデータや画像データのような表記自身をデータと見なす場合と，内容を伴って情報として解釈される場合に，構成や使われ方までを考えなければならない。例えば，テキストデータは文字列の集まりであると同時に言葉としての意味を持つが，どの部分をデータとし，どの部分を情報とするかは，処理，あるいは目的に依存する。

　データから情報を構成する（情報はデータで構成される）というのが一般的な言い方ではあ

るが，分野によってはデータが持つ潜在的な情報を扱う場合がある。このため，データがより広い意味で用いられることがある。一方，別の分野ではデータは単なる数値の羅列として扱われることもある。いずれの場合でもデータの管理までを考慮する必要がある。

データに管理を加えたデータマネージメントは漠然としすぎるので，システムをつけて説明する。

(4) データマネージメントシステムとは

「データを 5W1H 的に扱う体系のことである。」
　　Who：誰が管理するのか，誰が提供するのか
　　What：何のデータか
　　How：どのような方法で
　　Where：どこへ，どこから
　　When：どのタイミングで，いつ
　　Which：分岐のタイミング，選択
を基本として構成される。

一般には，データから情報，情報から知識へと昇華するものとされる。では知識とは何か。

(5) 知識とは

「問題解決に必要な情報であり，主として，宣言的知識と手続き的知識に分けられる。宣言的知識(declarative knowledge)とは，モノ，あるいは事象が何であるかを示す情報であり，手続き的知識(procedural knowledge)とは，どのように利用するかを示す情報である。」また，知識には暗黙知と形式知と呼ばれるものがある。

(6) 暗黙知とは

「直感的なひらめきを導くものや経験や勘のように情報として表現が困難なものを指す。」暗黙知(Tacit Knowledge)を何かしらの方法で文章などの言語的，あるいは分析的な情報の形にしたものを形式知(Articulate Knowledge)という。暗黙知を形式知化する努力がさまざまな分野で行われている。例えば，専門家の考え方や見方の分析や，熟練工の作業手順の記述・分析などである。

(7) 知識表現とは

「知識に関する情報の表現形式と利用法を知識表現(knowledge representation)と言う。知識を利用するためには，問題解決に必要な情報を知識表現化することが必要になる。また，獲得(acquisition)すること，検索(retrieval)できること，推論(reasoning)によって問題解決に至ることが必要になる。」

(8) 知識ベースとは

「知識とデータベースからの造語とも言われている。知識を獲得すること，知識表現された情報を蓄えること，蓄えられた知識の中から問題解決に必要な知識を見つけること（検索），既存の知識体系から合理的な方法によって未知の問題に対する答えを導くこと（推論）までを含んでいる。」

(9) 知識の獲得とは

「学習などによってデータの中から知識を見つけ，既存の知識と関係付けて，知識を体系化しながら集約することである。」

5.2.2 データの記述性（情報化，構造化，階層化）

コンピュータの発達に伴って，機械学習（machine learning）と呼ばれるデータに潜む有用な知識を効率的に自動発見するための技術が発展した。一方で，データの爆発的な増加に伴って，抽出された知識の保存法，既存の知識と比べ新しい知識であるか否かを調べる仕組み，知識を効果的に提示する方法など，機械学習だけでは対処できない問題が生じた。この状況の中で生まれたのがKDD（Knowledge Discovery in Databases，あるいはKnowledge Discovery and Data mining）である。AdriaansとZntingeは，KDDを「データから，以前には知られていない，そして潜在的には有用な知識を引き出す方法であって，自明ではない方法」と定義している[19]。また，データマイニングをKDDの過程における発見の段階としている。価値ある情報の発見にデータマイニングを用い，体系化された知識の保存と検索のためにデータベース技術が必要になる。KDDによって知識を獲得する際においても，獲得した知識を利用する場合にも検索は重要な役割を担う。検索のためには，知識を，追加，削除，修正が容易である知識表現で扱う必要がある。このため，知識のもとになるデータを効率的に扱う仕組みが研究の対象となった。その結果，データの爆発的な増加に伴ってKDDが発達したように，その基盤技術となるデータベース技術も進化した。

データベースに要求されることの一つにデータの共有がある。データベースを利用しているからといって，データの共有が容易に実現できるとは限らない。ネットワークが発達し，さまざまな種類のデータベースが分散しており，さらに難しくなっている。このため，既存の計算結果をデータベースに蓄えるにしても，データベースの構築者，あるいはその関係者以外の利用が困難であるといった状況が生じている。解決策の一つにデータの標準化がある。いくつかの分野では，データの形式に対し約束事（プロトコル：protocol）を決めてそのような取り組みを行っている[9,11]。

また，機械処理に適した情報の記述が必要になる。このため，データの情報化と，データと情報の構造化が必要になる。データの構造化とは，データ形式や属性情報を規定し，データを構文的に扱えるようにすることである。ポイントはデータの記述法にある。XMLのようなタグを利用したデータの記述が一般的になっている。

5.2 知識ベース

XML(eXtensible Markup Language)とは，ホームページ作成によって普及したHTML(HyperText Markup Language)と同様なタグ付け言語のことである。HTMLが文章の表示形式などを特定のタグ(tag：標識札)で表すのに対して，XMLではタグの定義ができるようになり，自己記述的(自己完結的)な文章を書くことができるようになっている。

例えば，「2009年11月1日に，2次元非圧縮キャビティ流れを，Agua2Dという計算プログラムを利用し，物理パラメータのレイノルズ数を10 000，計算パラメータの時間刻み幅dtを0.001として計算した。また，計算データをfcavity2.datというファイルに格納した」という記述例を考える。これは計算事例を示すものであるが，一般的にはこのようなテキスト情報ではなく，表-5.1に示すように項目ごとにデータを列挙して走り書き程度で記録されることが多いだろう。項目と内容が対応付けられる場合や，キャビティ流れのようにデータ自体に意味がともなうものなどさまざまであるが，ここではデータとして扱う。そして，改めて内容を対応付ける(図-5.2)。なお，このような対応付けを，自然言語処理を利用して自動化する試みがあるが現状では部分的にしかできていない。人手で行われることの方が多い。

表-5.1 計算事例の記録

日付	流れの名称	次元	性質	プログラム名	レイノルズ数	時間刻み幅	結果
09/11/01	キャビティ流れ	2	非圧縮	Agua2D	10 000	0.001	fcavity2.dat

```
09/11/01      ←   日付
キャビティ流れ  ←   流れの名称
    2         ←   流れの属性，次元
非圧縮        ←   流れの属性，性質
10000        ←   物理パラメータ，レイノルズ数
Agua2D       ←   計算プログラム名
0.001        ←   時間刻み幅/dt
fcavity2.dat  ←   結果のファイル名
```

図-5.2 データと内容の対応付け

データの構造化のために，これらをXML文書によって記述する。XML宣言を文書の先頭に置き，それがXML文書であることを示すことから始める。具体的には，<?xml と ?>の間に，version="1.0"で示すXMLのバージョンと，encoding="…"によって文字コードを指定する。次に内容を示すタグ(概念的には標識札であるが要素名となるので要素と呼ぶ場合もある)を用いることでデータを表記する。例えば，

    <?xml version="1.0" encoding="Shift_JIS" ?>
    < 日付 >2009/11/01/</ 日付 >

<流れの名称>キャビティ流れ</流れの名称>

というように，<タグ名> … </タグ名>によってデータの意味を示し，情報化する．また，

<?xml version="1.0" encoding="Shift_JIS" ?>

<流れの属性>

   <次元>2</次元>

   <性質>非圧縮</性質>

<流れの属性/>

のようにタグを入れ子にすることで階層的な記述を行うことも多い．しかし，XMLの文法上は，

<?xml version="1.0" encoding="Shift_JIS" ?>

<流れの属性>

   <流れの名称>キャビティ流れ</流れの名称>

<流れの属性/>

という構文も許され，内容の順序に意味がある場合，齟齬が生じる場合もある．

このようなことを避け，XML文書によって情報をやり取りし，内容の把握を容易にするためには構文上の制約が必要になる．この仕組みとして，XML-DTD(Document Type Definition)というXMLの構文を規定するものがある．DTDはXMLスキーマに置き換わりつつある(一部になったという見方もできる)が，その考え方は知っておいた方がよい．

DTDは，XML宣言の後，タグの使用前に記述しておく必要がある．また，ルール名によって識別される．記述方法は，

<!DOCTYPE ルール名 […]>

である．この中でタグを規定する．図-5.3を用いて説明する(便宜上，行番号を付けてある)．

1行目はXML宣言，2行目からDTDが始まっている．このDTDで規定するルール名は「流れの計算」である．その後に，<! と >の間で要素宣言，属性宣言，実体宣言を行い，構文(構造)を決めていく．コメントは，<!-- と -->の間に書く．ここでは要素宣言のみを説明する．

要素宣言はELEMENTの後に要素を示すことで行う．この要素名(タグ名)が内容を表すことになる．また，要素(子要素A，子要素B,…)として親子関係を表すことができる．さらに，子要素も，子要素A(子要素A1，子要素A2,…)のように親子関係を持つことができる．このような親子関係で階層構造を表すことができる(木構造となる)．この例では，3行目に全体の構造を示す要素をルール名と同じ名前で示している．これをルート要素と呼ぶ場合もある．

要素名の後で要素の型を規定する．基本は文字列であり，CDATAで文字列を示す．文字列が解釈される場合，PCDATA(Parsed Character DATA)とし，要素名(#PCDATA)と記す(5，6，8，9行目)．XMLでは，EMPTYやANYで構造のみを規定する場合もある．4行目のANYは対応する13行目のようにタグを決めるが要素の型を規定しない．10行目の

5.2 知識ベース

```
 1: <?xml version="1.0" encoding="Shift_JIS" ?>
 2: <!DOCTYPE 流れの計算 [
 3: <!ELEMENT 流れの計算（ID,日付,流れの名称,流れの属性）>
 4: <!ELEMENT ID  ANY>
 5: <!ELEMENT 日付（#PCDATA）>
 6: <!ELEMENT 流れの名称（#PCDATA）>
 7: <!ELEMENT 流れの属性（次元,性質）>
 8: <!ELEMENT 次元（#PCDATA）>
 9: <!ELEMENT 性質（#PCDATA）>
10: <!ELEMENT 区切り EMPTY>
11: ] >
12: <流れの計算>
13: <ID id="1234567890001" />
14: <date>09/11/01</date>
15: <流れの名称>キャビティ流れ</流れの名称>
16: <流れの属性>
17: <次元>2</次元>
18: <性質>非圧縮</性質>
19: </流れの属性>
20: <区切り />
21: </流れの計算>
```

図-5.3　XML-DTDの例

EMPTYは対応する20行目のようにデータがない(データを書くとエラーになる)。なお，XMLが正しく記述されているか否かを確かめるには，Internet Explorerなどのウェブブラウザを利用するとよい。

　XML(およびXML-DTD)を用いれば，再利用可能な(後でながめても何が書いてあるかわかる)情報が記述できると考えられるかもしれない。データの情報化と構造化は実現するが，XML文書で書かれたものを理解するためには，使われるタグの意味について共通の認識が必要である(一意に決められたわけではないということ)。例えば，「流れの名称」を一般的なもの:

　　<流れの名称>キャビティ流れ</流れの名称>

と扱うか，実施した計算を識別するためのもの:

　　<流れの名称>Flow1234</流れの名称>

とするかは共通の認識が必要になる。構文も同様である。例えば，流れの属性(次元,性質)とすることに対する共通認識である。

　一つの方法は，タグ名や，階層構造に代表される構文を決めた約束事(プロトコル)や標準

化である．一方，タグ名（要素名）の共通化の仕組みには，名前空間（Namespace(s)）がある．名前空間は URL（正確には後述する URI）によって表される．その場所に，DTD や後述の RDF によってタグの構文・構造やタグ名の規定を記しておく．タグ名に対する注釈のみの場合もある．

　次のように識別子によって名前空間を識別する．
　　xmlns:fi1="http://www.fluidinfomaticsA.xyz"
　　xmlns:fi2="http://www.fluidinfomaticsB.xyz"
これらを次のように接頭辞を付けて適用する．
　　<流れの計算　xmlns:fi1="http://www.fluidinfomaticsA.xyz"
　　　　　　　　xmlns:fi2="http://www.fluidinfomaticsB.xyz">
　　<fi1:流れの名称>キャビティ流れ</fi1:流れの名称>
　　<fi2:流れの名称>Flow1234</fi2:流れの名称>
　　　…
　　</流れの計算>

DTD に関しては XML スキーマへの移行に伴い DTD 自身の位置付けが不明瞭になっている．しかし，ビジネス分野を中心に共通 DTD が存在し，考え方は有用とされる．ただし，その策定やメンテナンス（必要に応じた変更や追加）には困難な作業がともなうことが多い．

　もう一つは語彙の体系化である．語彙同士の関係性を概念で体系付ける仕組みが検討されている．例えば，時間刻み幅と dt は同義で扱うことが望ましい場合に，それを明示する仕組みである．また，レイノルズ数を，計算上の物理パラメータと同時に流れの属性として体系付ける仕組みである．次項で述べるシソーラスやオントロジーが代表的なものである．

　さらに，要素の関係性をより明確にし，機械処理するための表現モデルが必要になる．例えば，「fcavity2.dat が Agua2D から生成されたものである」とコンピュータに理解させるには，計算プログラムとファイルの関係を記述する必要がある．XML 文書をみて，fcavity2.dat というデータを生成したプログラムは何か？　ということはその分野の人間であれば推定できるが，コンピュータにはできない．このため，機械処理のための記述が必要になる．次々項で述べる RDF はこの必要性のために考えられたものである．

5.2.3　オントロジー

　語彙を概念で体系付ける仕組みは，同一の言葉であっても，分野が異なると異なる意味で扱われることを明示的に示すために必要とされる．また，流体科学のような物理，数学，工学のさまざまな領域に跨るものは，データ，情報，知識が提示される場合において，ある言葉の持つ意味，概念を相互参照できることが重要である．

　シソーラス（thesaurus）は類義語，同義語辞典や用例集を指し，ある意味や概念に対する異なる表現を集めたものである．人手でつくられるため，任意性があることに留意する必要がある．別角度から見れば，用語を用いる集団でつくっていくものである．例えば，ある集

団で時間刻み幅とdtを同義とみなせばシソーラスに加えればよい。

　3章や4章でも述べられているが，オントロジー(Ontology)とは，ものごとが"在る"こと（ギリシャ語のOn）の意味を問う，哲学の存在論のことである。一方，情報科学では，言明の背後にあって対象をどのようにとらえるかを規定する概念の体系を指すことが多い。なお，シソーラスを小さなオントロジーと称し，オントロジーの一つとみなす場合もある。

　例えば，「一次の上流法」と「一次の風上法」は，同じものとして扱う場合と異なるものとして扱う場合があり，用語を用いる集団に依存する。一次風上法と一次上流法を同じものとみなす集団においては，シソーラス（類義語）があれば十分である。一方，異なる場合には，ある集団で扱われる一次風上法と別の集団で扱われるものは異なる意味を持つ。別の例として上述したdtを挙げる。CFDでは，dtは計算パラメータとしての時間刻み幅と，微分としての意味を持つことが多い。両者の意味は近いが，前者の場合は数値がともない，後者は数式の一部として扱われる。この場合，計算パラメータという集団と微分操作という集団を分け，当該のdtがどの集団で記述されているかを明確にしないと齟齬が生じる場合がある。

　オントロジーはこのような問題を解決する手段の一つである。とくに機械処理を利用した演繹推論(deductive inference)や後述する検索において重要になる。ただし，オントロジーは演繹推論や検索そのものではないことに留意されたい。ここで，演繹推論の例として，

「スキームAは一次風上法である」，「一次風上法は数値安定性に優れている」
　　→　「スキームAは数値安定性に優れている」

を導くことを考える。この際，はじめに問題になるのは，スキームAや一次風上法の存在にかかわる議論である。ゲノムサイエンスにおけるオントロジーの解説[20]に基づいて少し詳しくみていこう。

　「スキームAは一次風上法である」という言明を行うためには，言明の対象となるスキームAが要素として認定されていること，言明の述部「一次風上法」がカテゴリとしての存在を認定されている必要がある。CFDであれば，「一次風上法」というカテゴリの存在は自明であるように思われるが，集団において明確に規定されない場合は曖昧になる。「スキームA」に関しては，それを個体として認識してしまえば曖昧性は存在しないように思われるが，ある論文で引用した「スキームA」と別の論文で引用される「スキームA」は完全に同一であるという保証はできない。オントロジーによってこれを保証しようとする。

　具体的には，概念間の関係を記述するために，

　　is-a関係：上位概念と下位概念の関係
　　part-of関係：部分の関係
　　attribute-of関係：属性値との関係

のような記述形式が用意されている。しかしながら，これらを用いてオントロジーを構築することは容易ではない。溝口らは，この難しさを運用の問題，そしてオントロジー問題基礎論として，いくつかの解決策を提案している[21]。しかし，結局は，対象，あるいは文脈（コンテクスト）依存である。そして，それは用語（より広くは語彙）を用いる集団が決める。こ

5 データマイニングと知識発見

こでは，CFDの数値計算法の集団1（架空のものである）のオントロジーの例を示す。

例えば，is-a関係として

「数値安定化手法」is-a「離散化手法」

が考えられる。下位概念（数値安定化手法）は上位概念（離散化手法）の属性（打ち切り誤差，連続性，収束に対する理論的性質など）を継承する。また，

「数値安定化手法」is p/o(part-of)「移流項の離散化手法」

が考えられる。このpart-of関係には注意が必要である。移流項の離散化手法には，数値安定化に対して非振動性や単調性の理論的な考察が存在するが概念としてまとめることは難しい。「移流項の」離散化手法を考えた場合，「数値安定化手法」は高精度化手法，高精度数値安定化手法，高効率化手法などの構成要素として扱った方がよい。数値計算法集団1のオントロジーとしてはそのように考えた。また，このオントロジーでは，「数値的安定」は，「数値安定化手法」の属性として付与した方が適当であると考えると，

「数値的安定」is a/o(attribute-of)「数値安定化手法」

となる。

CFDにおいては，数値安定化手法を，一次風上法，K-Kスキーム，QUICK，CIP等を構成要素として扱うか，上位概念として扱うかは難しい。前者であれば，

「一次風上法」is p/o「数値安定化手法」

後者ならば，

「一次風上法」is-a「数値安定化手法」

となる。このような場合，数値計算法の集団1として，「数値的安定」という属性が継承されることを強調し後者にすると決めればよい。ここで，「一次上流法」が存在する場合，この集団では，一次風上法と一次上流法を区別していることがわかる。

これらをCFDの数値計算法の集団1のオントロジーにおける概念クラスとし，「スキームA」を「一次風上法」のインスタンスとすれば，「スキームA」を数値安定性に優れたものとみなすことができる。また，属性の追加は概念クラスに加えることで行う。例えば，

「数値拡散的」is a/o「一次風上法」

のとき，「スキームA」が「一次風上法」のインスタンスのままであれば，スキームAは数値安定性には優れているが数値拡散は大きいとなる。

別の例としてdtを考える。先述のように，dtは，計算パラメータとしての時間刻み幅と，微分操作に関連付けられる。dtを利用する分野ごとに異なるオントロジーを用意すればよいが同じ分野で現れることも多い。このような例は，ある「男性」が家庭では「父親」，職場では「社員」というように別の役割（ロール）[21],[22]を果たすといったときに現れる。文献21)では，概念間の関係性とロールに注目し，後者をロール概念として紹介している。dtの場合は，ロール概念によるオントロジーを構築することになる。

繰り返しになるが，このようなオントロジーは，XML，XML-DTDと同様に，一意に決まるものではなく，多くの場合，ある集団において人手によって規定されるということに留意

されたい。すなわち，約束事は多い。また，より広範に利用したい場合には集団間での標準化作業が必要になる。そして，その作業は手間のかかるものである。このため，オントロジーを構築するための支援ツールが開発されている。例えば，ロール概念が扱える溝口らのグループの法造[23), 24)]やスタンフォード大のProtege[25)]である。

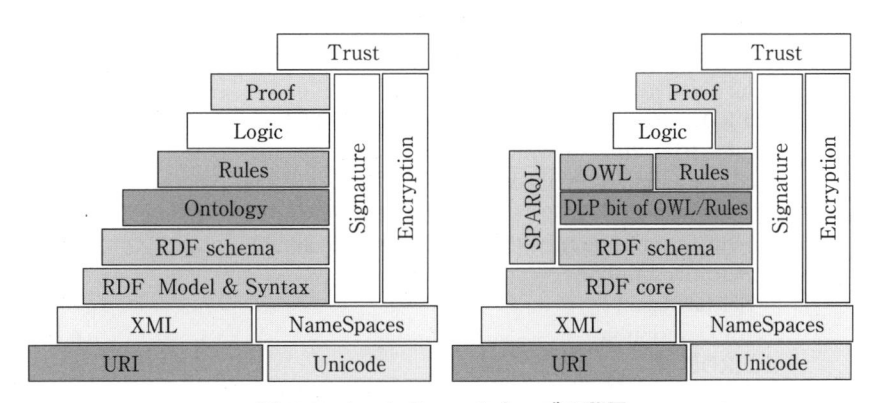

5.2.4 セマンティックウェブ（記録・蓄積から再利用へ）

前項までに述べた情報化，構造化，階層化の手法によって，データは情報となり，機械処理可能な形式で記録し蓄積（アーカイブ：archive）できる。しかし，可読性の問題はある。また，再利用は容易ではない。XML，XML-DTDのようなデータの情報化，構造化手法，オントロジーやシソーラスといった語彙，語句の体系化だけでは，データ，あるいは情報を管理するには不十分なためである。このため，管理に適した仕組みが必要になる。その一つがセマンティックウェブ（Semantic Web）である。

セマンティックウェブとは，ブラウザ，HTML等のウェブの概念，基盤技術を提案し，定着させたTim Berners-Leeによって提唱されたコンピュータ処理に適した情報形式，その形式を用いたウェブそのもののことである[26)]。その構造を**図-5.4**左図のように規定した。詳細については，文献27)や28)の特集を参照されたい。また，その後，右図のように修正されている。

セマンティックウェブにおいて，リソース（データ，情報，知識，人間や場所など）は，URI（Universal/Uniform Resource Identifiers）によって識別される。URL（Uniform Resource Locator）はウェブ上の場所を識別するものだが，URIは文書などのリソースそのものを指し示すものとして使われる。URIで示されたリソースとリソース間の関係性をモデル化するRDF，語彙とその構文を記述する言語であるXMLがセマンティックウェブの基盤である。これにより，WWW上でURLによってハイパーリンクで結びついているウェブページ間の関係性から，リソースごとの関係性をより意味が明確なネットワークで表現できる。

SPARQL（スパークル）は，SPARQL Protocol And RDF Query Languageの略（いわゆる再

図-5.4 セマンティックウェブの階層

5 データマイニングと知識発見

帰的な頭字語)で，RDFで記述されたデータを検索するための言語である。

RDF(Resource Description Framework)とは，リソースに関する情報を論理的に表現するデータモデルと，それを記述するための言語体系である。RDFでは，リソースの関係性を，主語(subject)，述語(predicate)，目的語(object)の組で表す。また，述語をプロパティ，目的語を値と呼ぶ場合もある。この組が基本の記述単位でトリプルと呼ばれる。トリプルは**図-5.5**のようにラベル付き有向グラフで表現される。ここで主語はだ円で，目的語は，URIの場合はだ円，文字列の場合は長方形によって表される。主語と目的語は，述語を表現する有向リンク(アーク)で結ばれる。

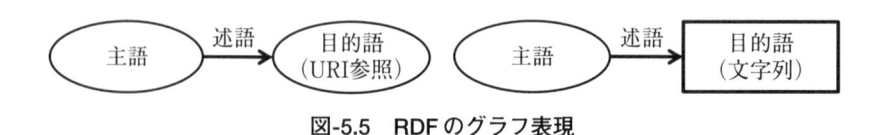

図-5.5 RDFのグラフ表現

RDFはグラフ表現ばかりでなくXML構文によって記述される。「キャビティ流れの計算1は，http://resultA.htmlに結果を持つ」を例とする。主語:「キャビティ流れの計算1」，目的語:「http://resultA.html」，述語:「結果を持つ」と分ける。主語と目的語に関しては，

　　xmlns:rdf="http://www.w3.org/1999/02¥22-rdf-syntax-ns#"

の名前空間における語彙表記を利用する。述語は例えば，

　　xmlns:fi1="http://www.fluidinfomaticsA.xyz"

において，「結果を持つ」を意味する<hasResult>…</hasResult>というタグを用意しておく。**図-5.6**にグラフとXMLによるRDFの記述例を示す。<rdf:Description>…</rdf:Description>で主語と目的語を示すノードを記述する。ノードの名前は，rdf:about属性でURIを指定することで与える。

```
<?xml version="1.0" encoding="Shift_JIS" ?>
 <rdf:RDF xmlns:rdf="http://www.w3.org/1999/02/22-rdf-syntax-ns#"
   xmlns:fi1="http://www.fluidinfomaticsA.xyz">
   <rdf:Description rdf:about="キャビティ流れの計算1">
    <fi1:hasResult>
      <rdf:Description rdf:about = "http://resultA.html">
      </rdf:Description>
    </fi1:hasResult>
   </rdf:Description>
 </rdf:RDF>
```

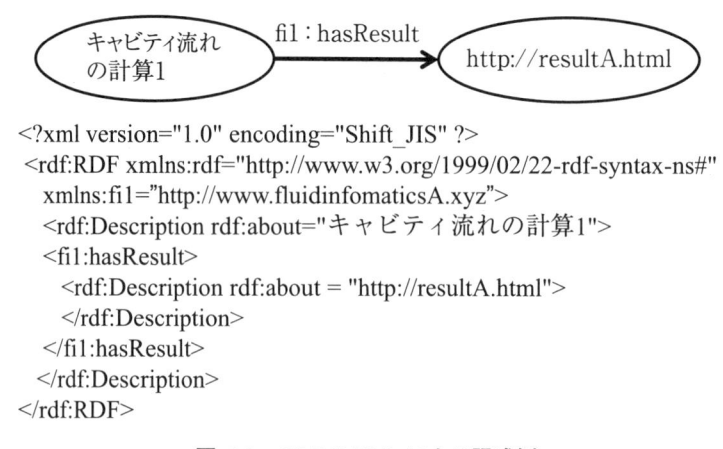

図-5.6 RDFのXMLによる記述例

なお，RDFのチェックは，http://www.w3.org/RDF/Validator/などを利用して行えばよい。

セマンティックウェブでは，さらに，XML/RDFで記述された情報の上層にオントロジーを位置づけ，語彙推論をより強固なものにしている。OWLはWeb Ontology Languageを頭字語で略した，オントロジーを用いた記述言語である。RDFの語彙拡張(オントロジーによる語彙の定義)になっている。なお，先述の法造[23),24)]やProtege[25)]はOWL形式での出力をサポートしている。

5.2.5 パラメータ化と符号化

データの情報化，構造化，階層化を行う上で，XMLのような記述性，RDFのような関連性，オントロジーのような概念に基づく体系化に加えて，パラメータ化を検討することが望ましい。パラメータ化はとくに機械処理にとって重要な手法である。

流体情報であれば，データが生み出される過程をパラメータ空間で表現できれば再現性を確保できる。このため，そのようなパラメータ空間をデータベースと関連づけて利用する方法が考えられる。例えば，3次元の計算格子点全体は，表面格子，空間格子生成法(格子生成プログラム名)とそのパラメータによって表現できる。これは計算や可視化にも当てはまることである。

ここでは，流れ場に対する可視化の例を示す。可視化パラメータを分類すると，
- 可視化対象の選択のためのパラメータ
- 可視化操作に対するパラメータ
- 表示方法に対するパラメータ

となる。例えば，圧力場に対する等値線の本数や3次元の視点である。また，可視化操作自体のパラメータ化を行う。ここでは，可視化操作を可視化の機能と考える。可視化プロセスの中で，どの機能が選択されたかを記号と数値で表すことによってパラメータとして表現する。グラフ化などの統計的処理にかかわる部分を除くと可視化操作の種類は多くはない。それらを，

A：格子線，B：格子面，C：等値線，D：等値面，E：等値領域，F：ボリュームレンダリング，G：ベクトル表示，H：粒子追跡，

のように記号化する。これらの操作に，可視化パラメータが付随する。可視化パラメータを以下の3種類のカテゴリ変数群(O_i, D_i, P_i)で分類する。

O：操作にかかわるもの(等値線(次元，分布，範囲，本数，アルゴリズム等)，粒子追跡(状態，時間刻み幅等)など)

D：表示属性を示すもの(色，透明属性，矢印等)

P：可視化精度にかかわるもの(時間精度，空間精度等)

また，変数の意味，および取り得る値をあらかじめ定義しておく。等値線の範囲や本数，粒子追跡の時間刻み幅など，連続変数のものも多いが，いったんカテゴリ変数で表し段階的に

(階層構造として)数値を与える。

　　例えば，等値線に対するカテゴリ変数として，

　次元：O_1=|2次元,3次元|

　分布：O_2=|等間隔,不等間隔|

　等値線の値の範囲：O_3=|自動,デフォルト,入力|

　等値線の本数：O_4=|自動,デフォルト,入力|

　アルゴリズム1：O_5=|分割,直接|

　アルゴリズム2：O_6=|直接,フラグ利用,MCube|

　表示属性：D_1=|色付き,モノクロ|

　空間精度：P_1=|線形補間,双一次補間|

というようなものを考える。ここで，"自動"は，可視化対象のデータに依存してシステム側で自動的に設定されるものである。"入力"は，数式表現されたものの係数を入力するもの，テーブル表現されたものからの選択などを意味する。このような変数に対しては，カテゴリを選択後に具体的な値を決めるという形式にする。例えば，等値線の値の範囲：O_3=|自動,デフォルト,入力|において，"入力"の選択後，最小値と最大値を要求する場合，

　　O_3="入力"|(最小値,最大値)

のように属性値が付随する。また，表示属性や可視化精度に関しても同様に扱う。例えば，色の算出式やカラーテーブルといった更に詳細な情報が階層的に加えられることになる。

　さらにカテゴリ変数を符号化する。例えば，等値線の場合，

　　C $O_1 O_2 O_3 O_4 O_5 O_6$

のように符号化する。次元は"2次元"，分布は"等間隔"，値の範囲は"入力"，本数は"デフォルト"，アルゴリズム1は"分割"，アルゴリズム2は"フラグ利用"であればC002111となる。このように可視化操作は，形式的には操作を表す記号と可視化パラメータによって符号化できる。さて，可視化対象となるデータの選択後，可視化は，

　（ⅰ）　可視化対象の場の決定（対象量，領域）

　（ⅱ）　可視化操作の決定

　（ⅲ）　可視化結果の表示

　（Ⅳ）　結果の解釈と判断

を繰り返しながら遂行される。可視化操作と見方(表示)の繰り返しは，(ⅰ)→(ⅱ)→(ⅲ)，あるいは(ⅱ)→(ⅲ)の中で生じる。表示を経て，結果の解釈を行い，継続か終了かの判断を行う。そこで，表示(結果を見る)までの段階を一つの手続きとする。

　この手続きをパラメータの並びで表すことができれば，作業に対するワークフローといった，工程の繋がりや処理順序を記述し，管理できるようになる。このためには可視化操作のパラメータ化に加えて，(ⅰ)と(ⅲ)についてもパラメータ化が必要になる。(ⅰ)の可視化対象の場は，

　（ⅰ-1）　可視化対象となるデータの種類(構造型,非構造型,散逸型,複合型など)

(ⅰ-2)　対象となる物理量(圧力,温度,速度など)
　　(ⅰ-3)　対象領域｛面(格子面,切断面),ボリューム(格子領域,切断領域)など｝

等によって決まる。また，(ⅲ)の表示は，(ⅲ-1)表示領域，(ⅲ-2)3次元の視点によってパラメータ化できる。このようなパラメータを用いて，一つの手続き S_k を，

$$S_k \equiv \{対象の場, 可視化操作(可視化パラメータ), 表示\}$$

によって表す。さらに，可視化結果 V_k と対応付けて，可視化結果がどのように生成されたかを示す。これは構造化された要素を，順序付けることに相当する。例えば，可視化操作の部分だけ示すと，等値線，格子線，ベクトルで表示するものは，$S_1 = \{..., CAG,...\}$ と表される(実際には，C002111 のようにより詳細なパラメータがともなう)。パラメータによるワークフローの記述後，｛対象の場,可視化操作(可視化パラメータ),表示｝と，対象データ，および可視化結果を機械処理可能な形で結びつける。このように，ある可視化結果を得るためのプロセスをパラメータ化と符号化によって機械処理可能な履歴情報として蓄えることが可能になる。

　データマイニングによる知識抽出を行うためにはデータベース化によってより多くのデータや情報を蓄積することが望ましい。現在のデータベースはネットワークに対応するものが標準であるから，通信速度の問題を除けば，広域に分散しているデータにアクセスすること自体は難しくない。データ形式や属性情報の標準化は必要であるが，上述した情報の形式は機械処理に適したものであり，そのような形式でのデータ・情報の蓄積が望まれている。

5.2.6　データクレンジングと欠損情報の補完

　データ群から知識を抽出する際に，既存データの処理も考えると，記述形式や属性情報が決められたときに，変更に柔軟に対応する仕組みが必要になる。

　データの洗浄(データクレンジング:data cleansing)は，その一つの方法である。必要な形式へのデータ変換や，欠損データの補完法を意味するが，データの意味解析を行い，管理できる形に加工するところまでがスコープになっている。

　CFD のデータであれば，データの生成過程が管理できている場合，データを共通のデータ形式，属性情報に再構成することは難しくない。ただし，現実問題として，生成過程が管理されているとは言い難い。また，実験や観測から得られるものを再構成することは困難であるとされる。多くの場合，欠損情報が生じる。このため，欠損情報の補完が必要になる。この補完は，機械学習に基づく予測手法を用いて行われることも多い。次項で述べる類似度の算出が鍵となる。また，シソーラスやオントロジーの整備も欠損情報の補完にとって重要である。

5.2.7　距離関数と類似度

　データマイニングにおいては多種多様なデータを扱う。多次元のデータ(多変量データとする場合が多い)を扱うためには，次元の構成法とその次元におけるデータ間の距離の定義

が必要になる。また，データの分類やモデルの構築において類似度(similarity)，あるいは非類似度(dissimilarity)の計算が必要になる。

一般的なデータマイニングにおいては，距離関数の定義や，次元の呪縛とも言われるほど多次元性の問題は大きく，その扱いによってマイニングの結果が左右される。一方，流体情報の多くは，時空間座標を基本にすることが多いのでこの問題は小さいと考えられる。パラメータ空間を直接扱う場合においても，次元の増大に留意する必要はあるが，パラメータと出力としての流れ場を関連づければ，結局のところ，時空間の4次元への写像となる。また，データの背後にある数理構造を用いることで距離関数，および類似度が決定される場合も多い。一般のデータマイニングとの違いがここにある。

しかしながら，流体情報全体では，独立変数を空間座標(x)と時間(t)としたとき，この独立変数を基本にするよりも，直接的に従属変数間の距離を考えた方がよい場合もある。また，文献などのテキストデータや視覚・聴覚情報など，単純に次元を規定し，距離関数を定義できないものもある。したがって，多種多様な変数に対して距離関数と類似度の構成方法を検討する必要がある。

統計的な意味で変数は，量的変数と質的変数に分けられる。量的変数(quantitative variable)とは，連続量として見なし得る変数であり，大小が区別できる変数である(統計的な連続変数と呼ばれることも多い)。質的変数(qualitative variable)とは，値が単に対象の相違を示す変数であり，大小に意味のない変数である。

質的変数は，ダミー変数(dummy variable)あるいはフラグ変数(flag variable)と，カテゴリ(カテゴリカル)変数(categorical variable)に大別される。ダミー変数は，2値変数(0と1，falseとtrueなどに対応付けられる)によって表される。例えば，非圧縮性をダミー変数とした場合，「0/false：非圧縮性でない，1/true：非圧縮性である」，である。また，文脈の中で，密度変化に対する性質(非圧縮性 or 圧縮性)のように2値に限定される場合，論理演算を容易にするために，false：非圧縮性，true：圧縮性とすることが多い。カテゴリ変数とは，方法(実験，観測，理論，計算)，行列解法(ヤコビ法，SOR法，CG法)のようにある概念に対していくつかの部類・部門が存在し，その構成要素そのものがデータを示すものである。通常は，1：実験，2：観測，3：理論，4：計算というように多値変数と対応付けることが多い。例えば，方法=2は観測を示す。以降，多次元変数を扱う。また，変数はデータとして扱われるので，多変量データとして話を進める。

さて，n個の多変量データがあるとする。それぞれのデータを個体と呼ぶ。ここで，p次元の多変量データのi番目の個体を$\boldsymbol{X}_i$とし，$\boldsymbol{X}_i(X_{i1}, X_{i2}, ..., X_{ip})$で示す。$X_{il}$は$\boldsymbol{X}_i$の$l$成分であるが，$p$次元を$p$個の属性と呼ぶ場合(時空間の次元と区別するために属性を用いることも多いが，本書では併用する)，l番目の属性という表現になる。例えば，独立性を考慮せずに，時刻，3次元座標，3次元速度，圧力からなる多変量データを扱う場合がある。i番目の個体$\boldsymbol{X}_i$は，$\boldsymbol{X}_i(X_{i1}, X_{i2}, ..., X_{i8})$で示されるが，$\boldsymbol{X}_i(t_i, x_i, y_i, z_i, u_i, v_i, w_i, p_i)$と表記されることもある。この場合，独立変数と従属変数を区別せず，7個の属性をもつ多変量デー

タと呼ぶ．

さて，量的変数の場合，距離関数 $d(\boldsymbol{X}_i, \boldsymbol{X}_j)$ は以下が成り立つものとして定義される．
① 非負性：$d(\boldsymbol{X}_i, \boldsymbol{X}_j) \geqq 0$
② 同一性：$d(\boldsymbol{X}_i, \boldsymbol{X}_i) = 0$
③ 可換性：$d(\boldsymbol{X}_i, \boldsymbol{X}_j) = d(\boldsymbol{X}_j, \boldsymbol{X}_i)$
④ 三角不等式：$d(\boldsymbol{X}_i, \boldsymbol{X}_j) \leqq d(\boldsymbol{X}_i, \boldsymbol{X}_k) + d(\boldsymbol{X}_k, \boldsymbol{X}_j)$

具体的なものとしては，利用目的に依存するが，ユークリッド距離：

$$d_{ij} = \sqrt{\sum_{l=1}^{p}(X_{il} - X_{jl})^2} \tag{5.1}$$

やユークリッド平方距離：

$$d_{ij} = \sum_{l=1}^{p}(X_{il} - X_{jl})^2 \tag{5.2}$$

また，マンハッタン距離：

$$d_{ij} = \sum_{l=1}^{p}|X_{il} - X_{jl}| \tag{5.3}$$

が用いられることが多い．ここで，$d_{ij} \equiv d(\boldsymbol{X}_i, \boldsymbol{X}_j)$ である．

しかし，これらの距離が個体間（データ間）の統計的な近さを示すものとは限らない．とくに，各属性が取り得る値の範囲が大きく異なる場合には，一定の範囲になるように標準化（規格化）が必要になる．一般には，各属性に対して，平均 0，分散 1 になるように標準化が行われる．個体 $\boldsymbol{X}_i$ を標準化したものを $\boldsymbol{X}_i'$ とする．l 番目の属性に対する平均を μ_l，標準偏差を σ_l とし，$\sigma_l \neq 0$ のとき，$X_{il}' = (X_{il} - \mu_l)/\sigma_l$ と変換する．属性間の場合は分散共分散行列が用いられる．分散共分散行列は Σ と表記されることが多いが，本章では $\boldsymbol{S}$ とする．$\boldsymbol{S}$ の要素 s_{lm} は，l 番目と m 番目の属性の共分散である．

$$s_{lm} = \sum_{i=1}^{n}(X_{il} - \mu_l)(X_{im} - \mu_m)/(n-1) \tag{5.4}$$

分散共分散行列を用いた距離関数にマハラノビス（Mahalanobis）の平方距離がある．この距離は，

$$d_{ij} = (\boldsymbol{X}_i - \boldsymbol{X}_j)^t \boldsymbol{S}^{-1} (\boldsymbol{X}_i - \boldsymbol{X}_j) \tag{5.5}$$

と定義される．$\boldsymbol{S}$ の逆行列が存在しない場合，この距離は存在しない．また，$\boldsymbol{S}$ の行列式が 0 に近くなると有用な指標にはならない．

距離が定義される場合，$\boldsymbol{X}_i$ と $\boldsymbol{X}_j$ の類似度（sim_{ij} とする）は，距離が短い方が高いというようにする．また，$\boldsymbol{X}_i$ と $\boldsymbol{X}_j$ をベクトルとし，2 つのベクトルのなす角度の余弦を類似度とみなす場合がある．次式のコサイン相関値と呼ばれるものは，後述する文書間の類似度としても用いられる．

$$sim_{ij} = \frac{\sum_{l=1}^{p} X_{il} X_{jl}}{\sqrt{\sum_{l=1}^{p} X_{il}^2} \sqrt{\sum_{l=1}^{p} X_{jl}^2}} \tag{5.6}$$

質的変数の場合は，距離よりも属性間の関数とその値を定義することが多い。X_i と X_j をダミー変数とする。

l 番目の属性に対して，$d_l(X_{il}, X_{jl})$ を，$d_l(0,0) = 1$, $d_l(0,1) = 0$, $d_l(1,0) = 0$, $d_l(1,1) = 1$ とし，

$$d_{ij} = \sum_{l=1}^{p} d_l(X_{il}, X_{jl}) \tag{5.7}$$

によって距離を定義し，距離によって類似度を求める。

また，属性ごとに $(1,1), (0,1), (1,0), (0,0)$ の数を数えることで直接的に類似度に結び付けることもある。例えば，X_i と X_j に対して，$(1,1)$ の総数を a, $(0,1)$ を b, $(1,0)$ を c, $(0,0)$ を d とする

表-5.2 ダミー変数に対する類似度

類似度の式	呼　称
$sim_{ij} = (a+d)/(a+b+c+d)$	単純一致係数
$sim_{ij} = a/(a+b+c)$	Jaccard 係数
$sim_{ij} = 2a/(2a+b+c)$	Soreson 係数
$sim_{ij} = a/(a+b+c+d)$	Russell–Rao 係数

と，表-5.2のように類似度が求められる。

カテゴリ変数の場合も，ダミー変数と同様に属性間の関数とその値を定義し，類似度に結び付ける。この際，コード化(符号化)を施し，コードの部分間に対して関数を定義することもある。例えば，実験や計算の整理などに用いられる 20090301001, 20090301002, 20090302001 のような日付と実施番号は，20090301001(20090301, 001)というように部分に対して関数を定義した方が類似度の計算は正確になる。ただし，大小関係がない場合，大きさに注意する必要がある。また，差分法(1次風上，2次中心，……)を，1次風上(1:true/0:false)，2次中心(1:true/0:false)とダミー変数に展開し，差分法が1次風上の場合，(1, 0, …)，あるいは(true, false, …)と表現する場合もある。

以上は変数に対する距離関数と類似度の与え方である。変数化されていないものに対しては，量的変数や質的変数で記述することから始める必要がある。例えば，次項で述べる類似画像検索において用いられる輝度分布のヒストグラムは画像を表す変数と考えられる。ヒストグラムはある量のある区分(ビンという)における頻度を表すものである。ビンの数が属性の数に相当し，頻度が量を示す。ビンの数を p とし，ある画像 i を $X_i = (X_{i1}, X_{i2}, ..., X_{ip})$ で変数化する。X_i と X_j の2つのヒストグラム間の距離は，Bhattacharyya 距離：

$$d_{ij} = \sqrt{1 - \frac{\sum_{l=1}^{p}\sqrt{X_{il}X_{jl}}}{\sqrt{\sum_{l=1}^{p}X_{il}\sum_{l=1}^{p}X_{jl}}}} \qquad (5.8)$$

やカイ二乗距離：

$$d_{ij} = \sum_{l=1}^{p}\frac{(X_{il}-X_{jl})^2}{X_{il}+X_{jl}} \qquad (5.9)$$

などで求められる。

　また，画像であっても，多くは人間が認識し，概念に照らし合わせ，言語表現がともなう。すべてではないが流体情報は言語化されていることも多い。結果として文章間の類似度が必要になる場合がある。文章iとjの類似度を計算する際にも，文章に対する変数化から始めなければならない。例えば，ある文章は，主要語句を成分とし，その出現数によって同定される。

　はじめに対象となる文章を形態素解析によって語句の集まりに分ける。最近では，自然言語処理の専門家でなくても，MeCab[29]などを用いれば容易に行えるようになっている。次に，すべての対象に対して頻出度が高い語句を求め，それらを属性とする。層流，実験，CFD，レイノルズ数，温度，粘性が頻出する語句であるなら，語句の出現数を数える。このようにして，文章は6つの属性の多変量データとして表すことができる。例えば，文章iは$\boldsymbol{X}_i = (5,3,10,0,2,5)$，$j$は$\boldsymbol{X}_j = (0,0,8,1,2,8)$と表される。変数化できれば，上述の方法によって類似度が求められる。コサイン相関値，Bhattacharyya距離やカイ二乗距離を利用することができる。また，出現数ではなく，出現したか否かのダミー変数とすれば，Jaccard係数などで類似度を算出できる。ただし，文章の類似性は，係り受けといった文構造や，オントロジーのような概念の体系に影響されるので，実際には，語句の用いられる文脈(コンテクスト)を十分に考慮する必要がある。

5.2.8　キーワード検索と内容検索

　データ，あるいは情報の再利用性を高めるためには，記述性の向上に加えて，蓄積されたものから必要なものを正確に取り出すことが必要になる。検索(retrieval)はその一つの方法である。

　検索にはキーワード検索と内容検索がある。キーワード検索は，データの内容や性質を表すテキスト情報の中からテキストとしての検索クエリー(query)を用いて検索を行う方法である。画像や音声などのテキスト情報以外のものを検索する場合には，その内容・性質を表すテキスト情報を関連づけておく必要がある。関連したテキスト情報は属性情報として埋め込まれ，メタタグによって構造化されることが多い。メタタグ(meta tag)とは，メタデータを定義するために用いられるタグである。メタデータ(meta data)とは，データに対するデータ，文書・書類・記録に関する情報，あるいは機械が理解できるウェブ上の情報などと定義されている。

キーワード検索に対し，内容検索は，データの内容を直接的に比較し検索するものである。例えば，画像データであれば，検索クエリーを拡張し，クエリーとして画像データを与え，類似画像を探すというものが提案されている[30),31)]。図-5.7の左図の画像が検索クエリーに相当するもので，右図が検索対象である。検索は，検索クエリーと検索対象との比較によって行われる。比較の際に用いられる指標が類似度である。

画像のように対象そのものの比較から類似度の算出が難しい場合，データ内容を示す特徴量を抽出して特徴量に対する類似度が求められる。初期に提案されたものであるが輝度分布をヒストグラム化し，前項で示したBhattacharyya距離によって類似度を求めるというものが知られている。図-5.8に図-5.7で示す画像に対する輝度分布のヒストグラムを示す。また，検索クエリーと検索対象とのBhattacharyya距離を表-5.3に示す。最も距離の短いものの類似度が高い。この場合，Dが検索結果になる。

一方，キーワード検索と内容検索を併用するものも多い。例えば，上述の例では，画像に対して，形状やレイノルズ数などの物理パラメータといったプリプロセスに関連する情報，数値計算や実験装置などのデータ生成プロセスに関連する情報，可視化操作などのポストプロセスに関連する情報が付随している場合も多い。それらに対するキーワード検索も考えられる。また，データ内容を示す特徴量がキーワードとなる場合もある。

流体情報という観点からは，どのデータを用いた検索を優先すべきか，検索精度の向上や効率化に寄与するものは何かが問題となる。これは，当然ながら対象依存である。しかしながら，流れ場は形状の影響を受け，かつ形状パラメータと流れ場は結び付けられている。この事実からは，優先すべきものは形状データとなる。形状の中には式として表現されているものもあり，設計等で扱う形状の多くは体系付けられていることが多い。細部においてパラメータ化されているわけではないが，幾何形状の特徴を表す諸量，形状定義の方法やデータ形式などの情報を利用できる。また，形状検索システムも存在する[32)]。このような形状を基本情報とする考えを形状中心(shape-centric)という。

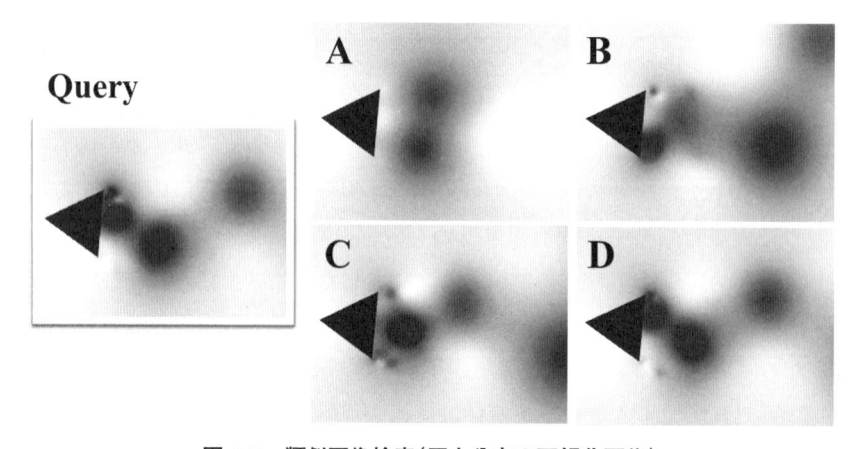

図-5.7 類似画像検索(圧力分布の可視化画像)

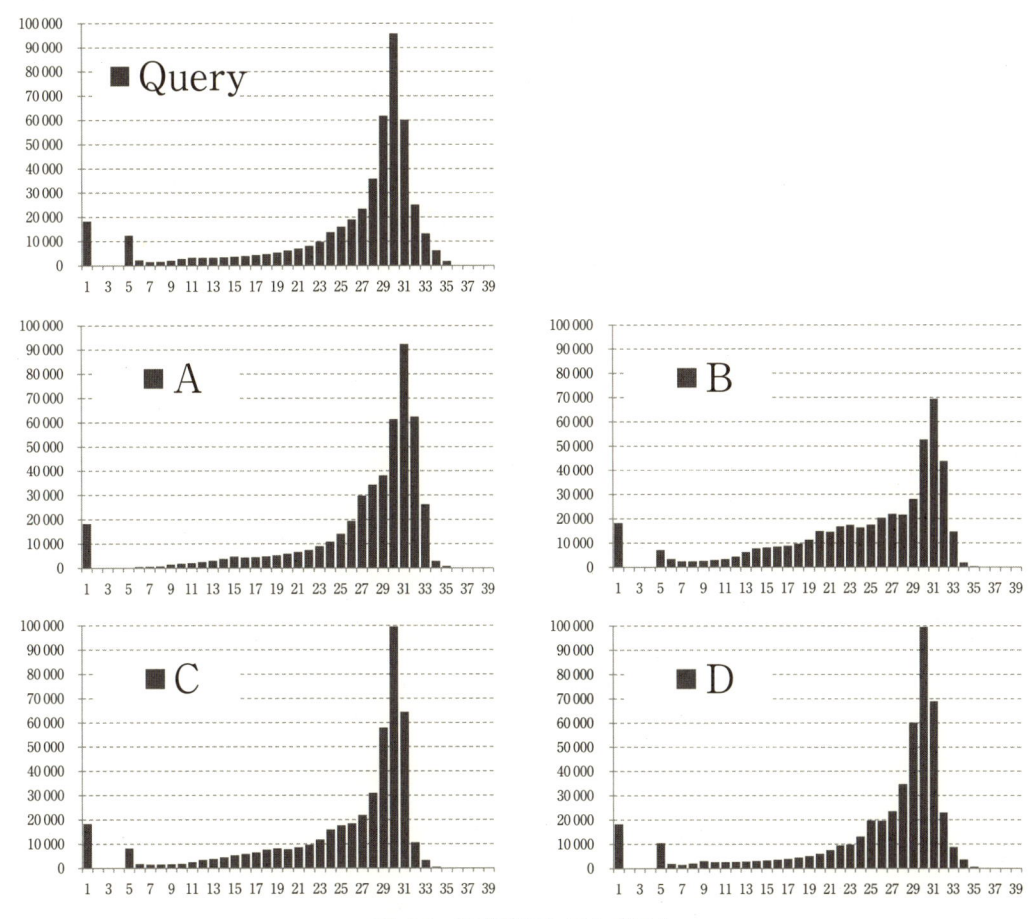

図-5.8 輝度値のヒストグラム

表-5.3 Bhattacharyya 距離を用いた類似度

A	B	C	D
0.1913	0.0968	0.0991	0.0474

　しかし，CFDにおいて，同一の計算条件（物理パラメータは同じ）で，同一の形状周りの流れ場を計算する場合，格子点数は同じでも格子点の分布が異なれば，異なる結果になることはよく知られた事実である．すなわち，格子依存性の問題[8),15)]が大きい．また，計算点の位置情報と近傍場を形成するための情報は，ほとんどの場合，形状に付随する．したがって，形状に加えて格子データ（あるいは計算要素の座標データ）を検索の対象とすることが望ましい．

　形状と格子は，格子生成プログラムと入力パラメータによって結びつけることができる．形状に対してキーワードと内容検索を，格子生成プログラムと入力パラメータに対してキー

5 データマイニングと知識発見

ワード検索を併用することで，必要となる格子データを絞り込む．ただし，生成された格子には，作成者の意図や知識が含まれ，それらが陽に表されていないことも多い．この場合は，格子データに対する内容検索が必要になる．例えば，**図-5.9**左図に示す3角柱を過ぎる流れ場の計算のためにつくられた格子(検索クエリーとする)に対し，類似するものを**図-5.9**右図のAからDの中からから探すことを考える．

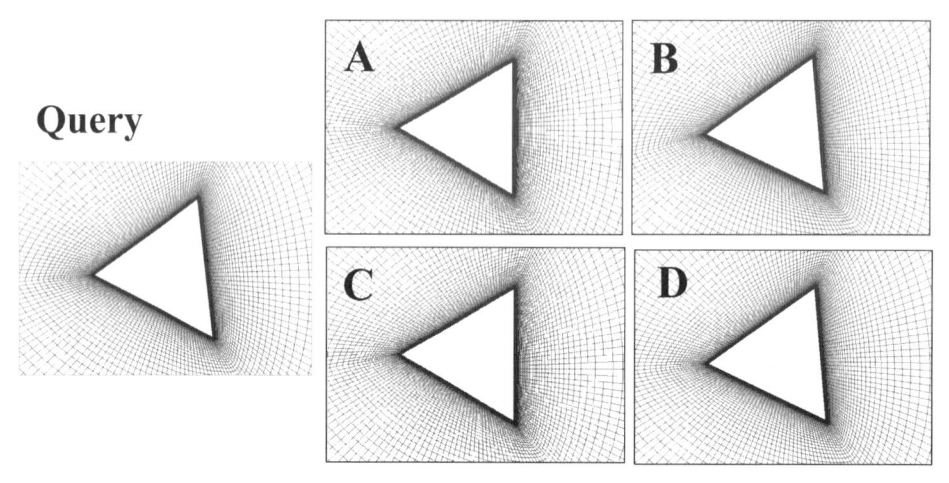

図-5.9 格子データに対する内容検索

格子点の直接的な比較によって検索を行うことは難しいので，特徴量を見つけ，特徴量を算出し，特徴量を指標とした検索を行う．格子点の空間分布を特徴付けるものとしては，格子の質が考えられる[15]．格子の質は，基本的には直交性，滑らかさ，集中度合い，格子セルの形状(主としてアスペクト比)で判断されることが多い．領域全体の指標で表すと(簡単のため二次元一般曲線座標系(ξ, η)上のものとする)，

$$\begin{aligned} I_o &= \int (\nabla\xi \nabla\eta)^2 J^3 dxdy, \\ I_s &= \int [(\nabla\xi)^2 + (\nabla\eta)^2] dxdy, \\ I_v &= \int w(x,y) J dxdy, \end{aligned} \quad (5.10)$$

となる．ここで，I_oは直交性，I_sは滑らかさ，I_vは集中度，$w(x,y)$は集中度を示す重み関数である．通常はこの3つの量の線形結合(例えば，$I = \alpha I_o + \beta I_s + \gamma I_v$)に格子セル形状を加えて質が評価されるが，ここでは各量に対して検索を行う．図-5.9で示したクエリーと検索対象の格子に対して，式(5.10)の諸量を計算し，その後，検索を行う．**表-5.4**に示すように，直交性ではA，滑らかさと集中度ではDが候補となる．

これは全体量に対する検索であるが，流体現象を扱う場合は，境界層近傍のように局所格子分布が重要になる場合も多い．そこで，次に局所分布からの検索を考える．式(5.10)における局所量である，$(\nabla\xi \nabla\eta)^2 J^3$，$[(\nabla\xi)^2 + (\nabla\eta)^2]$や，文献15)で示されている格子の診

表-5.4 各格子に対する格子の質(全体量)

	I_o	I_s	I_v
query	0.032	1 382 815	1 348
A	0.034	747 956	1 280
B	0.046	791 049	1 280
C	0.046	790 979	1 280
D	0.025	962 775	1 309

断量(局所 CFL 数,数値粘性の分布,一様流の捕捉性,拡散項の分布等)などを特徴量とする。これらの空間分布を求め,特徴点や特徴線,あるいは敷居値によって区別された特徴領域を基準とした内容検索や,特徴量の可視化を利用した類似画像検索を行う。図-5.10 に格子の診断量の一つ:$Q \equiv \Delta \eta$ の分布の可視化画像を利用した検索例を示す(検索クエリー,A,D のみを示す)。ヒストグラムに対する Bhattacharyya 距離からは D の類似度が最も高い。このように類似の格子データが見つけられる。

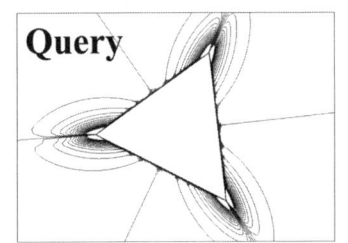

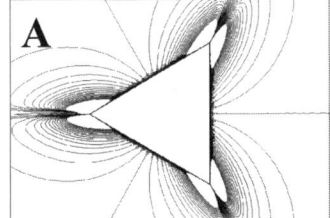

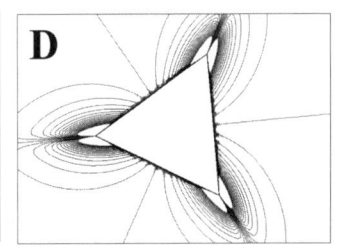

図-5.10 特徴量の可視化を利用した内容検索

5.2.9 より柔軟な検索へ(オントロジーとアノテーション)

シソーラスは,検索においては,的確な情報を探し出すために使用される検索用語集として用いられる。また,表記揺れを含めることもある。例えば,計算流体力学,数値流体力学,CFD を同義語として登録すると,いずれかを検索クエリーとすると 3 つすべてを見つけることができる。

別の例として,一次上流法と一次風上法の検索を考える。検索クエリーを一次風上法とした通常の検索では後者のみが見つけられる。一次上流法と一次風上法が同義語としてシソーラスに登録されている場合,両者が検索結果となる。一方,オントロジーを用いると,集団ごとに異なる検索結果となる。一次上流法と一次風上法が概念的に異なる場合,いずれかが検索結果となる。また,オントロジーによる検索の場合は,同一概念の中で関連する用語が検索される。例えば,数値計算法集団 1 のオントロジーの範疇で,一次風上法を検索すると,

一次風上法に加えて，数値安定化手法などが検索結果になる。

このように，シソーラスを含めてオントロジーは柔軟な検索とその効率化に寄与する。しかし，5.2.3項で述べたようにオントロジーの構築は容易ではない。ある検索クエリーに関連するより多くの検索結果を求める場合や，複数の検索クエリーでより的確な検索結果を得る場合には，検索対象に対して情報を付加する。この代表がアノテーションである。

アノテーション(annotation)は文字通り，注釈付けのことである。的確な検索のためには内容を示す多くの属性情報がある方がよい。例えば，支配方程式という言葉が流体力学に関連して用いられている文章を検索する場合を考える。支配方程式は，オイラー方程式，ナビエ・ストークス方程式などを指すので，まず，支配方程式に対して複数個の定義文を与える。このようにすると，オイラー方程式を検索クエリーとして検索を行うと支配方程式を含む文章群が検索結果となる。このとき，ある論文中の支配方程式という言葉が明らかにオイラー方程式を指す場合，それを注釈付けしておくと，漏れが少なく的確な検索が可能になる。アノテーションは，検索対象をコンテンツと考えると，コンテンツに対するコンテンツであることからメタコンテンツ(meta-content)とも呼ばれる。

アノテーションにも，オントロジーと同様に専門性が必要になる。これは，組織としての知識管理の在り方を意味するものでもある。同じ専門分野の人間が集まれば，知識の効率的な獲得も可能になるだろう。この考えに基づいて，協調フィルタリング[33], [34]やドメインモデルといった組織の知を扱う方法が普及している。協調フィルタリング(collaborative filtering)とは，複数のユーザーが協力しながら自身の扱った情報に対するコメントを記録することによって，他のユーザーが情報をフィルタリングすることを助けるといったものである。知識の獲得，検索におけるドメインモデル(domain model)とは，データが生み出された分野に関する知識をもつユーザーを限定することによって，分野に固有の良質な知見を獲得するためのモデルである。分野固有といっても，他分野への適用を視野に入れたものであることが多く，あるドメインに適用後は，一般論へ展開されることが多い。いずれの方法もデータクレンジングや欠損情報の補完にも用いることができる。

5.3 データ変換（特徴量とその表現）

流体情報の多くは巨大な数値の羅列（データ）なので，生データ(raw data)に対して直接的にデータマイニング手法を適用することは現実的ではない。例えば前処理を施し，データ量を縮小する仕組みを考える必要がある。可視化はその代表である。また，ある計算結果に近い実験データを効率良く見つけ出すとか，同じような計算を繰り返さないための仕組みも重要である。この基本は定量的な比較と検索技術である。文献[35]では，定量的比較の一つの方法として同じ参照点を持つ比較空間という考えを示している。

検索については前節で述べた通りであるが，例えば，CFDのデータにおいて，計算対象，およびデータの生じる過程がメタデータとして記述されていれば，正確，かつ効率的な検索

が可能になる。メタデータが付与されていない場合，計算結果の内容まで踏み込んだ検索は類似度の定義が多岐にわたるために難しい。このため，先述の可視化画像や，間引き，基底関数への分解などによる階層的なデータマネージメントを利用して検索が行われることも多い。Duchaineu らのグループは，ウェーブレットを利用した大規模データマネージメントの中で，特徴的な成分に基づく比較・検索を行っている[36]。

いずれにしろ，生データに内在する特徴を維持しつつ，できるだけ簡潔にデータを表現する（変換する）ことが望ましい。このためには，特徴量や特徴領域を見つけ，特徴量間の関係性，あるいは特徴領域間の関係性を明らかにする必要がある。本節では，可視化以外の方法として，流れ場の位相構造の抽出法と，3章でも述べられている，流れ場を代表する渦の抽出法について説明する。

5.3.1 流れ場の位相構造

特徴領域の抽出としてはじめに思いつくものは，流れ場の位相的な構造の抽出[37],[38],[39] であろう。実際，流れの可視化においては，Tobak と Peake らによる先駆的な研究[40] から流れ場の位相表現などの特徴量の抽出による情報の簡素化が行われ，現在も方法論が模索されている。

ベクトル場に関しては，ベクトル場全体を次の常微分方程式で表し，

$$\frac{dx}{dt} = \boldsymbol{b}, \quad \boldsymbol{b} = \begin{pmatrix} u \\ v \\ w \end{pmatrix}, \tag{5.11}$$

適切な補間関数を用いて計算要素内でのベクトル $\boldsymbol{b}$ を $\boldsymbol{b} = \boldsymbol{b}(x,y,z)$ と近似する。ここで，$\boldsymbol{b}$ はあるベクトル場を，t は時間，あるいは擬似時間を示す。この分布から特異点の位置 (x_c, y_c, z_c) を，

$$\boldsymbol{b}(x_c, y_c, z_c) = \boldsymbol{0} \tag{5.12}$$

によって求める。次に，式(5.11)を特異点まわりで線形化する。

$$\frac{d}{dt}\begin{pmatrix} x-x_c \\ y-y_c \\ z-z_c \end{pmatrix} = \begin{pmatrix} \frac{\partial u}{\partial x} & \frac{\partial u}{\partial y} & \frac{\partial u}{\partial z} \\ \frac{\partial v}{\partial x} & \frac{\partial v}{\partial y} & \frac{\partial v}{\partial z} \\ \frac{\partial w}{\partial x} & \frac{\partial w}{\partial y} & \frac{\partial w}{\partial z} \end{pmatrix}_{x_c, y_c, z_c} \begin{pmatrix} x-x_c \\ y-y_c \\ z-z_c \end{pmatrix}, \tag{5.13}$$

右辺の3×3行列の成分は $\boldsymbol{b} = \boldsymbol{b}(x,y,z)$ の偏微分によって求められ，固有値，固有ベクトルを調べることで，特異点の性質，特異線の方向がわかる。それらの関連性を求めれば，ベクトル場に基づく流れ場の位相構造を導くことができる。例えば，鞍点，節点からは特異線を延長し，焦点に関しては適当ないくつかの線を追跡し，中心点に関しては適当な同心円を書くことによって局所的な構造を記述し，それぞれを元になるベクトル場を参照しながら結

びつければよい。

2次元非圧縮性流体の速度ベクトル場を特異点まわりで線形化すると，式(5.13)と同様に

$$\frac{d}{dt}\begin{pmatrix} x-x_c \\ y-y_c \end{pmatrix} = \begin{pmatrix} \frac{\partial u}{\partial x} & \frac{\partial u}{\partial y} \\ \frac{\partial v}{\partial x} & \frac{\partial v}{\partial y} \end{pmatrix}_{x_c, y_c} \begin{pmatrix} x-x_c \\ y-y_c \end{pmatrix}, \tag{5.14}$$

となる。ここで，非圧縮条件：$\frac{\partial u}{\partial x}+\frac{\partial v}{\partial y}=0$ を用いて，$D=\frac{\partial u}{\partial x}\frac{\partial v}{\partial y}-\frac{\partial u}{\partial y}\frac{\partial v}{\partial x}$ として固有値 λ を計算する。$D \leq 0$ のとき，$\lambda = \pm\sqrt{-D}$ で特異点は鞍点を示し，$D > 0$ のとき，$\lambda = \pm i\sqrt{D}$ で特異点は中心点となる。すなわち，焦点は存在しえない。また，2次元非圧縮性流体においては，圧力 p に関して，$\frac{\partial^2 p}{\partial x^2}+\frac{\partial^2 p}{\partial y^2}=\frac{D}{2}$ が成り立つ。これより，鞍点上の圧力は，まわりの点の平均よりも高いこと，渦心点上の圧力は，まわりの点の平均よりも低くなることがわかる[41]。この知見は，例えば可視化結果の正当性を調べるために利用される。

スカラー場 s の場合，勾配を計算し，$\boldsymbol{b}=\left(\frac{\partial s}{\partial x}, \frac{\partial s}{\partial y}, \frac{\partial s}{\partial z}\right)$ とすれば，ベクトル場と同様の処理が可能になる。

流体情報という観点からは，特異点や特異線を用いた表現は流れ場の骨格を示すマーカーとして重要な意味をもつ。一方，特異点・特異線などを用いた位相表現は単純化されすぎるか，抽象的になりすぎるので流れの本質を見逃す可能性が指摘される。また，次項で述べる問題点もある。このため，物理的考察に必要な情報や設計情報などの抽出には，生データの持つ詳細情報を併用する必要がある。しかし，解析者が特徴量や特徴的なパターンを見出し，それに基づいて詳細情報に対する解釈を行うことは一般的である。その際に位相構造を起点とすることも多い。また，機械処理可能なルールに基づいて作成できる点も重要である。さらに，位相情報は，情報の圧縮や検索にとって有用である。

5.3.2 渦表現

前項で述べた位相的な構造の抽出には，主として，
- 参照座標に対する依存性
- 数値誤差の影響による誤情報の発生
- 線形化による情報の歪曲と欠如

という3つの問題がある。速度場であれば，流れに固定された座標と流れに乗った座標では異なる結果になる。数値誤差に起因する誤情報は，生データに含まれる高・低周波の数値振動，保存則の破綻，可視化操作そのものによって生じる。スカラー場の勾配を利用した特異点探索では，高周波の誤情報は識別しやすいが，低周波の数値振動に起因するものを見つけることは難しい。これらの問題は，個々の解析者の経験や見た目に依存した修正や情報の削

5.3 データ変換（特徴量とその表現）

除・追加によって解決されてきたが，個別の問題への依存性が強い。

一方，流体解析では，3章で述べられているように渦の一側面である渦度場の方が重要視されることも多く，現象を渦構造によって解明しようという多くの試みがなされている。特徴量，特徴領域になるので比較や検索という意味でも重要である。

2次元においては渦度の利用が直接的である。3次元では，渦度ベクトルの解釈の難しさから，速度ベクトル場の特異点に基づく渦中心の同定法，渦度ベクトルの絶対値，エンストロフィ密度，圧力断面極小旋回法などのさまざまな提案がなされている[42),43),44)]。

本項では，筆者らが提案している渦構造の渦要素抽出手法[45)]について述べる。はじめに，計算データから渦度を計算する。次に，可視化を利用して渦度の必要な部分を選別し，連続に分布する渦度を渦要素に変換する。渦要素は，2次元の場合，点の座標と循環の強さ，3次元ではセグメントの両端の座標と循環の強さで表される。**図-5.11** 上図は2次元翼を過ぎる流れの渦度分布，下図は渦度分布を渦要素化したものである。

図-5.11 渦要素化による2次元翼を過ぎる流れの表現

ある渦要素から誘起される速度場はビオ・サバールの法則によって計算することができる。すべての渦要素からの誘起速度を重ね合わせることで，元となる流れにおける速度場が再構築される。2次元の場合，渦要素の総数を N とすれば，任意の点に誘起こする速度は

$$u = \sum_n^N \Gamma_n \frac{-(y-y_n)}{(x-x_n)^2+(y-y_n)^2+\varepsilon},$$
$$v = \sum_n^N \Gamma_n \frac{(x-x_n)}{(x-x_n)^2+(y-y_n)^2+\varepsilon} \tag{5.15}$$

となる。ここで，Γ_n, x_n, y_n は n 番目の渦要素の循環の強さと座標，ε は分母の特異性を避けるために導入した小さな正数である。**図-5.12**に渦要素による速度場の再構築の例を示す。上図が計算データである速度ベクトルの表現，下図が渦要素から求めた速度場である。渦要素数が少ないため，境界層近傍での精度は低いが元の速度場をおおむね再現ができている。計算データから求めた渦度場は25 000点での渦度で構成され，抽出された渦要素の数は1 020である。情報量に関しては，渦度場は単精度で100 KB，渦要素は約4 KBである。約4.1 %の圧縮ができている[45]。

　情報の圧縮以上に，渦要素の分布を特徴量として扱うことのメリットは，ある要素のある部位に対する影響が見積もられることである。例えば，**図-5.11**下図の渦要素からから誘起される速度場が計算できるので，短い時間であれば流れ場の変化を予測できる。

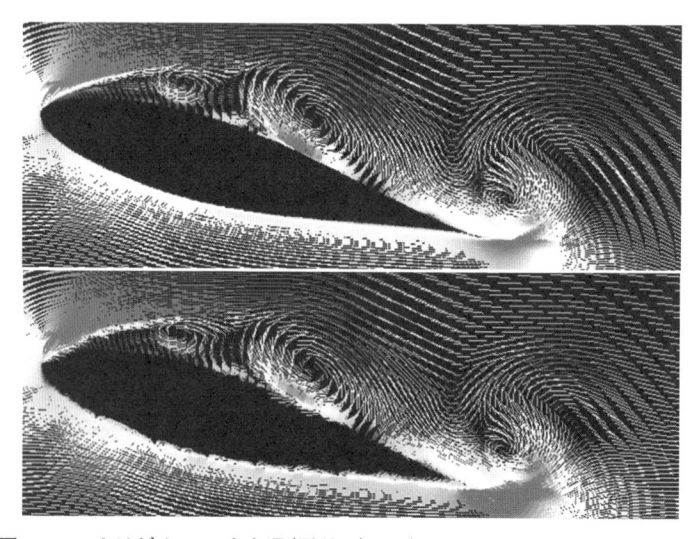

図-5.12　オリジナルの速度場（計算データ）と渦要素から再現した速度場

5.4　データマイニング手法とルール抽出

　大量のデータの創出によってデータマイニングが脚光を浴びることになる。流体情報においても例外ではないことは先述の通りである。CFDにおいては，80年代はスーパーコンピュータの発展もあいまって大量に吐き出されたデータではあったが，データの解釈やそれに基づく低次元化（あるいはデータの再構成）は容易であると考えられ，必要な部分だけ取り去れば，一人の研究者でも扱えないほどのデータは残らないだろうという見解があった。ところが，数値解の信頼性の問題を理論的に解決することは難しく，常に更なる高解像度計算が必要とされ，さらに大量のデータが生み出される。結果として有意な部分と無意な部分を分けることすら難しくなっている。また，実験や観測においても，PIVやリモートセンシングなどの広範囲の空間情報を扱う方法の高精度化が進み，同様の状況になっている。繰り返

5.4 データマイニング手法とルール抽出

し述べることになるが，このように多種多様な大規模データが分散して存在し，その処理の問題がクローズアップされているのである。

さて注目されているデータマイニングであるが，その手法の多くは，統計解析（あるいはデータ分析）において用いられるものと同じであり，確率統計学をベースに発展している。では，従来の統計解析との大きな違いは何だろうか？　多くの教科書ではデータの大規模化とアクセスの容易さを挙げ，母集団に対する直接的なデータの分析（標本抽出を行わないという意味）や交差妥当化（クロスバリデーション：cross validation）に対して十分なデータが存在することを強調している[19),46),47)]。また，統計的検定論に属する手法などの存在理由がなくなり，そのような淘汰に違いがあるという主張もある。敢えてそのように違いを際だたせる必要はないように思われるが，強いて言えば，データマイニングが知識発見プロセスまでをスコープに含めていることが一つの違いであろう。知識発見過程や知識創出過程への展開が鍵なのである。

流体情報を考える上でもこの点に留意する必要がある。流体科学においては，言うまでもなく乱流の分野，データ処理を中心にして統計解析の利用・応用は盛んであった。それによって得られた知見も多い。データの大規模化は，流体運動の非線形性を際だたせ，従来的な分析手法の限界を示している。そして，主として非線形性に起因する大きなパラメータ空間の探索と，得られた結果の解釈から知識発見へ至る過程においてデータマイニングを必要としている。ただし，データマイニングは万能なものではないことには充分留意しておきたい。パラメータの変化に対して鋭敏に反応する結果を解釈する際に，解析者を支援するようなものと位置づけた方がよいだろう。

流体情報におけるデータマイニングの役割は，支配方程式から簡単には類推できないルールを発見することによって流体現象をより深く理解するための情報・知識を得ること，得られたデータの中から設計情報などの次のステップに利用できる情報を創出すること，プリプロセス，データ生成プロセス，ポストプロセスの高精度化や効率化（例えば，人間を支援するための情報を抽出すること）である。

留意しなければならないのは，ナビエ・ストークス方程式などの支配方程式が確立しており，すでに数理的な背景が存在しているという点である。このことから，データマイニングを突き進めていくとナビエ・ストークス方程式，あるいはその解析解が導かれるのでは，という冗談ともとれない極論も存在する。確かに計算データ，実験データ，観測データの場合，一般的なデータマイニングに比べると，数理モデルのパラメータ同定やモデル自身の創出が目的とされることも多いようである（例えば，管内流れの圧力損失を与える実験式のようなものが理想とされる）。一方，適用事例が少ないことも事実である。目的があり，道具があっても，どのように利用すればよいかがわかりにくいと言える。

次項から代表的なデータマイニング手法における基本となる考え方を主としてベリーとリノフの教科書[47)]に従って示すが，できる限り具体例を挙げ，流体情報との関連性を明らかにしていく。なお，示した実例の多くは，オープンソフトウェアであるR[48)]という言語の

パッケージを用いた結果である。

5.4.1 一般的なデータマイニング手法

データ分析とはデータに対して適切なモデルをつくるプロセスとされる。モデルとは、与えられた入力に対して、何かしらの出力がある場合に、入力と出力を結びつける関係式である。入力をX, 出力をYとしたときの$Y=aX+b$のような一次方程式や、微分方程式、あるいは事象Aが生じたときにはBという結果となるというルールなどを含む。

データマイニングの具体的手法は、与えられたデータ群（データセット）から、モデル（あるいはルール）を見出すための方法としてとらえられることが多い。ベリーとリノフの教科書では、マーケットバスケット分析、記憶ベース推論、クラスター分析、リンク分析、決定木、ニューラルネットワーク、遺伝的アルゴリズムを扱っている。また、近年ではベイジアンネットワークなどのベイズ理論に基づく方法が加わることが多い。データの分類、陽なパターンや隠れパターンの抽出、それらの学習、モデル化と予測がキーワードになる。

次項以降、流体情報の創出、分析に適用する際にポイントとなる項目について説明する。ニューラルネットワークはデータマイニングにおける最も有用な手法とされ、「データマイニング＝ニューラルネットワーク」として扱われる場合もある。一方、ニューラルネットワークは、データマイニング以外にさまざまな活用法が提案されており[48]、多くの教科書がある[49]。その概要と教師なし学習の一つから発展した自己組織化マップを簡単に説明するにとどめる。遺伝的アルゴリズムは、最適化問題に関連して6章にて扱われる。ベイジアンネットワークは多くの応用も考えられるが、進展が非常に速い話題である。別稿に譲りたい。

なお、データマイニングの場合は、データベースの利用を前提として、データというよりはデータの集合体としてのレコードという用語を使うことが多いが、本章では混乱しない限りデータという言葉を用いることにする。

5.4.2 バスケット分析

マーケットバスケット分析とは、買い物かご（バスケット）や取引レコードで一緒に買われるアイテムのグループを見つけ出すために発展したクラスタリング手法の一つである。例えば、「紙おむつを買う男性は缶ビールを同時に買うことが多い」という連関規則の発見と、そのようなルールを利用して商品の配置を変更し、売り上げを伸ばしたという逸話が有名である。

基本は、質的変数に対するマイニング手法である。量的変数は、量子化等によって質的変数に変換し、この手法が適用されることが多い。例えば、0.0から1.0の値をとる量的変数を、A：[0.0,0.33), B：[0.33,0.66), C：[0.66,1.0]という具合に、質的変数に変換する。バスケット分析は、問題の規模が大きくなると指数関数的に計算量が増大するという欠点はある。しかしながら、履歴情報に対するデータマイニングという点では有用である。

この分析を応用する場合、バスケットの意味付けがあった方がよい。買い物かごであれば、

5.4 データマイニング手法とルール抽出

何かを買うという目的や，買い物というイベントが買い物かごに含意される。しかし，自明でない場合も多い。何を目的にしてバスケットにアイテムを入れたか，あるいは何のイベントに対してバスケットを用いたかという情報である。バスケット分析の結果を解釈する上で，目的やイベントを同定することが重要である。

ここでは，ある目的に対して行われる可視化をバスケット分析の例として紹介する。この例題は次項以降においても用いるので詳細を述べる。

4章で述べられているように，可視化は，可視化対象となるデータの選択の後，可視化操作（手法）の選択，可視化結果の解釈を，解析者が繰り返すことで進められる。可視化の意味づけや効果は，このサイクルの中で見いだされることが多く，このサイクルの中で学習が行われる。この一連の流れを，改めて可視化プロセスと呼ぶことにする。可視化プロセスを一般的な意味での作業と考えると，目的と，目的を達成するという観点が重要になる。一般に，可視化の多くは発見（探索）型であり，目的があいまいなことや，可視化の途中で目的が変更されることも多く，目的を同定することは難しい。しかし，「何のために（可視化するか）」に相当する目的を上位の目的とし，可視化操作や見方（表示）に直接関連する目的を下位の目的とすれば，例えば，'物体に加わる局所的な力を知るために'，'数値振動が生じている場所を調べるために'，あるいは'可視化のために'という，可視化プロセス全体における「何のために」に属する上位の目的と，'物体表面近傍の渦度場や圧力場を調べる'や'流れ場全体の圧力分布を調べる'という下位の目的を明らかにできる。次に，目的を，「目的＝ねらい＋機能」とし，上位の目的を「ねらい」に，下位の目的を「機能」に関連付ける。どちらかの可視化目的が与えられた場合は一連の作業手順を決定できることが多い。

5.2.5項で示した可視化に対する一つの手続き S_k を，可視化結果 V_k と対応付けて，履歴情報として蓄積する。得られた履歴情報に対して，目的との対応付けを行う。この際に，可能ならば，Feketeら[50]のように可視化に対する利得を与える。より具体的には，Xという対象に対して，目的 Y_i と手続き S_k の意図をヒアリング等で明らかにし，目的の達成度，知見獲得の有無，手続きの必要度などを4件法や5件法で調べ，利得 F_k として与える。この繰り返しによって，対象X，目的 Y_i に対して可視化結果 V_k が手続き S_k とともに蓄えられていく。また，利得 F_k が与えられる場合もある。この履歴情報に対してバスケット分析を行う。

いくつかの2次元物体を過ぎる非圧縮性流れの計算データの可視化に対する履歴情報から，手続き S_k の中で，精度を調べるためのものを抽出する。この場合の目的「計算精度を検討する」は流体計算では一般的なものなので，用意した選択肢や，自由形式の記述等により明らかにできる。下記の，目的の達成度は，可視化結果 V_k から，（4：十分にできている，3：どちらかといえばできている，2：どちらかといえばできていない，1：できていない）という4件法で主観的判断によって求められたものである。

対象と目的によって，何のバスケットかが明らかになる。とはいえ，すべてのパラメータに対するバスケット分析から有意なルールを抽出することは難しい。そこで得られた履歴情

報と経験的な知見から以下のようにパラメータを簡素化する。可視化対象となるデータの種類は構造型，物理量は，q1：圧力，q2：速度，q3：渦度，q4：流線とする。簡単のため，圧力と速度などを同時表示したものはルール抽出の対象から除外する。

可視化操作は，A：格子線，C：等値線，G：ベクトル表示とする。格子線のパラメータは，範囲（全体，物体面，領域指定）のみとする。範囲をaという記号で示し，a1：全体，a2：物体面，a3：領域指定，と符号化する。等値線に関しては，分布と値の範囲をまとめて符号化する。分布を（等間隔，不等間隔），値の範囲を（全体の最大最小，指定領域の最大最小，0を中心とする入力値）とし，c1：等間隔，全体の最大最小，c2：等間隔，指定領域の最大最小，c3：等間隔，0を中心とする入力値，のように符号化する。なお，利用されなかった操作はa0，c0，g0としている。

表示に関しては，平行移動，拡大，縮小に限定し，v0：デフォルトのまま，v1：平行移動，v2：拡大，v3：縮小，v4：平行移動，拡大，v5：平行移動，縮小，v6：拡大，縮小，v7：平行移動，拡大，縮小と符号化する。表-5.5に手続き S_k の一部を示す（手続きの総数は30）。

Rを利用して行ったバスケット分析の例を以下に示す。はじめに，達成度を除外し，表-5.5の多値のカテゴリ変数を表-5.6で示す0,1のダミー変数に展開する（30の手続きの内，手続き#1のみを示している）。手続きに対して，Rのarulesパッケージ（library(arules)）を用いて連関規則を求める。カテゴリの数が増えると，バスケット分析のパラメータを調整しても，多くのルールが導出される。その中から有意なものを見出すのは人間である。ここでは，2つのルールを導いた。

　　　rule1 {操作 A = a1, 操作 C = c2} => {場 = q1}

　　　rule2 {操作 A = a2, 操作 C = c6} => {場 = q4}

ルールを読み解くと，rule1は，「圧力場の可視化を利用して計算精度を検討する場合，指定

表-5.5　可視化手続きの例

手続き #	場	操作			表示	達成度
		A	C	G		
1	q1	a0	c1	g0	v0	2
2	q1	a1	c1	g0	v0	2
3	q1	a1	c2	g0	v2	3
4	q1	a3	c2	g0	v6	4

表-5.6　手続き#1のダミー変数への展開

#	q1	q2	q3	q4	a1	a2	a3	c1	c2	c3	c4	c5	c6	g1	v0	v1	v2	v3
1	1	0	0	0	0	0	0	1	0	0	0	0	0	0	1	0	0	0

領域に対して等間隔で等値線を表示し，かつ格子線全体を表示する」というもので，rule2 は，「流線の場合は，0 を中心とした入力によって不等間隔で等値線を表示し，格子線は物体を表示する」というものである．繰り返しになるが，得られる連関規則は多く，意味のあるものを見つけることは難しい．結果の精査は必須である．

5.4.3 決定木

決定木(decision tree)とは，与えられたデータの階層化によって，分類や予測を行う手法である．データは予測変数(predictor variable)，あるいは説明変数(explanatory variable)と，基準変数(criterion variable)，あるいは被説明変数(explained variable)に分けられ，おのおのが決定木の部品として扱われる．それらを何かしらの基準に従って分類していく．結果として得られる図は樹木のイメージに近い(上下左右は決まっているわけではないが，本章では上を根とする)．

図-5.13 に表-5.5 に示す可視化の手続きに対して，達成度を基準変数に，場，操作 A，操作 C，操作 G，表示を予測変数としたときの決定木を示す．なお，図-5.13(a)では，達成度が 1 と 2 を "NG" で，3 と 4 を "OK" とした．また，達成度の大きさに意味を持たせ(大きさによって順序付けできる)，図-5.13(b)では量的変数としたときの結果を示す．

図中の予測変数を示す部分をノード(node)という．一番上のノードを根(ルート：root)と呼び，そこから分類が始まる．決定木のあるノードから下の部分を，部分木，あるいは枝葉(ブランチ：branch)という．枝葉の最終ノードをターミナルノード(terminal node)という．上下のノードは親子関係にあり，上のノードを親(ancestor)，下のノードを子(descendant)と呼ぶ．分類の結果は，明示的なルールの形になっているので，それ自体をモデルとして扱うことができる．判断は上から下に向けて行われ，逆戻りすることはない．

決定木の生成方法に対して CART(Classification And Regression Trees)，CHAID(CHi-squared Automatic Interaction Detection)，C4.5/C5.0 などのアルゴリズムが提唱されている．これらは，木の成長(どのような順番で分岐を進めていくか，分岐の基準はどういうものか)，分岐の終了，枝刈り(木が複雑化した場合，単純なルールが見つけられなくなるために，適宜，部分木を要約，修正すること)の方法に違いがある．なお，基準変数が質的変数の場合は分類木，量的変数の場合は回帰木とも呼ばれる．回帰木の場合，量的変数に対しては偏差平方和の分解などの操作が施される．予測変数に量的変数を用いる場合は，分類木，回帰木ともに量子化などの操作が加わる．このため，データが与えられたときに決定木は一意に決まるわけではない．

図-5.13 の結果は，CART を用いて求めたものである．R の mvpart パッケージ(library(mvpart))を利用した．また，図-5.13(a)では，rpart 関数の method="class"，図-5.13(b)では，method="anova"を用いている．分岐を生じさせている変数がルートに近いほど，基準変数に対しての影響が強い．図-5.13(a)から，操作 C が達成度(基準変数)を分ける第一の要因であることがわかる(操作 C のうち，c2，c3，c6 の場合が達成度 OK である)．右側のブラン

(a) 分類木

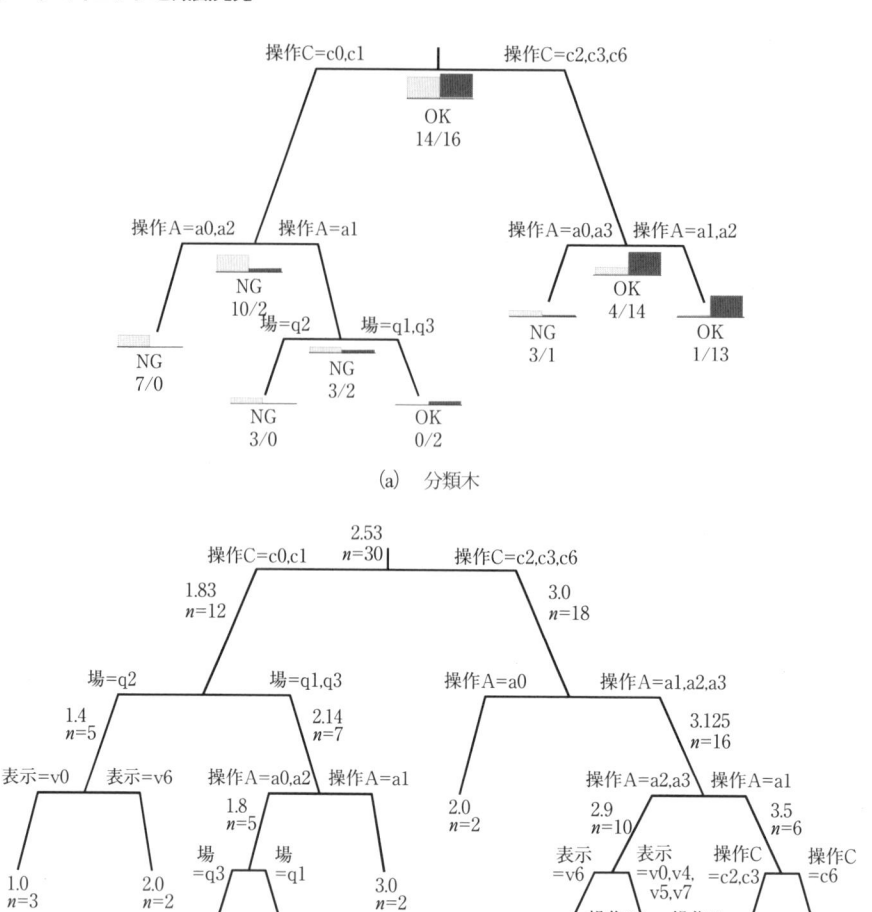

(b) 回帰木

図-5.13 決定木の例

チの第一の分岐は，次に操作Aが達成度を分ける要因になっていることを示している。このように，決定木は基準変数に関する予測変数の階層化，あるいは構造化を行い，因果関係をわかりやすいものにする。しかし，予測変数が増えると決定木自体が複雑化し解釈が難しくなる。このため，枝刈りのパラメータ設定など，分析対象ごとに調整が必要になる。

5.4.4 クラスター分析

クラスター分析(cluster analysis)とは，互いに似ているデータ，情報をそれぞれのクラスターの中では類似度が高く，異なるクラスター間では類似度が低くなるようにクラス化する手法である。

クラスターの抽出法は階層的手法と非階層的手法に大別される。階層的手法は，「最も近

い」クラスター同士を併合していくことで階層化されたクラスターを生成する。非階層的手法の多くは、与えられた分割数に対して何かしらのアルゴリズムによってデータや情報を分類するものである。

はじめに、階層的手法について述べる。階層的手法には、各クラスター間の距離の定義により最短距離法、最長距離法、重心法、群平均法、ウォード法などがある。なお、あるデータは1つのクラスターに属するものとして説明する。

p 次元の n 個のデータがあるとする。また、i 番目のデータを $(X_{i1}, X_{i2}, ..., X_{ip})$ とする。はじめに、初期状態として、n 個のクラスターが存在するものとする。すなわち、1つのデータが1つのクラスターを形成している。1ステップ目に対しては、第1段階として各データ間の距離を算出し、$i \neq j$ に対して最小距離になる i と j を併合して新たな1つのクラスターとする。2ステップ目以降、第1段階として各クラスター間の距離を算出し、第2段階として最小距離、あるいは最大距離にあるクラスターを併合して新たなクラスターをつくる。これを最終的に1つのクラスターになるまで繰り返す。

クラスター間の距離は、クラスターをデータの集合と考え、各クラスターに属するデータ間、あるいは重心に基づいて求められる。ここでは、クラスター a と b の距離を考える。クラスター a に属するデータを $\boldsymbol{X}_a$ とし、b に属するものを $\boldsymbol{X}_b$ とする。また、a と b の和を c ($\equiv a \cup b$) とし、c に属するものを $\boldsymbol{X}_c$ と表す。それぞれの要素数(データ数)を n_a, n_b, n_c ($=n_a+n_b$) とし、要素を $(X^a_{k1},...,X^a_{kp})$, $k=1,...,n_a$, $(X^b_{k1},...,X^b_{kp})$, $k=1,...,n_b$, $(X^c_{k1},...,X^c_{kp})$, $k=1,...,n_c$ で表す。また、単純平均を、

$$\overline{X^a_l} = \frac{\sum_{k=1}^{n_a} X^a_{kl}}{n_a}, \; \overline{X^b_l} = \frac{\sum_{k=1}^{n_b} X^b_{kl}}{n_b}, \; \overline{X^c_l} = \frac{\sum_{k=1}^{n_c} X^c_{kl}}{n_c} = \frac{1}{n_a+n_b}(n_a\overline{X^a_l} + n_b\overline{X^b_l}), \; (l=1,\cdots,p) \quad (5.17)$$

とする。

非類似度を用いると再帰式が利用できるが、ここでは式ではなく簡単に内容を説明する。データ間の距離としては、5.2.7項で示したものなどを用いる。ただし、重心法や群平均法では、重心や平均を求める際の演算と距離計算の演算の整合性から、ユークリッド距離、あるいはユークリッド平方距離を用いる場合が多い。

最短距離法は、$\boldsymbol{X}_a$ と $\boldsymbol{X}_b$ の最小距離をクラスター間の距離とする。最長距離法では、$\boldsymbol{X}_a$ と $\boldsymbol{X}_b$ の最大距離をクラスター間の距離とする。重心法ではクラスターの重心間の距離とする。各クラスターの重心を単純平均によって求めることが多い。群平均法は $\boldsymbol{X}_a$ と $\boldsymbol{X}_b$ のすべての組み合わせの距離を平均したものをクラスター間の距離とする。

ウォード法(Ward's method)では、ユークリッド平方距離が用いられる。はじめに、各クラスターの偏差平方和を求める。クラスター a と b の偏差平方和を s_a と s_b、c の偏差平方和を s_c とすると、

$$s_a = \sum_{k=1}^{n_a}\sum_{l=1}^{p}(X^a_{kl}-\overline{X^a_l})^2, \; s_b = \sum_{k=1}^{nb}\sum_{l=1}^{p}(X^b_{kl}-\overline{X^b_l})^2, \; s_c = \sum_{k=1}^{n_c}\sum_{l=1}^{p}(X^c_{kl}-\overline{X^c_l})^2 \quad (5.18)$$

である。併合後の増分を Δs_{ab} とすると、

$$\Delta s_{ab} = s_c - (s_a + s_b) = \frac{n_a n_b}{n_a + n_b} \sum_{l=1}^{p} (\overline{X_l^a} - \overline{X_l^b})^2 \tag{5.19}$$

となる。この増分を最小にする2つのクラスターを併合する。

最短距離法には，分類感度は低く，鎖状のクラスターをつくる傾向がある。最長距離法は，分類感度は高いが，散在するクラスターをつくる傾向がある。重心法や群平均法はその中間である。ウォード法は，クラスターが鎖状になることを防ぎ，明確なクラスターをつくるとされる。ただし，再帰式を用いない場合，計算負荷は大きい。クラスター間の距離行列と再帰式を用いるのが一般的であるが，データ数が大きい場合，記憶容量の問題が生じる。

非階層的手法に関しては，K-means法がよく用いられている。この方法では与えられたデータ（群）をK個のクラスターに分ける。K-means法にはさまざまなアルゴリズムがあるが，

(0) 利用する距離関数を決める。

(1) 分けたいクラスターの数だけシード点を与える（初期シードと呼ぶ）。初期シードに番号を付与し，クラスターを識別する。ある点に対してシード点との距離を求め，最も近いシード点の番号を与える。このようにして，すべての点をいずれかのクラスターに割当てる。

(2) おのおののクラスターの代表点を求める。例えば，クラスターに属する点の重心とする。

(3) ある点に対して代表点との距離を求め，最も近い代表点が属するクラスターの番号を与える。このようにして新たにクラスターを形成する。

(4) (2)と(3)を，終了条件を満たすまで繰り返し，クラスターに分ける。例えば，代表点の変化がなくなるまでや，単に所定の繰り返し回数に達するという終了条件がある。

という手順に従うものが多い。ただし，ユークリッド距離を用いることが多いので，その場合は重心を求める際の演算と距離計算の演算の整合性に留意する必要は少ない。

ファジィクラスタリングのように，1つのデータが複数のクラスターで共有される手法においても，基本は上述のものである。クラスター分析の直接的な適用例は流れのパターン分類[51]であるが，他のデータマイニング手法との組み合わせで利用されることの方が多い。

5.4.5 ニューラルネットワークと自己組織化マップ

脳には，10^{10}個から10^{11}個のニューロン（神経細胞）があり，互いに結合している。1つのニューロンは1万ものニューロンとシナプス結合をしていると言われている。ニューラルネットワークでは，このニューロンの働きを説明するモデルが基になっており，学習用データをもとに学習を繰り返すことにより最適解の探索が行われる。ニューラルネットワークには階層型ニューラルネットワーク，相互結合型ネットワークなどがある。

ニューロンは複数の入力を1つの出力値に結合する。ニューロンで行われる結合の関数を活性化関数と呼ぶ。活性化関数の一例は，結合された入力が閾値に達するまで出力が低く，

ある閾値に達するとニューロンが活性化し，出力が高くなるものである．この活性化関数は，結合関数と伝達関数に分けられる．結合関数はすべての入力値を1つの値にするために結合させるものである．伝達関数は結合関数の値を出力値へ変換するものであり，シグモイド関数などが用いられる．

入力層と中間層の間に任意の個数の中間層を設けた階層型ニューラルネットワークが用いられることが多い．ニューロン i の出力を o_i とする．ニューロン j は，o_i にシナプス結合加重 w_{ij} をかけて加えたものを入力 $u_j = \sum_i w_{ij} o_i$ として受け取る．ニューロン j からの出力 o_j は，入力 u_j に伝達関数 f による変換を施して得られる．シグモイド関数の場合は，

$$o_j = f(u_j) = \frac{1}{1+e^{-u_j}} \tag{5.20}$$

となる．

入力 u に対するニューラルネットワークの出力 o と教師信号 t の差を誤差関数とする．誤差逆伝播学習法では，以下のようにこの誤差関数を減少させるように結合加重が修正されていく．

① 学習用に入力層への入力ベクトルと出力層からの出力ベクトルの教師信号の組を用意する
② 入力層，中間層，出力層の順に各ニューロンの出力を計算する
③ 教師信号と出力の自乗誤差を計算する
④ 自乗誤差を減少させるように出力層から入力層に向かってニューラルネットワークの各層間の結合加重を修正する
⑤ 自乗誤差が設定値以下になれば計算を終了する．設定値以下でない場合は②に戻り繰り返す

誤差逆伝播学習法では最急降下法を用いる．このため，極値が大域的最小値となる保証はない．また，層数が多く，ニューロン数が多いほど局所的最小値である可能性は高くなる．一方，パターン識別能力は，層数が多く，ニューロン数が多いほど高くなる．2層では，超平面での線形分離可能な問題のみパターン認識可能である．4層では任意の特徴ベクトル空間でパターン分類が可能となる．この層数とニューロン数は試行錯誤で決められることが多い．なお，アルゴリズムの説明においてニューロンはユニットと呼ばれることも多い．

自己組織化マップ (SOM：Self-Organizing Map) のオリジナルは，教師なし学習の2層のニューラルネットワークである．提案者の名前からコホーネン (Kohonen) マップやコホーネンネットと呼ばれることもある．第1層は入力層，第2層が出力層である．出力層のユニットには座標が割当てられている．入力層のユニットの出力は，出力層のすべてのユニットに伝えられる．p 次元の n 個のデータに対して，入力層のユニット数を p とし，おのおののデータの属性値を与えると，競合学習によっておのおののデータが出力層のいずれかのユニットに割当てられる．また，性質の似たデータが近くに配置される．これを可視化すれば，n 個のデータの関係性が直感的に把握できるようになる．

流体情報という観点でのニューラルネットワークの応用例は，プリプロセスに関連する情報や応用，展開，フィードバックに関連する情報に対するものが多い[52),53)]。実例は少ないが，データ生成プロセスに関連して用いられることもある。

文献7)では，移流方程式の数値解を遺伝的アルゴリズムによって最適化する中で，ニューラルネットワークによる学習を試みている。具体的には，時間積分{陽解法(1次精度，2次精度)}，移流項の離散化{風上差分(1次精度，3次精度)，中心差分(2次精度，4次精度)}，時間刻み幅，空間刻み幅をパラメータとし，コード化後に計算を行い，決められた位置での厳密解との差を評価関数としてその差が小さくなるように厳密解との差が小さければ適応度は大きく，評価値が1となるように定めている)，遺伝的アルゴリズムによって計算を進める(初期個体を100とし，100世代まで計算)。同時に，この最適化プロセスの中で，振動解，発散解を与えるパラメータを負例とし，一定以上の適応度を与えるものを正例として，ニューラルネットを用いて教師付き学習を行う。また，その学習結果を保存する。

学習が進んだ段階で，入力層に適当なパラメータを与えると予測値が出力される。**表-5.7**のようにある程度の精度で予測できることがわかる。ここで，時間の欄の1，2は，1次精度，2次精度の時間積分を，空間の欄の1，2，3，4は，1次風上，2次中心，3次風上，4次中心差分を示す。解くべき問題の性質が異なれば，このような教師付き学習の利用は難しくなる。しかしながら，方程式の性質や，データ生成プロセスの類似性を考慮し，非線形性に注意すれば，この枠組みは利用できるはずである。この場合，多くのデータによる学習が鍵になるので，通常は棄却されるデータを系統的に(あるいは網羅的にでも)蓄積することが重要である。

自己組織化マップの応用例も，プリプロセスに関連する情報や応用，展開，フィードバックに関連する情報に対するものが多い[54),55)]。ここでは，5.3.2項で述べた可視化の手続きに対する適用例を紹介する。**表-5.6**で示す要素からc4とc5を除いた(30の手続きにおいて用

表-5.7 教師付き学習後の予測精度

時間	空間	dt	dx	予測値	実測値
2	2	0.025	0.029	0.159	0.076
1	1	0.080	0.094	0.273	0.127
1	3	0.019	0.036	0.197	0.217
2	2	0.021	0.093	0.169	0.227
1	1	0.047	0.089	0.270	0.329
2	4	0.014	0.017	0.422	0.398
2	4	0.062	0.022	0.529	0.538
2	4	0.023	0.014	0.687	0.711
1	1	0.100	0.010	0.902	1.000
2	2	0.100	0.010	0.899	1.000

いられていないため)16個の属性を入力層のユニットに与える。出力層を 10×10 のユニットとし，Rのsomパッケージ(library(som))を利用した結果を**図-5.14**に示す。すべての手続きは出力層のいずれかのユニットに含まれる(図では重畳を防ぐために表示位置をずらしている)。出力層は座標と対応付けられており，距離の近さが手続きの類似度を示している。いくつかのクラスターに分類されることがわかる。おおまかには可視化対象の物理量によってわかれ，いくつかの操作が近くに配置されている。自己組織化マップの結果は，このようなクラスター的なパターンになることが多い。

しかしながら，自己組織化マップだけではパターンが生じたとしても分類の基準を明確にできない。そこで，自己組織化マップの結果に対し，決定木を利用した分類基準の明確化が試みられている。

はじめに，出力層でのデータの座標に基づいて前項で述べたクラスター分析を行い，n 個のデータを K 個のクラスターに分ける。あるいは，分けたいクラスターの数を出力層のユニット数にして自己組織化マップをつくる。次に，データにクラスターの番号，あるいはユニットの番号を付与し(属性を追加する)，それを基準変数として決定木をつくるというものである。

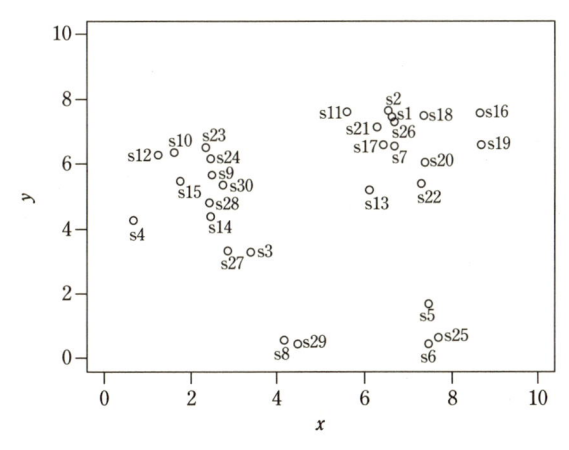

図-5.14 自己組織化マップの例

5.4.6 知識創出モデル

データマイニングと統計解析との違いの一つが知識創出までを視野に入れることである。このため，データマイニングという文脈において，いくつもの知識発見・知識創出モデルが提案されている。一例を示そう。Fayyadら[56]は，

① Data から Target Data へ変換する
② Preprocessed Data から Transformed Data へ変換する
③ Transformed Data をクラスター化するなどしてパターン(Patterns)を抽出する
④ Patterns から知識(Knowledge)を創出する

というような知識創出のモデルを提案した。

5.3.2項で示した渦要素化の手順は，

① 可視化と特徴領域の表示を基本として，渦構造に着目し，一次量として計算データ(Data)から渦度(Target Data)を計算する。

② 渦度の必要な部分を選別し(Preprocessed Data)，一次量を保持しながら，連続に分布する渦度を渦要素(Transformed Data)に変換する。

③ 渦要素のまとまりをクラス化しラベリングする。また，クラス化した渦要素のパターンを調べる(Patterns)。

④ ある部分の渦糸要素と物体との干渉を定性的ではあるが客観的に調べられるようにする(Knowledge)。

というように，この知識発見のプロセスに相当している。

野中によって提唱されたSECI(Socialization Externalization Combination Internalization)モデル[57]も，代表的な知識創出モデルである。SECIモデルとは，暗黙知と形式知のスパイラルを共同化，表出化，連結化，内面化によって進めることによって，知識の質を高め，新たな知識を創出していくというモデルである。

例えば，ある部署において複数名がCFDによる流れの解析を行うという状況を考える。トレーニングなどによって全員が一通りの作業のながれを教わったところから始める。このような場合，内面化から考えた方がわかりやすい。

内面化(Internalization)とは，教わった解析の方法を実践の中で自分のものにする段階である(実践)。この段階において，行為の中に発見や驚きなどが生じ，知識として表現できないが，ノウハウや経験として身につくものが生まれる。同時に，同僚がそのやり方に共感し，模倣する場合もあるだろう。共同化(Socialization)とはそのような状態を意味する(共感)。この段階では，形式的な知識としてではなく，暗黙知が暗黙知として伝達されることの方が多い。やがて，ノウハウや経験が言語化等によってメモ書き，あるいは日報などの形で記述されるようになる(文節)。これが表出化(Externalization)である。この段階で暗黙知が形式知へと変換される。連結化(Combination)とは，概念からスペックへの移行を示す(分析)。例えば，メモ書きからマニュアル作成という段階である。形式知が，より質の高い，あるいはより具体的な知識へと変化する。さらに，スペックを行動と実践を通じて形にする，あるいは自分のものにする段階(内面化)が始まる。形式知がより高度な暗黙知へと変換される。これらがスパイラル的に繰り返されることで新たな知識が創出されていく。

5.5 おわりに

本章ではデータマイニングと知識発見プロセスについて概観し，項目ごとに流体情報への適用例を紹介した。流体科学は，高精度なCFD技術と時空間の解像度に優れた実験・観測技術を手にし，適用範囲を拡げながら発展している。また，専門家以外の利用が増えていること

とも事実である．このような状況において，数値解や実験・観測データの信頼性を向上させるための知識の獲得や，結果の解釈に至る工程の短縮がますます重要なものになっている．本章で紹介したデータマイニングは一つの解決策を示すものである．ただし，マイニングの結果の吟味は必須である．この点には十分に留意されたい．

◎参考文献

1) Lyman, P. and Varian H. R.：How much information
   http://www.sims.berkeley.edu/research/projects/how-much-info/
   http://www2.sims.berkeley.edu/research/projects/how-much-info-2003/
2) AIAA：http://www.aiaa.org/
3) 白山 晋：小規模クラスタによる大規模計算の可能性, 日本機械学会1999年度年次大会講演資料集(VI), No.99-1(1999)（発表資料 http://www.race.u-tokyo.ac.jp/~DVE1/documents/）
4) 白山 晋：科学技術計算におけるパーソナルコンピュータの可能性について, パーソナルコンピュータユーザ利用技術協会論文誌, Vol.8, No.1, pp.31-40(1999)
5) Butler, D.：The petaflop challenge-Future supercomputers could leave scientists scrabbling for software, Nature, Vol.448, No.7149, pp.6-7(2007)
6) HR diagram：http://zebu.uoregon.edu/~soper/Stars/hrdiagram.html
7) 白山 晋, 齋藤幸二郎, 竹森恵一, 太田高志：計算パラメータ推薦システムのフレームワークについて, 情報処理学会論文誌, コンピューティングシステム, Vol.44, No.SIG 6 (ACS1), pp.55-64(2003)
8) 白山 晋, 齋藤幸二郎：グリッドを利用した格子依存性の評価, 日本計算工学会論文集第7巻, 20050008, pp.227-234(2005)
9) 例えば, e-Science：http://www.rcuk.ac.uk/escience/
10) Lubchenco, J. and Iwata, S.：Science and the Information Society, Science, Vol.301, p.1443(Sept. 2003)
11) CODATA：http://www.codata.org/
12) ANSYS ICEM CFD：http://www.ansys.com/products/icemcfd.asp や SMARTFIRE：http://fseg.gre.ac.uk/SMARTFIRE/ など
13) FIELDVIEW：http://www.ilight.com/
14) Thompson, J. F., Warsi, Z. U. A. and Mastin, C. W.：Numerical Grid Generation-Foundations and Applications, North-Holland(1985)
15) Shirayama, S.：Effect of Grid Quality on the Accuracy and Convergency of Computations, AIAA-97-1891-CP, Proceedings of the AIAA 13th Computational Fluid Dynamics Conference(1997)
16) 太田育夫：人工知能の基礎知識, 近代科学社(1988)
17) 石塚 満：知識の表現と高速推論, 丸善(1996)
18) 西田豊明：人工知能の基礎, 丸善(1999)
19) Adriaans, P. and Zntinge, D. 著, 山本英子, 梅村恭司 訳：データマイニング, 共立出版(1998)
20) 辻井潤一, 建石由佳：生命の理解とオントロジー, 数理科学, No.458, pp.23-29(2001)
21) 溝口理一郎, 池田 満, 來村徳信：オントロジー工学基礎論, 人工知能学会誌, Vol.14, No.6, pp.1019-1032(1999)
22) 古崎晃司, 來村徳信, 池田 満, 溝口理一郎：「ロール」および「関係」に関する基礎的考察に基づくオントロジー記述環境の開発, 人工知能学会論文誌, Vol.17, No.3, pp.196-208(2002)
23) 溝口理一郎 編, 古崎晃司, 來村徳信, 笹島宗彦, 溝口理一郎：オントロジー構築入門, オーム社(2006)
24) 法造：http://www.hozo.jp/hozo/
25) Protege：http://protege.stanford.edu/
26) Berners-Lee, T., Hendler, J., and Lassila, O.：The Semantic Web：A New Form of Web Content that is Meaningful to Computers Will Unleash a Revolution of New Possibilities, Scientific American(May. 2001)
27) 特集「Semantic Webとその周辺」, 人工知能学会誌, 17巻, 4号, pp.383-416(2002)
28) 荻野達也, 神原顕文, 清水 昇, 豊内順一, 細見 格, 津田 宏, 白石展久, イ慶傑：セマンティックWebとは, 情報処理, 43巻, 7号, pp.709-717(2002)
29) MeCab：http://mecab.sourceforge.net/
30) Smeulders, A. W. M., Worring, M., Santini, S., Gupta, A. and Jain, R.：Content-Based Image Retrieval at the End of the Early Years, IEEE Transactions on Pattern Analysis and Machine Intelligence archive, Vol.22, No.12, pp.1349-1380(2000)
31) Google Goggles：http://www.google.com/mobile/goggles/
32) 形状検索：http://shape.cs.princeton.edu/search.html など
33) Goldberg, D., Nichols, D., Oki, B. M. and Terry, D.：Using Collaborative Filtering to Weave an Information TAPES-

TRY, Communications of the ACM, Vol.35, No.12, pp.61-70 (1992)

34) 増井俊之：インタフェースの街角 (93) -本棚演算, UNIX MAGAZINE (2005.12)

35) 白山 晋, 斎藤幸二郎, 大和裕幸, 増田 宏, 安藤英幸：比較空間を用いたCFDシミュレーションのデータ比較に関する研究, 日本造船学会論文集第190巻, pp.41-50 (2001)

36) Duchaineau, M. and Shikore, D.：ASCI Terascale Scientific Data Analysis and Visualization, UCRL-TB-128635 Rev. 2 (1998)

37) Perry, A. E. and Chong, M. S.：A Description of Eddying Motions and Flow Patterns Using Critical Point Concepts, Ann. Rev. Fluid Mech., Vol. 19, pp.125-155 (1987)

38) Helman, J. L. and Hesselink, L.：Representation and Display of Vector Field Topology in Fluid Flow Data Sets, IEEE Computer, pp.27-36, (Aug. 1989)

39) Shirayama, S.：Flow Past a Sphere：Topological Transitions of the Vorticity Fields, AIAA Journal, Vol.30, No.2, pp.349-358 (1992)

40) Tobak, M. and Peake, D. J：Topology of Three-Dimensional Separated Flows, Annual Review of Fluid Mechanics, Vol.14, pp.61-85 (1982)

41) Shirayama, S.：Processing of Computed Vector Fields for Visualization, Journal of Computational Physics, Vol.106, No.1, pp.30-41 (1993)

42) Jeong, J. and Hussain, F.：On the Identification of a Vortex, J.Fluid Mech., Vol.285, pp.69-94 (1995)

43) Sawada, K.：A Convenient Visualization Method for Identifying Vortex Centers, Transactions of the Japan Society for Aeronautical and Space Sciences, Vol.38, No.120, pp.102-116 (1995)

44) 三浦英昭, 木田重雄：一様等方乱流における低圧力旋回渦の同定と可視化, ながれマルチメディア論文集, Vol.1 (July. 1998)

45) 白山 晋, 大和裕幸：渦構造の抽出による非定常流れのデータ圧縮について, 日本造船学会論文集第188巻, pp.23-31 (Nov. 2000)

46) 豊田秀樹：金鉱を掘り当てる統計学, ブルーバックス B-1325, 講談社 (2001)

47) マイケル J. A. ベリー, ゴードン・リノフ：データマイニング手法, 海文堂 (1999)

48) R：http://www.r-project.org/ あるいは, http://www.okada.jp.org/RWiki/

49) 小林洋平, 白山 晋：モノクロ画像のカラー化に関する基礎的研究, 映像情報メディア学会誌, Vol.59, No.5, pp.769-775 (2005)

50) 例えば, 熊沢逸夫：学習とニューラルネットワーク, 森北出版 (1998)

51) Fekete, J-D., van Wijk, J-J., Stasko, J.T. and North, C.：The Value of Information Visualization, Lecture Notes in Computer Science, Vol.4950, pp.1-18 (2008)

52) Vernet, A. and Kopp, G. A.：Classification of turbulent flow patterns with fuzzy clustering, Engineering Applications of Artificial Intelligence, Vol.15, pp.315-326 (2002)

53) Lee, C. and Kim, J.：Application of neural networks to turbulence control for drag reduction, Physics of Fluids, Vol.9, No.6, pp.1740-1747 (1997)

54) Poloni, C., Giurgevich, A., Onesti, L. and Pediroda, V.：Hybridization of a multi-objective genetic algorithm, a neural network and a classical optimizer for a complex design problem in fluid dynamics, Computer Methods in Applied Mechanics and Engineering, Vol.186, pp.403-420 (2000)

55) Obayashi, S. and Sasaki, D.：Visualization and Data Mining of Pareto Solutions Using Self-Organizing Map, Lecture Notes in Computer Science, Vol.2632, pp.796-809 (2003)

56) Chiba, K., Obayashi, S. and Morino, H.：Knowledge Discovery for Transonic Regional-Jet Wing through Multidisciplinary Design Exploration, Journal of Advanced Mechanical Design, Systems, and Manufacturing, Vol.2, No.3, pp.396-407 (2008)

57) Fayyad, U., Piatetsky-Shapiro, G. and Smyth, P.：From Data Mining to Knowledge Discovery in Databases, AI magazine, Vol.17, pp.37-54 (1996)

58) 野中郁次郎, 紺野 登：知識創造の方法論—ナレッジワーカーの作法, 東洋経済新報社 (2003)

流れの最適化

6.1 はじめに

　流れの制御と最適化は人類文明にとって遙かな昔より重要な問題であった。いやむしろ，流れの制御と最適化は，生命の進化にとって重要な問題であったと言ってもよいかもしれない。栄養の補給と老廃物の除去，呼吸，血流など体内の流れに始まり，遊泳や飛翔など生物はあらゆる場面で流れを利用している。長い進化の歴史の中で，さらに生命はビーバーのようにダムをつくり環境を操作する生物を産み出してきた。人類の科学技術は，環境に対する大きな影響力を誇り，ダムによって川の流れをせき止め，航空機によって何百人という人を一度に地球の裏側まで運んでいる。流れの最適化は，流れの持つ情報を人類に役立たせるための端的な技術であると言えよう。

　しかし，このような技術は，これまで主に流体の支配方程式を解くことなしに（しかもしばしば適切に）処理されてきた。もちろんビーバーがナビエ・ストークス方程式を知っていると思えないが，例えば人類の発明した航空機の制御すら，流体の方程式と連立して解かれるのではなく，前もって与えられた空力係数によって外力を評価する機体の運動方程式に基づいて構築されており，それでも航空機は安全に飛んでいる。

　一方，最適性という概念は，物理学によって自然を理解する上で重要な概念である。例えば次のような抵抗最小化問題を考えてみよう。「回転体が一定速度でその軸方向に運動するとき，最も抵抗が最小となるような形状を求めよ。」いかにも流体力学の教科書にでてきそうな問題であるが，この問題を提出し，流れに対するある種の仮定の下でこの問題を変分法により実際に解いたのは，17世紀末のニュートンであった！

　19世紀には流体の支配方程式であるナビエ・ストークス方程式が完成し，20世紀の流体力学の発展に伴い，超音速から亜音速へ衝撃波を伴わずに減速する遷音速翼型の設計や吸い込み・吹き出しによる境界層制御など，高度の流体力学の知識を駆使した設計・制御・最適化も見られるようになってきた。このような研究は，最適化の理論を用いることなく主に流体の物理的性質を調べることで進められてきた。例えば遷音速翼型で，超音速から亜音速への減速時に衝撃波を回避できれば造波抵抗はほぼ零となり，そのような翼型は衝撃波を伴う通常の翼型に比べはるかに抵抗が小さい。しかもそのような翼型の存在する条件が特殊なため，一つでも見つけられればそれが最適解であると見なされてきた。

6 流れの最適化

航空機の制御に見られるような「流体なしの最適制御」・流体力学の理論的実験的研究に見られるような「最適化なしの流体設計」に対して，流体の支配方程式に基づく最適化問題の定式化を考えることができる。このような問題の定式化がこれまでされてこなかったのは，ひとえに流体の方程式を解くのが大変だったためである。

現在では，数値流体力学(CFD)によって流体の支配方程式が数値的に解けるようになってきたので，流体の支配方程式の基づく最適化が注目されている。また，CFDが設計現場で受け入れられるにつれ，性能向上・設計期間短縮など設計最適化への期待が高まっている。このような機運を受けて，CFDと最適化法を組み合わせた研究が最近学会などでも発表されるようになってきた。もっとも，現在でもまだリアルタイムでの非定常流体力の計算は大変なので，流体問題の最適化ではオフラインで行える形状最適化にもっぱら関心が集まっている。本章では，CFDによる最適化の観点から，いくつかの基礎的な話題を紹介しよう。

6.2 流体問題最適化法について

まず流体問題の最適化の数学的な背景について考え，次に具体的な最適化法について，最近の話題まで含めて紹介する。

6.2.1 数学的定式化

目的関数を $J(Q,g)$（Q：流れの変数，g：設計変数）とする。流れの変数は当然流れの支配方程式を満たす必要があるので，流れの支配方程式 $F(Q,g)=0$ を考慮する必要がある。通常 J の値を求めるためにまず $F=0$ を解いているのでこれが拘束条件であることを意識しないことが多いが，設計上の拘束条件がなくても流れの支配方程式が拘束条件となることに注意しよう。

最適解であることの数学的な条件を求めてみよう[1]。適当な内積を導入しラグランジュ係数 ξ を用いると，ラグランジュ関数

$$L(Q,g,\xi)=J(Q,g)-\langle F(Q,g),\xi\rangle \tag{6.1}$$

が定義できて，変分法によってこの最適解の条件が，

$$\text{流れの支配方程式}：F(Q,g)=0 \tag{6.2}$$

$$\text{随伴方程式}：\left(\frac{\partial F}{\partial Q}\right)^*\xi-\left(\frac{\partial J}{\partial Q}\right)^*=0 \tag{6.3}$$

$$\text{最適性条件}：\left(\frac{\partial F}{\partial g}\right)^*\xi-\left(\frac{\partial J}{\partial g}\right)^*=0 \tag{6.4}$$

のように求まる（この条件はあくまで局所最適解についての必要条件である）。この条件から最適解を求めようとすると，元の流体の支配方程式に比べ約3倍の連立非線形偏微分方程式

系を解かねばならない。問題設定に拘束条件をさらに付加するならば，ラグランジュ係数が増えることによってこの方程式系はさらに大規模になっていく。

一般に流体方程式すら解析的に解けないことを考えれば，通常の場合，流体の最適化問題を解析的に解くことはできない。また，流体問題は非線形であるために，目的関数の応答が複雑になり，一般に多峰性を持つ目的関数を扱う問題となる。多峰性があると局所的な最適解がいくつも現れるため，真の最適解すなわち大域的最適解をどうやって求めるかが問題となる。しかし，大域的最適解であることを判断するための条件はない。解の信頼性を確認するには，最適化を繰り返すことによって，異なる初期値から出発しても同じ解に到達することを確認するしかない。したがって，流体問題の最適化とは，最適解の「一候補」を何らかの方法で近似的に求めることにほかならない。

6.2.2 数値的最適化法

前節のような事情から我々は解析的にアプローチするよりも，何らかの方法で数値的に流体の最適化問題を解くことになる。流体の最適化問題に用いられている解法にはいろいろな分類の仕方があるが，まず決定論的な方法と確率論的な方法に大別できる。決定論的な方法は，多変数に対するいわゆる非線形計画法を適用するもので，計算効率がよい・局所最適化なら正確に求まるなどの利点がある。一方，確率論的な方法には，Simulated Annealing法（焼き鈍し法・SA）[2]，Evolutionary Computation（進化的計算，遺伝的アルゴリズム（GA）・進化戦略（ES）・遺伝的プログラミング（GP）・進化的プログラミング（EP）等の総称）[3]などがあり，大域的な最適解が求められる・勾配情報がいらない・関数値の誤差に強いなどの利点を持つ。ただし，計算時間がかかる，収束判定が曖昧であるなどの欠点を持っている。図-6.1に決定論的な勾配法（山登り法）とSA，図-6.2に進化的計算法が多峰性を持つ目的関数の分布の中で，最適解を探索する様子を図示する。

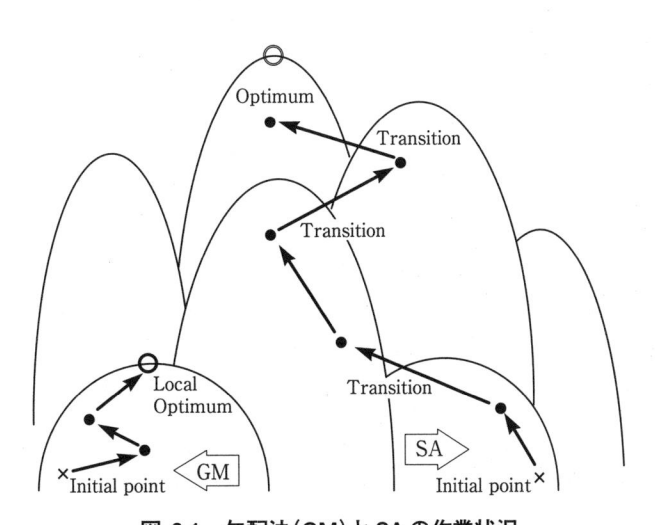

図-6.1 勾配法（GM）とSAの作業状況

6 流れの最適化

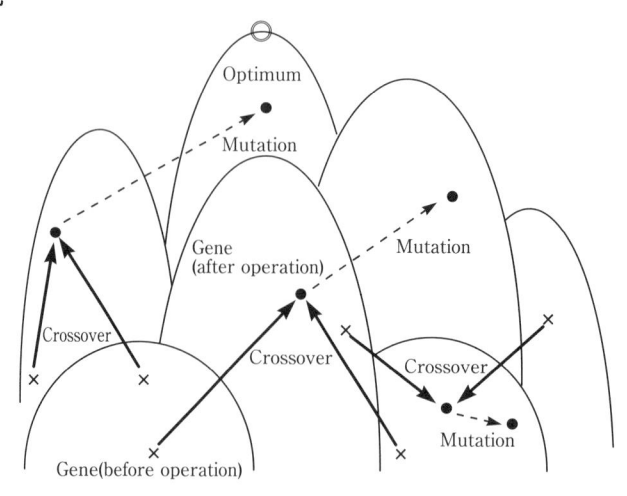

図-6.2 進化的計算法の作業状況

6.2.3 決定論的最適化アルゴリズム

　決定論的な方法はさらに，勾配情報（目的関数の微分）がいらないものと，それを利用するものに分けられる。最適化というとすぐに目的関数の微分を計算するものと思っている人もいるが，微分による勾配情報を利用する方法は最適化法全体の中では一つの手法に過ぎない。決定論的な手法の中で，微分による勾配情報を必要とせず手軽に結果を得られるもっとも良い方法として Nelder-Mead の Downhill simplex 法[4]が知られている（ちなみに線形計画法の Simplex 法とは異なるので注意していただきたい）。プログラムも短く，高いお金を出さなくても手にはいるので，最適化を始めるにはお薦めの方法である。実際にドイツ・エアバス社でも設計に用いている。また，この方法は確率論的な手法である SA 容易にハイブリッド化できてより大域的な解を探せるようになるので，是非ライブラリに用意しておきたい。

　微分による勾配情報を利用する場合には逐次2次計画法がよく用いられるが，勾配法は勾配計算の手法によってさらに分類される。一つは，直接有限差分法によって $\partial J/\partial g$ を計算する方法である。この方法は設計変数や拘束条件の数に比例して差分計算の数が増えていくため，3次元では計算効率が悪くなると考えられている。なお，Downhill simplex 法と直接有限差分法の計算効率はほぼ同程度である。これに対して，1回の解析ですべての設計変数の勾配情報を計算できる画期的な方法として，Adjoint 法がある。この方法は上の随伴方程式を利用する。まず流れの支配方程式(6.2)を解く。その情報を利用して随伴方程式(6.3)を解きラグランジュ係数 ξ を決定する。そして最適性条件式(6.4)によって $\partial J/\partial g$ を計算する。こうして，得られた勾配情報を用いて非線形計画法を実行する。設計変数の次元がどんなに増えようと1度にすべての設計変数の勾配計算ができるというのは，多くの設計変数を必要とする3次元の複雑形状の設計に対してすばらしい利点である。ただし，目的関数や設計変数を変えるたびに定式化からコーディングまでやり直さなければならないという重大な欠点を持

つ。また，Adjoint方程式の境界条件も自明ではない。

　Adjoint法は，偏微分方程式に基づく連続形で定式化するか，CFDで離散化された方程式に基づく離散形で定式化するかでさらに二つに分類される。連続形の場合，方程式自体の定式化は比較的簡単だが，乱流モデルの扱いなど，困難な点もある。この方法を使用するのは，同じ問題を繰り返し解くような非常に特殊なプロジェクトに限られるであろう。

　一方離散形によるAdjoint法は離散化した流体の方程式を扱うが，さらに直接差分法と自動微分法に分けられる。直接差分法で自ら差分式を書いて勾配情報をつくる手間をかけるより，コンピュータがやってくれた方が楽だし単純なミスも防げるので自動微分法を利用することが望ましい。自動微分法も大規模なコードを取り扱うにはまだ制約があるようだが，このアプローチにより将来性があると言えよう。

6.2.4　確率論的最適化アルゴリズム

　この節では，確率論的な最適化アルゴリズムとしてとくに進化論を模擬した計算手法を考えてみよう。このような計算法には先に挙げたようにGA・ES・GP・EPといった手法があるが，これらの名称の区別は主として過去の発展の経緯を反映している。最近はこうした流派にこだわらず統一的な見方をしようという動きもあり，その一つの現れとして進化的(型)計算(Evolutionary Computation)という名称がJournal of Evolutionary Computation・IEEE Transactions on Evolutionary Computationのように学会誌の名称などに用いられるようになってきている。

　一般的な進化的計算では，設計候補からなる集団を考え，その各個体に最適化の目的関数に応じた適応度を与える。適応度に応じて親となる個体を選び遺伝情報に交叉や突然変異を施して子をつくる。親と子を適当に入れ替えることで世代を交代させる。ふたたび適応度を与え，親を選び子をつくり，新しい世代と入れ替える。こうして世代を進めることでより目的関数をよりよくするような設計候補を進化させるのである。また，進化のアルゴリズムに比べるとCFDの計算が圧倒的に重いので，集団の個体数分の関数評価(すなわちCFD計算)さえ並列化すれば効率よく計算できることも利点の一つである。

　このような進化論に基づく手法のアイデアは1960年代や70年代に提案されたが，工学問題の最適化手法として注目されるようになったのは，80年代にコンピュータがふんだんに使えるようになってきた時期と重なっている。なかでも，Goldbergによる天然ガスパイプラインの制御やPowellらによる航空機エンジンの概念設計は，GAの成功例としてよく引用されている。Goldbergはその後文献[5]を書き，GAの発展に決定的な役割を果たした。今もこの分野のリーダーとして盛んに活動している。一方，PowellらのつくったソフトEnGENEousは，GEで実際の設計に適用され，そのエンジンが後にボーイング777に採用されたためとくに有名である。

　これらパイプラインの問題にしても航空機エンジンの問題にしても，流体の方程式は解いていないものの流体運動を最適化しているところが興味深い。さらに進化的計算の歴史をひ

もとくとESもまた，ドイツで風洞実験によって翼の最適設計をするための自動設計手法として考えられたのがそもそもの始まりであった。このように，流体の支配方程式を解かなくても流体問題の最適化は非常に困難であったため，その困難さを克服する手段として確率論的な最適化法が登場し，今や流体問題以外のさまざまな分野でも広く用いられるようになったのである。

6.3 勾配法による空力最適化

勾配法を用いた最適化手法は，目的関数の勾配を求めてその勾配の急な方向を探索することで最適解を求める方法である。航空機形状の空力最適化を行う際には抗力係数が用いられることが多く，その勾配を求めるために有限差分近似がしばしば用いられる。しかし空力最適化を行う場合には，設計変数の数に比例して勾配を求めるためのCFD計算回数が非常に多くなってしまう。CFD計算自体に大きな時間が必要とされるため，このことは勾配法の利点である短時間で最適解が得られる魅力を失わせてしまう。そこで，JamesonらがCFDの特性を利用して感度解析と組み合わせることで，効率的に空力最適化を行うことのできるAdjoint法とよばれる空力感度解析法を確立した[6]。この章では，勾配法およびAdjoint法について記載する。

6.3.1 勾 配 法

最も代表的な最適化法に挙げられる手法が勾配法である。目的関数の最大化問題を考える場合，この方法は山登り法(Hill-Climbing Strategy)とも言うべき単純な考え方に基づいている。すなわち，ある地点から山の頂上にたどり着くためには，その場の勾配の最もきつい方向に登っていけばよい。一般的には次式に従い，繰り返し計算によって最適解を得る。

$$\boldsymbol{X}^q = \boldsymbol{X}^{q-1} + \alpha \cdot \boldsymbol{S}^q \tag{6.5}$$

ここで，$\boldsymbol{X}$は設計変数ベクトル，$\boldsymbol{S}$は探索方向ベクトル，αはステップ幅，qは試行回数を表す。制約条件のない一般的な勾配法のフローチャートを図-6.3に示す。この図から実際の最適化計算で重要な要素は以下の3点であることがわかる。

① 探索方向$\boldsymbol{S}^q$を決定する
② 一次元探索を実行して$F(\boldsymbol{X}^{q-1} + \alpha \cdot \boldsymbol{S}^q)$を最小にする$\alpha$を求める
③ 収束判定を行う

普通，探索方向$\boldsymbol{S}^q$には目的関数$F(\boldsymbol{X})$の勾配$\nabla F(\boldsymbol{X})$が用いられる。

$$\boldsymbol{S}^q = \nabla F(\boldsymbol{X}) \quad \text{(最大化問題)} \tag{6.6}$$

$$\boldsymbol{S}^q = -\nabla F(\boldsymbol{X}) \quad \text{(最小化問題)} \tag{6.7}$$

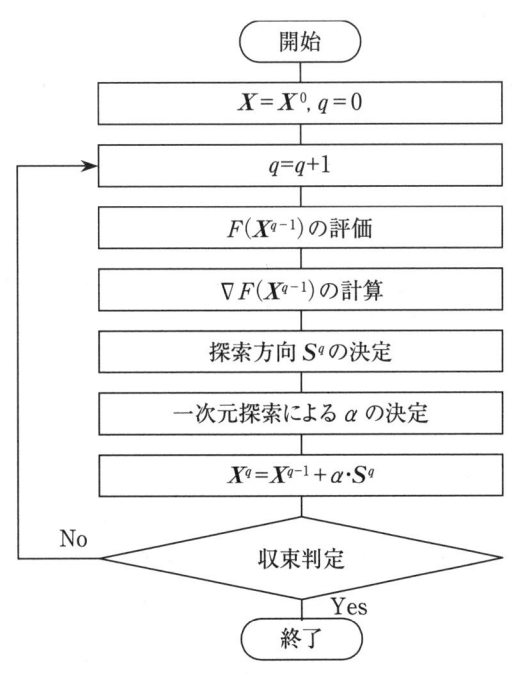

図-6.3 制約条件のない勾配法のフローチャート

しかし，実用問題を扱う場合には複数の制約条件が与えられることが一般的であり，探索方向に制約条件が存在してそれ以上進めなくなることも考えられる。そこで，制約条件を考慮した最適化を行う必要があり，実行可能方向法，逐次線形計画法，逐次2次計画法などが用いられてきた[7]。

6.3.2 離散形によるAdjoint法

定常問題では定常流れ場に収束した流体方程式の離散残差ベクトル R_i は0であり，これが空力感度解析の出発点となる。これを記述すると次式となる。

$$R_i[Q(\beta), X(\beta), \beta] = 0 \tag{6.8}$$

ここで，Q は流体変数ベクトル，X は格子位置ベクトル，β は設計変数ベクトルを表す。上式を β について微分して連鎖則を適用すると，

$$\frac{dR_i}{d\beta} = \left[\frac{\partial R_i}{\partial Q}\right]\left\{\frac{dQ}{d\beta}\right\} + \{C_i\} = 0 \tag{6.9}$$

$$\{C_i\} = \left[\frac{\partial R_i}{\partial X}\right]\left\{\frac{dX}{d\beta}\right\} + \left\{\frac{\partial R_i}{\partial \beta}\right\} \tag{6.10}$$

となる。式(6.9)は流体変数感度 $\{dQ/d\beta\}$ に対する感度方程式を表す。ベクトル $\{C_i\}$ は $\{dQ/d\beta\}$ と無関係であるため，ある設計変数 β に対する感度方程式を解く過程において $\{C_i\}$ は一定である。また，$\{C_i\}$ 中の $\{dX/d\beta\}$ は格子感度ベクトルであり，格子生成や格子

移動時に有限差分や直接微分を行うことで求めることができる。

　空力最適化における目的関数 F には C_L，C_D，C_M などの空力係数が一般に用いられるので，F は流体変数ベクトル $\bm{Q}$，格子位置ベクトル $\bm{X}$，設計変数ベクトル $\bm{\beta}$ の関数として表される。

$$F = F\bigl(\bm{Q}(\bm{\beta}), \bm{X}(\bm{\beta}), \bm{\beta}\bigr) \tag{6.11}$$

式(6.9)より定常状態での残差ベクトル $\bm{R}_i$ の全微分は零となるため，Adjoint 変数ベクトル $\bm{\lambda}$ を導入して式(6.9)と式(6.11)とを合わせると次式が得られる。

$$\left\{\frac{d F}{d \bm{\beta}}\right\} = \left\{\frac{\partial F}{\partial \bm{Q}}\right\}^T \left\{\frac{d \bm{Q}}{d \bm{\beta}}\right\} + \left\{\frac{\partial F}{\partial \bm{X}}\right\}^T \left\{\frac{d \bm{X}}{d \bm{\beta}}\right\} + \left\{\frac{\partial F}{\partial \bm{\beta}}\right\} + \{\bm{\lambda}\}^T \left\{\left[\frac{\partial \bm{R}}{\partial \bm{Q}}\right] \left\{\frac{d \bm{Q}}{d \bm{\beta}}\right\} + \{C\}\right\} \tag{6.12}$$

$$\{C\} = \left[\frac{\partial \bm{R}}{\partial \bm{X}}\right] \left\{\frac{d \bm{X}}{d \bm{\beta}}\right\} + \left\{\frac{\partial \bm{R}}{\partial \bm{\beta}}\right\} \tag{6.13}$$

流体変数感度ベクトル $\{d\bm{Q}/d\bm{\beta}\}$ についてまとめると，その係数が 0 に等しいことから，次の Adjoint 方程式が得られる。

$$\left[\frac{\partial \bm{R}}{\partial \bm{Q}}\right]^T \{\bm{\lambda}\} + \left\{\frac{\partial F}{\partial \bm{Q}}\right\} = 0 \tag{6.14}$$

この Adjoint 方程式を満たす $\bm{\lambda}$ を求めることで，流体変数感度ベクトル $\{d\bm{Q}/d\bm{\beta}\}$ の計算をすることなく，設計変数ベクトル $\bm{\beta}$ における目的関数 F の感度勾配が得られる。このことは感度解析の回数が設計変数の総数に依らないことを示しており，その結果計算コストを抑えることができる。式(6.12)は最終的に以下の形式に変形される。

$$\left\{\frac{dF}{d\bm{\beta}}\right\} = \left\{\frac{\partial F}{\partial \bm{X}}\right\}^T \left\{\frac{d\bm{X}}{d\bm{\beta}}\right\} + \left\{\frac{\partial F}{\partial \bm{\beta}}\right\} + \{\bm{\lambda}\}^T \{C\} \tag{6.15}$$

6.3.3　超音速ロケット実験機の抗力最小化

　Adjoint 法による空力最適化の一例として，図-6.4 に示す航空宇宙技術研究所（National Aerospace Laboratory；NAL）で設計された超音速ロケット実験機[8]の翼胴形態を最適化対象とし，非粘性流れの元で空力最適化を行う[9]。最適化手法として勾配法の一種である逐次 2 次計画法を採用した。なお，空力評価には非構造格子 Euler 法[10]を，勾配計算には非構造格子 Adjoint 法[11]を用いた。以下に最適化問題の概略を示す。

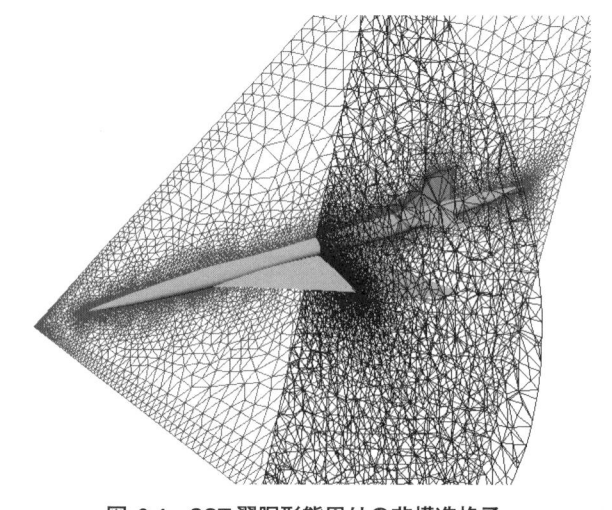

図-6.4　SST 翼胴形態周りの非構造格子

最適化手法：逐次2次計画法
目的関数：超音速巡航抵抗の最小化
設計変数：主翼スパン位置5断面における翼型分布（20×5）
　　　　　主翼スパン位置5断面におけるねじれ角（1×5）
制約条件：超音速巡航状態での揚力係数0.10
　　　　　翼平面形固定
　　　　　翼弦長方向3点(5, 50, 80％)で初期形状より厚い翼型
飛行条件：超音速巡航マッハ数2.0
初期形状：ロケット実験機翼胴形態

逐次2次計画法による最適化の結果，9回のEuler計算と3回のAdjoint計算によって最適解が得られた．CFD計算に必要な時間が長いことを考えれば，非常に少ない計算コストで最適解が得られたと言えよう．初期形状と最適化形状の空力性能について**表-6.1**に，セミスパン長30％位置における翼型と圧力分布について**図-6.5**に示す．最適化の結果，C_Dは1カウントほどしか減少していないものの，初期形状である実験機形状が十分によく設計された形状であることを考慮すれば妥当な結果であろう．

表-6.1 初期形状と最適化形状の空力性能比較

	Initial	SQP	
	Value	Value	Δ(%)
C_L	0.09996	0.10015	+0.19
C_D	0.00635	0.00627	−1.24
L/D	15.75	15.98	+1.45

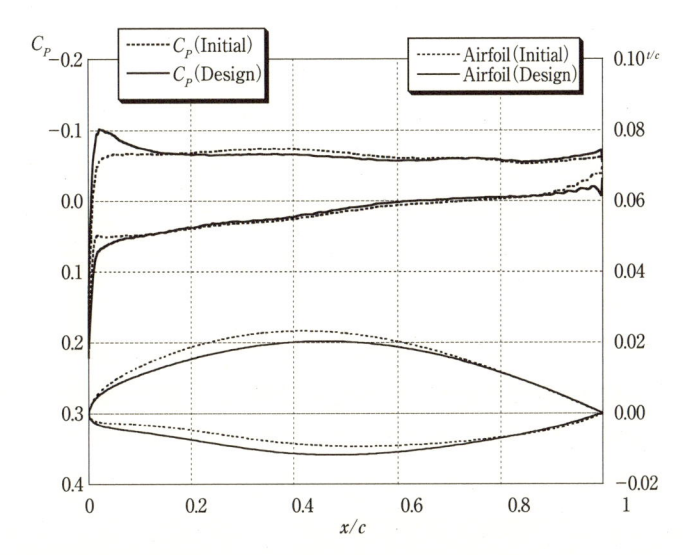

図-6.5 最適設計翼と初期形状の圧力係数分布および翼型（セミスパン長30％位置）

6.4 進化的アルゴリズムによる多目的空力最適化

空力最適化を初めとして，実用的な最適化問題を扱う場合に要求される目標はただ一つではなくて複数存在することが一般的である．さらに，これらの設計目標はしばしば相反する要素を持つので，多目的最適化問題を考えて各要素の妥協解を得ることが重要である．従来，多目的最適化問題を解く場合には，元の問題に工夫を加えて単目的最適化問題に帰着させるスカラー化手法が用いられてきた．しかし，この方法で最適化を行った場合，スカラー関数の重み係数が適切でないといずれかの目的関数のみに偏った解しか得ることができない．この問題は，一般に多目的最適化問題の解が単一の点としての解ではなく，「パレート最適解」と呼ばれる解集合になるために生じる．「パレート最適解」について簡単に述べると，ある目的関数の値を改善するためには少なくとも1つの他の目的関数値を改悪せざるを得ない解のことであり，目的関数間のトレードオフに関して最適な解の集合を形成することになる．そのため従来の単目的最適化問題に帰着させる方法でパレート最適解を求めるためには，目的関数をスカラー化する際の重みや初期値を変えながらパレート解を一つずつ求めなければならない．その結果，求めたいパレート解の個数に応じて計算コストが線形に増加することになる．一方，進化的アルゴリズム(EA)は多点探索を行って最適解を求めるという特徴を活かして，EAによる多目的最適化問題を解くことを考えると，目的関数をパレート最適性で評価すればパレート最適解の集合を同時に求めることが可能であることがわかる．つまりEAでは，問題の難易度を高めても計算コストは増えないと言える．EAによる多目的最適化の結果，目的関数間のトレードオフを解析することによって，設計者は好ましい設計を選択することができる．

この節では，遺伝的アルゴリズムの概要およびそれを多目的問題に拡張した多目的遺伝的アルゴリズムについて記載する．

6.4.1 遺伝的アルゴリズム(GA)の概要

ダーウィンの進化論で知られているように，自然界におけるすべての生物は生殖・淘汰・突然変異によって環境に適応しながら進化を行う．現在では，生物を構成する細胞中の核に含まれる染色体は生物固有の遺伝プログラム(遺伝子)を持ち，これが生殖・淘汰・突然変異によって変更されて次世代に受け継がれることで生物進化が行われると考えられている．このような生物進化の仕組みを模倣してJ. H. Hollandによって提案された学習的アルゴリズムが遺伝的アルゴリズム(GA)である．GAは最適化アルゴリズムとしてさまざまな実用問題に用いられてきた．これはGAが解の評価には目的関数値のみを使用し，その勾配を必要としないことから，適用分野における数学的背景や理論に対する深い知識や経験を必要としないためである．また，勾配法のように大域的最適解を求めるために目的関数が微分可能な凸関数である必要性はなく，目的関数が非線形性や多峰性の設計空間であっても探索可能である．さらにGAは決定論的に解の探索を行うのではなく，確率論的に行う手法である．加えて，

GAの特徴として解の探索は勾配法のように一点で行うのではなく，多点同時探索を行うことが挙げられる．これらのことから，GAによる最適化では局所解への収束を防ぎつつ大域的最適解の探索が可能である．ここではまず，単目的最適化問題を解く単目的遺伝的アルゴリズムを用いてGAについての説明を行う．

生物進化を模倣したGAのフローチャートを図-6.6に示す．最初にランダムに設計変数を発生させて，「初期集団の生成」を行う．集団に含まれる個体数が多いほど設計空間中を広く覆うことができるが，個体数の増加に伴って評価回数も多くなってしまうので適当な数に抑える必要がある．次に遺伝子として設計変数を与えられた各個体に対し，目的関数を計算して適応度を「評価」する．本研究ではCFD計算を行って目的関数を求める．すべての個体について評価を行った後，適応度に従って親となる2個体を「選択」する．その「選択」された2個体の遺伝子を一部交換して，新しい世代である子をつくる．また，新しくできた個体に対し，ある確率で設計変数に攪乱を与える「突然変異」を行う．この「選択」，「交叉」，「突然変異」を子の個体数が指定数に達するまで繰り返して次世代の集団を形成し，この集団に対してふたたび「評価」を行う．この一連の「評価」，「選択」，「交叉」，「突然変異」の過程を繰り返し行い，指定された世代数まで達するか収束した場合に計算を終了する．また，優れた次世代の集団を生成して収束を早めるために「世代交代」モデルが用いられる．

GAの一連の操作からわかるように，GAでは1世代中の個体数と世代数の積の数だけ目的関数の評価が必要であるため，計算負荷が大きくなってしまう欠点がある．とくに空力最適化問題においては，各個体の目的関数の評価にCFDコードを用いるため，全体の計算時間

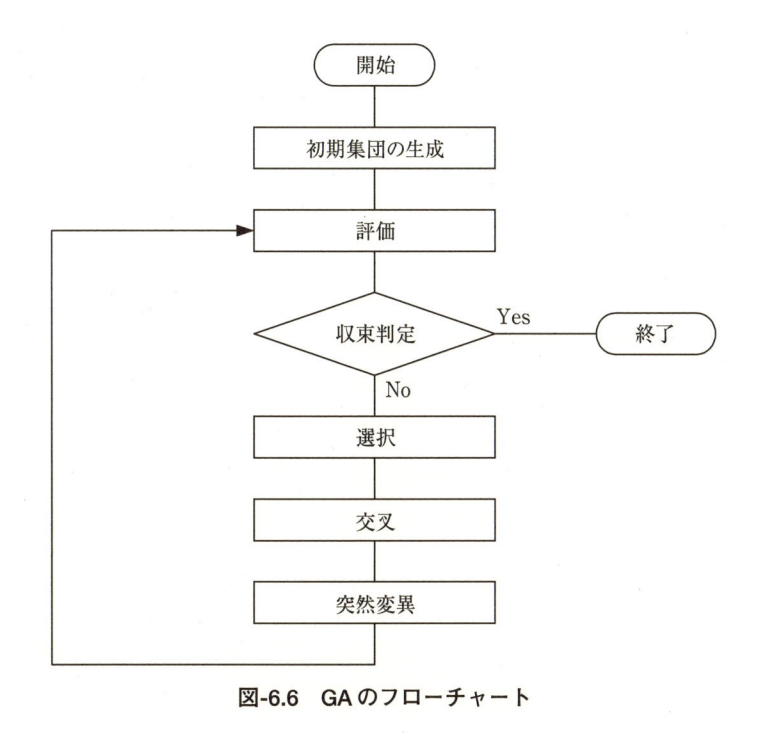

図-6.6 GAのフローチャート

6 流れの最適化

が莫大となってしまう．その計算時間を抑えるためには，収束を速めるアルゴリズムを用いて評価の回数を少なくするか，個々のCFDコードによる評価を並列計算で行うことが必要である．収束を早める手法として，領域適応型GA[12)-14)]などのアルゴリズムが提案されている．一方，個々の目的関数の評価を並列計算で行うことについて考えると，GAは多点同時探索であるため並列化に適しており大幅な計算時間の短縮が期待できる．以下に各遺伝的操作についての説明を行う．

(1) 初期集団の生成

設計変数の定義域に一様乱数を発生させ，個体を分布させる．

(2) コード化・デコード化

GAを用いて最適化問題を解く際には，設計変数を遺伝子の形で表さなければならない．表現型(p)である実際の設計変数を遺伝子型(r)に変換することが「コード化」であり，その逆の変換が「デコード化」である．GAでは一般に生物の遺伝子を参考として遺伝子形には2値$\{0,1\}$の並びである文字列，つまりビット列が用いられる（Binaryコーディング）．しかし，本研究のように実数の設計変数が使われている場合，2進数のビット列にコード化することは好ましくない．理由としては，精度が粗くなる点や突然変異による変化量操作を制御するのが困難である点などが挙げられる．そこで物理的な意味で効果的な遺伝的操作を行うために，本研究では実数型データを用いて遺伝子を表現する（実数コーディング）．実数型GAでは，i番目の設計変数p_iは実数列r_iに直接コード化される．

$$r_i = p_i \quad (p_{i,\min} \le r_i \le p_{i,\max}) \tag{6.16}$$

あるいは，遺伝子型r_iが区間[0,1]に正規化した値の場合には次式で与えられる．

$$r_i = \frac{p_i - p_{i,\min}}{p_{i,\max} - p_{i,\min}} \tag{6.17}$$

(3) 評　価

各個体について目的関数の計算を行い，集団中の各個体の優劣を表す適応度を決める．適応度の高い個体ほど，優れた個体として自分の遺伝子を次の世代に残すことのできる確率が高くなる．空力最適化においては，流れ場を評価する必要があるのでCFDから得られる空力性能が評価に用いられる．しかし，CFDによる計算時間が全計算時間のほぼすべてを占めることから，計算時間短縮のために各個体ごとに並列計算を行うことが必要である．

(4) 選　択

現在の集団中から次世代の集団である子を生成するために，親となる2個体を選択する．適応度の高い親から生成される子孫の方が低い親から生成される子孫より優れている可能性

が高いと考えられるため，適応度の高い個体ほど選択確率が高くなるようにする．選択手法としては，ルーレット選択[5]・SUS選択(Stochastic Universal Sampling)[15]・ランキング選択[16]・トーナメント選択[17]などが提案されている．

ルーレット選択とは，個体の適応度に比例した割合で選択する方法で，適応度に比例した領域を持つルーレットを回し，ルーレットの玉の入った領域の個体を親として選び出す方法である．しかし，進化の初期段階において飛び抜けて優れた個体が生成されてしまった場合，その個体ばかりが親として選択されてしまうことで初期収束をおこし，最終的に集団内がその個体ばかりになってしまう．これを避けるために適応度の値そのものだけから選択するのではなく，個体の優位性を判断基準にするランキング選択やトーナメント選択の方が好ましいとされる．また，ルーレット選択の欠点を改善する手法がSUS選択であり，ルーレットを回して同時に数個の親を選択することで多様性を維持している．

ランキング選択ではすべての個体について適応度の高い個体から順にランク1，ランク2…とランク付けを行う．そして，個体の適応度の値ではなく，作成したランクに応じた関数によって選択を行う．

トーナメント戦略は，集団中から決められた数だけ無作為に個体を選択し，その中で最も適応度の高い個体をトーナメント方式で選出し，この過程を集団数が得られるまで繰り返す方法である．

(5) 交　　叉

交叉とは選択された親2個体間で遺伝子の交換を行い，異なる2個体を形成することである．入れ換える遺伝子数が多すぎたり少なすぎたりすると優れた子孫を残すことができなくなって最適解の探索能力が衰えるので，交換する遺伝子数をどの程度に設定するかを慎重に決定する必要がある．したがって，交叉はGAで最も重要な役割を担う遺伝操作である．

ビット列で表される場合の交叉法では，交叉点を数箇所選んでビット列の入れ替えを行う．一方，実数の設計変数を扱う時に最もよく使われる交叉法としては，Blended Crossover (BLX-α)[18] やSimulated Binary Crossover(SBX)[19] が挙げられる．前者の方法では，親2個体によって定義される設計変数の区間内において子が生成されるが，その区間はαによって拡張される．BLX-αでは次式に従って子の生成が行われる．

$$\text{Child1} = \gamma \cdot \text{Parent1} + (1-\gamma) \cdot \text{Parent2}, \tag{6.18a}$$

$$\text{Child2} = (1-\gamma) \cdot \text{Parent1} + \gamma \cdot \text{Parent2}, \tag{6.18b}$$

$$\gamma = (1+2\alpha) \cdot \text{ran} - \alpha \tag{6.18c}$$

ここでChild1，Child2は子を，Parent1，Parent2は親を表す．ranは[0,1]の一様乱数であり，設計変数ごとに発生させる．BLX-αの概略は**図-6.7**に示すとおりである．設計者によっ

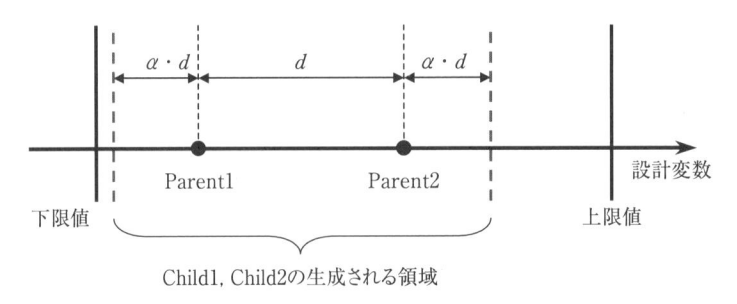

図-6.7 BLXの概略図（1変数）

て決定される α は，大域的探索能力と最適解探索能力の重み付けの役割を果たす。$\alpha=0.0$ では親2個体間に必ず子が生成され，収束は速くなるが探索設計空間は徐々に狭くなっていく。一方，$\alpha=0.5$ の場合には子が親の間に生成される確率とその外側に生成される確率は等しい。加えて，大域的探索能力と最適解探索能力の重みが等しいので，バランスの良い最適化ができる。

一方，SBXでは選択された親2個体間の距離に応じて，生成される子2個体の確率分布が変化する。親の個体同士が近い場合には，その近傍をさらに探索するように子2個体は生成される。逆に親の個体同士が離れている場合には，広い領域を探索するような確率分布に基づいて子は生成される。

(6) 突然変異

各個体の持つ遺伝子に対してある確率で何らかの強制的な変化を施す突然変異は，解の多様性を維持するためと交叉のみでは探索することのできない設計空間の探索を可能とするために行われる。しかし，突然変異が起こる確率を表す突然変異率を高くしすぎると，GAはランダムサーチに近づいて解の収束速度が落ちてしまう。そのため，適切な突然変異率を選ぶことが重要である。生物の遺伝子のようにビット列で表される場合の突然変異は，ビット列を反転することで行われる。実数の設計変数を用いている場合には，実数値で表される遺伝子に微少擾乱を与えることでこれを実現する。代表的な手法として，ある一定範囲の擾乱を加えるUniform Mutation，正規分布に基づく擾乱を加えるNormally Distributed Mutation，SBXのように多項式関数による擾乱を与えるPolynomial Mutationなどが挙げられる[19]。

(7) 世代交代

GAでは，交叉と突然変異によって次世代の子孫を形成するが，次世代には限られた数の個体しか残すことはできない。一般に用いられているSimple GAでは親と子の集団は無条件にすべてを入れ替えて探索を行う。しかし，この方法では生成された子が親よりも優れているとは限らないので，一度生成した優秀な個体を残すことができず，再発見されるまでに長い世代数を(無駄に)必要として収束を遅くしてしまうことが考えられる。そこで，現在の世

代だけでなくその前の世代の集団中からも次世代の親を生成することで，収束を早めることができると考えられる。そこで問題となるのは親と子の中からどの個体を次世代に残すかということであり，そのような世代交代のモデルとして，さまざまなエリート戦略が提案されている。

各世代の集団中で最も優れた個体に対して交叉や突然変異をすることなく優先的に次世代に残す方法がもっとも単純なエリート戦略[20]である。また，Best-N 選択は，親集団と子集団を合わせた2世代の中から適応度の高い順に上位半分の集団サイズ分の個体を次世代に残す手法である。また，アーカイビングと呼ばれる手法が近年ではよく用いられるようになってきている。アーカイビングは，得られた優秀な個体を一定数保存しておき，新しい個体を作成するときに再活用する手法である。

6.4.2 多目的遺伝的アルゴリズム（MOGA）の概要

単目的 GA による最適化では，計算に用いた集団の中から最適解のみを選び，残りは無視されて捨てられていた。しかし，単目的 GA を多目的問題に拡張した多目的遺伝的アルゴリズム（MOGA）では，隣接するパレート解は定量的なトレードオフ情報を持つため，すべてのパレート解が意味を持つこととなる。つまり，1つのパレート解あたりのコストは集団の個体数分の一に減少する。

MOGA は Goldberg によって初めて多目的最適化問題に提案され[5]，その後 Fonseca や Fleming らによって改良が加えられた[21,22]。多目的最適化問題ではパレート解集合を効率よく得る必要があるため，単目的 GA で用いられる遺伝的操作すべてをそのまま MOGA で用いることは効果的ではない。例えば，多目的問題では最適化すべき目的関数が複数存在するため，単目的最適化に用いられる「選択」手法をそのまま用いることはできない。そこで，彼ら3人はパレートランキング法を導入した MOGA を構築して最適化問題に適用した。また，パレート解が偏った場所にのみ分布してしまうことは好ましくないため，シェアリング法[5,22,23]等を用いて解の多様性を維持することが必要である。

(1) パレート解の定義

ここでは，パレート最適性の概念を厳密に定義する。k 個の目的関数を持つ最小化問題において X を実行可能解の集合とした場合，$x_\alpha, x_\beta \in X$ に対して次式が満たされる時，「x_β は x_α に支配されている」あるいは「x_β は x_α の劣解」と言う。

$$F_i(x_\alpha) \leq F_i(x_\beta) \quad i=1,\cdots,k \quad (ただし, \ x_\alpha \neq x_\beta) \tag{6.19}$$

逆に，上式を満たす x_β が存在しない場合には，「x_β は x_α に支配されない」あるいは「x_β は x_α の非劣解」と言う。つまり，評価関数空間の実行可能領域にある非劣解の集合がパレート最適解となる。

多目的最適化の最終的な目標は，以上のように定義されるパレート最適解の集合を探索す

るだけではなく，そこから得られるパレート面によって目的関数間のトレードオフに関する情報を得ることである．

(2) パレートランキング法

多目的最適化問題では前述のパレート解集合を効率よく求める手法が必要である．そのためには，個体の選択手法について考慮しなければならない．単目的GAでは単一の適応度の高い個体が親として選択されたが，MOGAではパレート最適な解が選択されなければならない．そこで，ある程度評価の良い個体を同時に保ちつつ探索を行うためには，世代内のパレート最適な個体をバランス良く選択するように拡張したランキング選択法が必要となる．**図-6.8**に，このパレートランキング法の概念図をGoldbergの方法，およびFonseca, Flemingによる方法の二通りについて示す．ここでは，最適化目標はいずれの方法においても，2目的関数(f_1, f_2)の同時最小化とした．つまり，原点に近づくほど最適解である．また，括弧内にその個体の持つランクを記した．

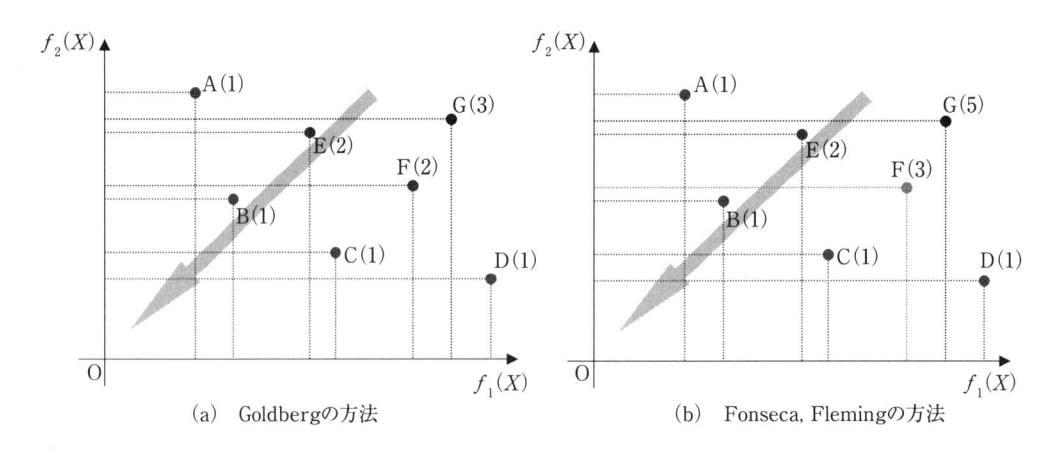

図-6.8 パレートランキング法(f_1, f_2最小化問題)

(a) Goldbergの方法　　(b) Fonseca, Flemingの方法

まず，(a)に示されているGoldbergによる方法[5]であるが，この方法ではまず非劣解をすべてランク1とする．次に，それらランク1の個体を集団から取り除き，残った集団内に存在する非劣解をランク2とする．この作業を繰り返してすべての個体にランク付けを行う．一方，Fonsecaらによる方法[22]では，ランク付け方法がこれとは若干異なる．この方法では全個体に対して自分を支配している個体数を数える．その数をnとした場合，その個体の持つランクは($n+1$)で与えられる．いずれの方法においても，パレート面(パレート最適解の作る面)にある個体はすべてランク1を与えられていることがわかるが，図中EとFを比べた場合，Fonsecaらによる方法がより明確にパレート最適性に基づく差別化ができている．各個体の適応度はこのランクに基づいて決定される．

(3) ニッチング

GAの大きな特徴として多点同時探索を行うことが上げられるが，その探索能力を十分に発揮するためには，常に解空間を広く覆っている必要がある。これは，パレート最適解という解の集合を偏りなく一様に得ることを目的とする多目的最適化を考えた場合にはとくに重要である。解の多様性を維持するために何らかの作業を施すことをニッチングという。ニッチングにはFitness Sharing法(FS法)[5),22)]やCoevolutionary Shared Niching法(CSN法)[23)]などがある。

FS法とは，多くの個体が集まっている中にいる個体については，その適応度を集中の度合いに応じて下げてしまうという方法である。そのため，極度に集中している領域にいる個体は，たとえ高い評価値を持っていても子孫を残す確率が低くなり，逆にあまり集中していなければ適応度に応じただけの子孫を残すことができることとなる。数学的にこのFS法を定式化する。個体s_i，s_j間の距離$d_{ij}=d(s_i,s_j)$に対し次の3つの条件を満たす関数$sh(d)$をシェアリング関数として定義する。

① $0 \leq sh(d) \leq 1, \forall d \in [0,\infty]$ (6.20)

② $sh(0)=1$ (6.21)

③ $\lim_{d \to \infty} sh(d) = 0$ (6.22)

この定義に対し，GoldbergとRichardsonは以下のようなシェアリング関数を提案した[15)]。

$$sh(d) = \begin{cases} 1-\left(\dfrac{d}{\sigma_{\text{share}}}\right)^{\alpha} & d < \sigma_{\text{share}} \\ 0 & \text{others} \end{cases}$$ (6.23)

ここで，αは定数である。このシェアリング関数は，$\alpha>1$とすると極端に分散している個体のみを集める方向に働き，$\alpha<1$では極端に密集度が高い個体を排除する方向に働く。i番目の個体が全個体($j=1,2,\ldots,N$)に対して計算した重みの和m_iは，

$$m_i = \sum_{j=1}^{N} sh(d(s_i,s_j))$$ (6.24)

となる。ここで得られた重みの和m_iは，適当な範囲にスケーリングされ各個体のランクに加えられる。ニッチングを施す場合，目的関数空間において行う方法と設計変数空間において行う場合とがある。より強い効果が期待できる目的関数空間におけるニッチングが多目的最適化では一般的によく用いられている。なお，次式によりσ_{share}は自動的に見積もられる。

$$N\sigma_{\text{share}}^{q-1} = \frac{\prod_{i=1}^{q}(M_i - m_i + \sigma_{\text{share}}) - \prod_{i=1}^{q}(M_i - m_i)}{\sigma_{\text{share}}}$$ (6.25)

Nは集団サイズ，qは目的関数の数，M_i，m_iは各目的関数の最大値と最小値を表す。この

式から世代ごとにσ_{share}の値が自動的に決定され，適切なニッチングが行われる。

6.4.3 MOGAによる空力最適化

MOGAを用いた空力最適化の例として，超音速輸送機主翼形状の多目的最適化問題を扱う。現在，開発・研究の進められている超音速旅客機実現のための大きな技術課題として，空力性能の向上とソニックブームの回避が挙げられる。その設計要求を同時に満たすにはまだ多くの年月が必要であると思われるため，海上では超音速飛行をし，陸上では遷音速飛行をする超音速旅客機の設計が現時点では現実的である。そこで，超音速巡航時と遷音速巡航時の空力性能を向上させることの2点が設計要求となる。過去の研究[24)-26)]より，空力性能のみの向上を図ると，主翼のスパン長が長くなってしまい構造的に現実的ではない。そこで，構造面も考慮するために超音速時の曲げモーメントとねじりモーメントの最小化を設計目的に加えた。72設計変数で表される主翼形状を最適化対象とし，粘性効果を考慮するために空力評価にはナビエ・ストークス計算を用いた。計算量を減らすために，筆者らが開発している実数領域適応型多目的遺伝的アルゴリズム[27)]を適用して4目的最適化を行った。さらに計算時間短縮のために，東北大学流体科学研究所のSGI ORIGIN 2000を用いてマスター・スレーブ方式の並列計算を行った。以下に最適化問題の概略を示す。

最適化手法：実数領域適応型多目的遺伝的アルゴリズム
目的関数：遷音速時における巡航抵抗最小化($C_{D,t}$)
　　　　　超音速時における巡航抵抗最小化($C_{D,s}$)
　　　　　超音速時における翼根にかかる曲げモーメント最小化(M_B)
　　　　　超音速時における前縁周りのねじりモーメント最小化(M_P)
設計変数：翼平面形(6)，翼厚分布(39)，キャンバー分布(20)，ねじり分布(7)
制約条件：遷音速巡航状態での揚力係数0.15
　　　　　超音速巡航状態での揚力係数0.10
　　　　　翼面積一定
飛行条件：遷音速巡航マッハ数0.9，超音速巡航マッハ数2.0

その多目的最適化の結果，目的関数が四つ設定されているためにパレート解が4次元空間上に得られた。しかし，パレート解をより理解しやすくするために，遷音速巡航抵抗と超音速巡航抵抗の2次元平面上に射影した図を図-6.9に示す。また，各目的関数を最小にする解も同時に図示した。両抵抗間のトレードオフ面と曲げモーメントの影響によって切り取られたと考えられる面が見られる。各目的関数を最小にする翼平面形を図-6.10に示す。遷音速抵抗・超音速抵抗・曲げモーメントを最小にする翼平面形は，過去の研究により得られた形状とほぼ同じ傾向を示しており，物理的にも正しいと思われる。ねじりモーメントを最小にする翼について注目すると，浅いスイープ角と短いコード長を持つことでねじりモーメントを小さくしていることが確認できる。

本研究で行った最適化結果の妥当性を調べるため，NALが設計した超音速ロケット実験

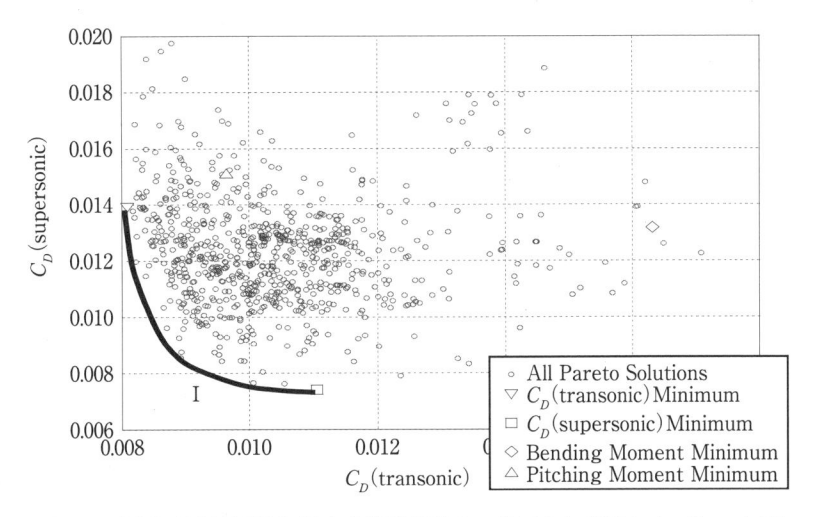

6.4 進化的アルゴリズムによる多目的空力最適化

図-6.9 遷音速巡航抵抗と超音速巡航抵抗の2次元上に射影したパレート解

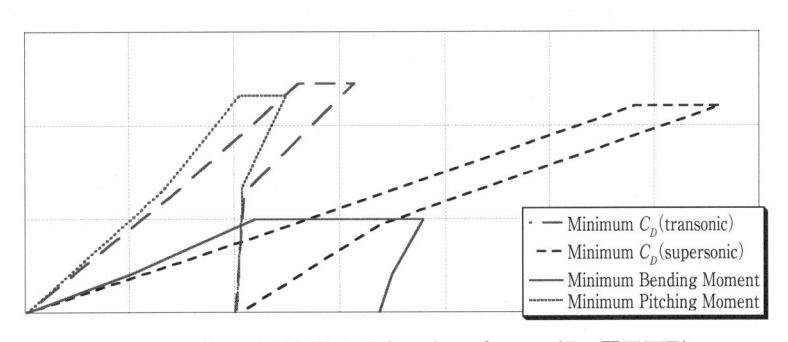

図-6.10 各目的関数値を最小にするパレート解の翼平面形

機2次形状[28]との比較を行う．**表-6.2**に本研究で得られたパレート解上の翼(4V-A, 4V-B)，ロケット実験機2次形状の翼(NAL2nd)の目的関数値をそれぞれ示す．この結果より，本手法で得られたパレート解は，NAL設計翼より4目的すべてにおいて上回っていることがわかる．これらの翼平面形を図示したのが**図-6.11**である．本手法で得られた翼は過去の研究と同じようにアロー翼形状になっているのに対して，NAL設計翼は比較的デルタ翼に近い形状となっている．NAL設計翼の方がねじりモーメントが大きいことから，本研究で得られ

表-6.2 パレート解と NAL 設計翼の目的関数値

	遷音速巡航抵抗	超音速巡航抵抗	曲げモーメント	ねじりモーメント
4V-A	0.00999	0.01085	18.15	62.35
4V-B	0.01007	0.01093	17.39	60.60
NAL2nd	0.01010	0.01098	18.23	63.31

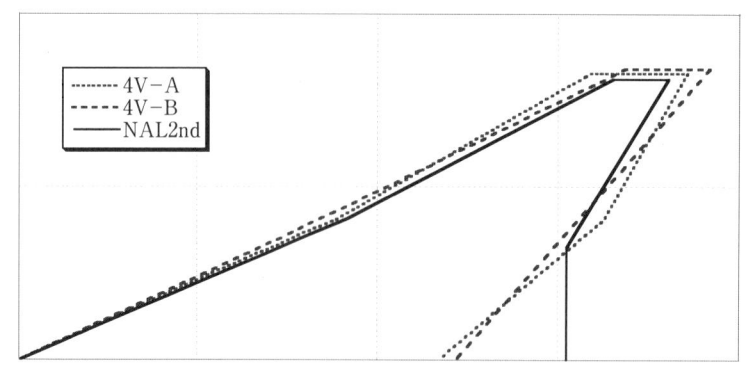

図-6.11　パレート解と NAL 設計翼の翼平面形

たアロー翼は十分に実現可能な形状であると考えられる。

6.5 おわりに

　最適化の手法について述べてきたが，最後に最適化問題について考えてみたい。最適化問題では，現実問題を何らかの方法で数理モデル化し，モデルの最適解を最適化手法によって求めている。したがってモデル化すなわち問題設定そのものが，解の質を本質的なレベルで決定づけている。最適設計を現実の設計に役立てるには，正しい問題設定をすることが重要である。

　例えば設計変数の設定では，設計変数とその値の範囲を決めた時点で，解を求める設計空間を決めてしまったことになる。設計空間の大きさは問題の解きやすさ・結果の解釈のしやすさに直にかかわっているので，なるべく小さな次元にとどめたい。しかし，本来最適であるべき答えがその設計空間に含まれていなければ，最適化をしても求める解は得られない。例えば形状最適化を行う場合，3次元形状は無限の自由度を持っている。しかし，実際に制作できる形状はコストも考えて比較的単純なものに限られる。本来無限の設計空間から有限の「比較的単純」な形状をどのように切り出してくるかは，けっして自明な問題ではない。

　目的関数の決定もまた自明なようでそうとも言えない。例えば航空機の形状最適化を考える場合，主翼形状の空力最適化は典型的な流体最適化問題である。しばしば用いられる目的に主翼の揚抗比を最大化するというものがあるが，実はこの揚抗比を目的関数に用いて望みの解を手に入れるのはかなり難しい。まず，揚抗比は翼の迎角の関数であり，ある迎角で局所最適解を与える。このため形状変化が翼の迎角変更にとどまってしまうことが多い。また，遷音速翼では造波抵抗も考慮しなければならないが，しばしば誘導抵抗とのトレードオフを持つ局所解にたどりついてしまう。このため，剥離・衝撃波なしでだ円荷重分布を持つ流体力学的に最適と考えられる解を求めるのは非常に難しい。すなわち，目的関数値がある変数にだけ強い感度を持つ・局所解が多数ある・関数値の成分にトレードオフがあるといった場合，

最適化は困難であり，問題設定を考え直した方がよい。

次に，最適化によって得られた最適解をどう取り扱うか，3つの立場を例にあげて考えてみよう。第1は，最適化によって以前考えもしなかったすばらしい設計ができることを期待する立場である。これは逆に言えば，何を最適化するのかよく分かっていないことを意味している。問題設定が十分吟味されておらず，このような状態でよい解が得られる見込みは，宝くじを買うようなものである。第2は，初期設計から多少の改善があれば良しとする立場である。このような立場は，問題設定というものが現実のモデル化であり，その解は多かれ少なかれ現実的ではないことを失念している。航空機の主翼をふたたび例に取れば，遷音速領域で抵抗を減らそうとするとたいてい翼厚が減少する。ところが現実には，薄い翼で荷重を支えようとすると，構造重量やコストがかさむことになり，そのような翼は現実的ではない。これは空力最適化の際に構造の拘束条件を考慮しなかったためである。あるいは燃料タンクの容量が足りないかもしれない。脚の収納が，フラップの荷重が，と現実の問題ではさまざまな拘束条件が現れるが，初めからそのすべてを考慮して適切な最適化問題を設定することは困難なことが多い。それでは得られた最適解は結局現実問題には役に立たないことになる。

最適解そのものを目的とする上記2つの立場に対し第3の立場として，最適解そのものを最終目的とするのではなく，最適解から実際の設計に役立つ情報を引き出すことを目的とする立場が考えられる。結果としての最適解を検討して問題設定に立ち返るのは重要なステップであるが，ここではそれをもう一歩進めて，最適化のプロセスから設計空間の構造を理解し実際の設計に役立つ情報を引き出すことを考える。最適解は所詮モデル上の最適解である。最適解そのものに大きな意味があるのではなく，最適解近傍の設計空間の構造にもっと有用な情報が含まれていると考えられる。例えば最適解近傍の感度解析は，最適解のロバスト性に対して重要な情報を与える。製品生産では設計変数の値に常に誤差が混入されると考えられる。このとき，最適なパラメータからの変動によって製品の性能が大きく影響を受けることは実用上好ましくない。すなわち，目的関数に対する最適性より設計点におけるロバスト性が望ましいことが多い。多目的最適化の場合も1点の最適解を求めるのではなく，パレート解という集合を通して設計空間のトレードオフ情報を解析する。最適化のプロセスでモデル化された設計空間をよりよく理解すれば，実際の設計を改良する設計上の指針を与えることができる。そこで，第3の立場では，結果（最適解）そのものではなくその解釈が重視されることになる。

このように最適化問題の本質は，実は最適化問題の定式化自体にあり，また結果（最適解）そのものではなく結果の検討・解釈が重要であることがわかる。最適化手法は見るべきポイントを探すために必要とされる技術に過ぎない。大切なことは何を見るのかという正しい問いを発することであり，とりもなおさず正しい問題設定を行うことである。そのためには問題設定を繰り返し吟味し，結果の解釈を通じて設計空間の構造に関する情報を得ることが重要である。すなわち，最適化のプロセス自体が，流体情報を調べる手段となっている。

◎参考文献

1) M. D. Gunzburger: A Prehistory of Flow Control and Optimization, Flow Control Gunzburger (ed.), pp.185-195, Springer-Verlag (1995)
2) S. Kirkpatric: Optimization by Simulated-Annealing:Quantitative Studies, Journal of Statistical Physics, Vol.34, No.5/6, pp.975-986 (1984)
3) 伊庭斉志:遺伝的アルゴリズムの基礎, オーム社 (1994)
4) W. H. Press et al.: Minimization or Maximization of Functions (Chapter 10), Numerical Recipes in FORTRAN: the art of scientific computing, 2nd ed., pp.387-448, Cambridge University Press (1992)
5) D. E. Goldberg: Genetic Algorithms in Search, Optimization & Machine Learning, Addison-Wesley (1989)
6) A. Jameson: Aerodynamic Design via Control Theory, Journal of Scientific Computing, 3, pp.233-260 (1988)
7) 山川宏:最適化デザイン, 計算力学とCAEシリーズ9, 培風館 (1993)
8) K. Sakata: Supersonic Experimental Airplane Program in NAL and its CFD-Design Research Demand, Proc. 2nd SST-CFD Workshop, pp.53-56 (2000)
9) D. Sasaki, S. Obayashi and H.-J. Kim: Evolutionary Algorithm vs. Adjoint Method applied to SST Shape Optimization, Proceedings of 9th Annual Conference of the CFD Society of Canada, pp.32-37, Waterloo, Canada (2001)
10) D. Sharov, and K. Nakahashi: Reordering of Hybrid Unstructured Grids for Lower-Upper Symmetric Gauss-Seidel Computations, AIAA Journal, Vol.36, No.3, pp.484-486 (1998)
11) H.-J. Kim, D. Sasaki, S. Obayashi and K. Nakahashi: Aerodynamic Optimization of Supersonic Transport Wing Using Unstructured Adjoint Method, AIAA Journal, Vol.39, No.6, pp.1011-1020 (2001)
12) A. Oyama, S. Obayashi and S. Nakamura: Real-Coded Adaptive Range Genetic Algorithm Applied to Transonic Wing Optimization, Lecture Notes in Computer Science, Vol.1917, Springer-Verlag, pp.712-721 (2000)
13) M. Arakawa and I. Hagiwara: Development of Adaptive Real Range (ARRange) Genetic Algorithms, JSME International Journal, Series C, Vol.41, No.4, pp.969-977 (1998)
14) M. Arakawa and I. Hagiwara: Nonlinear Integer, Discrete and Continuous Optimization Using Adaptive Range Genetic Algorithms, Proceedings of 1997 ASME Design Engineering Technical Conference, Sacramento, CA (1999)
15) J. E. Baker: Reducing Bias and Inefficiency in the Selection Algorithm, Proceedings of the 2nd International Conference on Genetic Algorithms, Morgan Kaufmann Publishers, Inc., San Mateo, CA, pp.14-21 (1987)
16) Z. Michalewicz: Genetic Algorithms+Data Structure=Evolution Programs, 3rd revised edition, Springer-Verlag (1996)
17) D. E. Goldberg and K. Deb: A comparative analysis of selection schemes used in genetic algorithms, Foundations of Genetic Algorithms, Vol.1, Morgan Kaufmann Publishers, Inc., San Mateo, pp.69-93 (1991)
18) L. J. Eshelman and J. D. Schaffer: Real-coded genetic algorithms and interval schemata, Foundations of Genetic Algorithms2, Morgan Kaufmann Publishers, Inc., San Mateo, pp.187-202 (1993)
19) K. Deb: Multi-Objective Optimization using Evolutionary Algorithms, John Wiley & Sons, Ltd. (2001)
20) K. A. De Jong: An Analysis of the Behavior of a Class of Genetic Adaptive Systems, Doctoral Dissertation, University of Michigan, Ann Arbor (1975)
21) C. M. Fonseca and P. J. Fleming: An Overview of Evolutionary Algorithms in Multiobjective Optimization, Evolutionary Computation, Vol.3, No.1, pp.1-16 (1995)
22) C. M. Fonseca and P. J. Fleming: Genetic Algorithms for Multiobjective Optimization:Formulation, Discussion and Generalization, Proceedings. of the 5th ICGA, pp.416-423 (1993)
23) D. E. Goldberg and L. Wang: Adaptive Niching Via Coevolutionary Sharing, IlliGAL Report No.97007 (1997)
24) 竹口幸宏, 佐々木大輔, 大林茂, 中橋和博: MOGAによる超音速輸送機の多点空力設計, 第12回数値流体力学シンポジウム講演論文集, pp.507-508 (1998)
25) S. Obayashi, D. Sasaki, Y. Takeguchi: Multiobjective Evolutionary Computation for Supersonic Wing Shape Optimization, IEEE Transactions on Evolutionary Computation, Vol.4, No.2, pp.182-187 (2000)
26) D. Sasaki, S. Obayashi, K. Sawada and R. Himeno: Multiobjective Aerodynamic Optimization of Supersonic Wings Using Navier-Stokes Equations, CD-ROM Proceedings of ECCOMAS 2000 (2000)
27) D. Sasaki, M. Morikawa, S. Obayashi, K. Nakahashi: Aerodynamic Shape Optimization of Supersonic Wings by Adaptive Range Multiobjective Genetic Algorithms, Evolutionary Multi-Criterion Optimization, Lecture Notes in Computer Science, 1993, pp.639-652 (2001)
28) Y. Shimbo, K. Yoshida, T. Iwamiya, R. Takaki and K. Matsushima: Aerodynamic Design of Scaled Supersonic Experimental Airplane, Proceedings of the 1st SST-CFD Workshop, pp.62-67 (1998)

索　引

【和　文】

■あ
アナログデータ　130
アノテーション　152
アンサンブルカルマンフィルタ　13
アンセンテッドカルマンフィルタ　13
暗黙知　131

■い
位相強調型ボリュームレンダリング　116
位相構造　153
位相索引空間　120
イデア　48
遺伝的アルゴリズム　180
色付き等高線　112
因果線　52
インドの定義　70
インフォマティクス　3

■う
ウォード法　163
ウズ　66
渦語　56
渦要素抽出手法　155
埋め込み　117

■え
エージェント　56
枝刈り　161
演繹推論　137
遠隔可視化　106

■お
オイラー－ポアンカレの公式　116
オープンサイエンス　115
奥行き感　117
オブザーバ　13
オントロジー　44, 70, 151, 137

■か
カイ二乗距離　147
階層的可視化出自モデル　107
階層的手法　162
階層的バージョン更新　110

外乱除去オブザーバ　14
外乱推定オブザーバ　14
科学的説明　57
拡張カルマンフィルタ　13
可視化　103
可視化オントロジ　108
可視化操作　141, 159
可視化発見プロセス　105
可視化パラメータ　141
可視化プリミティブ　106
可視化プロセス　159
可視化ライフサイクル　105
可触化　115
可聴化　115
カテゴリ変数　144
カルマン渦　47
カルマンフィルタ　12

■き
キーワード検索　147
基準変数　161
協調的可視化環境　106
協調フィルタリング　152
共同化　168
協同可視化　106
距離関数　145

■く
空間的形態　68
区間型ボリューム　116
区間型ボリューム分解　117
クライアント－サーバアーキテクチャ　110
クラスター分析　162
群平均法　163

■け
形式言語　72
形式知　131
形状中心　148
計測誤差　17
計測融合シミュレーション　14
ケース補間　114
ケースリポジトリ　109
決定木　161
言語の発生　66

■索　引

検索　147
現象設計　51

■こ
交叉　181
格子の質　150
構成　110
高性能計算　104
構造　52
コード化　182
国立可視化分析論センター　104
コサイン相関値　145
誤差ダイナミクス　16
個体　144
コホーネンマップ　165
固有値　14
固有直交分解　11
コンテキスト　130

■さ
最小次元オブザーバ　14
最小ノルム最小2乗解　11
最短距離法　163
最長距離法　163
最適性条件　172
最適性条件式　174
暫定的定義　70

■し
思惟経済説　69
視覚差分　110
視覚分析論　122
視覚分析論環境　122
視覚マッピング　106
シグモイド関数　165
思考実験　50
自己記述的　133
自己組織化マップ　165
辞書的定義　70
システム行列　14
シソーラス　136, 151
実行可能方向法　177
質の変数　144
自動微分法　175
射影作用素　18
遮断周波数　38
重心法　163
縮合　109
主成分分析　11
出自　107
状態観測器　13
情報　130

情報科学　3
情報学　3, 130
情報可視化　103
情報ドリルダウン　122
商用モジュール型可視化ソフトウェア　110
初期集団　182
進化的アルゴリズム　180
進化的（型）計算　173, 175
人工知能　104

■す
随伴方程式　172, 174
スケーラビリティ　115

■せ
正規方程式　11
正則化パラメータ　11
世代交代　181
設計要求指示　109
説明変数　161
セマンティックウェブ　139
セレンディピティ　122
線形化誤差ダイナミクス　17
線形出力フィードバック　15
宣言的知識　131
センサネットワーク　104
線積分畳込み法　109
選択　181
選択的データマイグレーション　121

■た
ターミナルノード　161
第一人称性　103
代行処理　114
第二信号系　65
代表等値面　116
多義性　104
他技法固有　109
タグ　133
多次元伝達関数　117
ダミー変数　144
多目的遺伝的アルゴリズム　185
多目的最適化問題　180
単純一致係数　146

■ち
チェビシェフ多項式近似　10
地球規模の情報基盤　104
逐次型のデータ同化　12
逐次線形計画法　177
逐次2次計画法　174, 177
知識創出　167

索　引

知識の晶化　103
知識の獲得　132
知識発見　167
知識表現　131
知識ベース　132
注釈付け　152
超音速旅客機　188
超音波計測融合シミュレーション　32
重畳　110
直感物理　43
直交補空間　18

■つ
追跡可能性　111

■て
定性物理　43
ティホノフ正則化　11
データ　130
データクレンジング　143
データ同化　12
データの構造化　132
データの洗浄　143
データフローパラダイム　105
データ分析　158
データマイニング　157
データマネージメント　131
データマネージメントシステム　131
適応オブザーバ　14
適応カルマンフィルタ　13
適応的計算ステアリング　121
適切　11
デジタルデータ　130
手続き的知識　131
展開　121
伝達関数　116

■と
同一次元オブザーバ　14
同値関係　71
特異値分解　11
突然変異　181
ドメイン　129
ドメインモデル　152
トリプル　140

■な
内面化　168
内容検索　147, 148
名前空間　136
生データ　126

■に
二元性　48
ニッチング　187, 188
ニューラルネットワーク　164
人間の知識増幅　104

■の
ノード　161

■は
バージョン　108
バージョン更新　109
バージョンツリー　108
パーソナルコンピューティング　125
バーチャルリアリティ　106
バイオインフォマティクス　3, 4
ハイドロインフォマティクス　4
ハイブリッド風洞　26
バスケット分析　158
パラメータサーベイ　127
パレート最適解　180, 185
パレートランキング法　185, 186
パロール　72

■ひ
ビオ・サバールの法則　155
非階層的手法　162
ヒストグラム　146
被説明変数　161
非線形オブザーバ　14
非線形計画法　173
非逐次型のデータ同化　12
微分位相幾何学　116
評価　181
表出化　168
標準化　145
表象　49
表明　107
非論証的推論　52

■ふ
風洞実験　176
フーリエ級数　10
複合現実型　119
物理現象が説明できる　64
物理状況　51
物理的意味　50
フラグ変数　144
ブランチ　161
フルードインフォマティクス　4
プレーン　108
プレーン間バージョン更新　109

索引

プロジェクト　107
プロトコル　132
分散共分散行列　145
分節　66

■へ
並置化　110
変分法　12

■ほ
ボーイング777　175
補完　110
補助的な草案　72
ホモトピー理論　54
ボリューム照明エントロピー　117
ボリュームデータマイニング　115
ボリュームビューエントロピー　117

■ま
マーケットバスケット分析　158
マイクロ世界　55
マハラノビスの平方距離　145
マンハッタン距離　145

■み
見せない可視化　121
未知入力オブザーバ　14

■む
ムーアの法則　105

■め
メタコンテンツ　152
メタタグ　147
メタデータ　147
メディカルインフォマティクス　4

■も
孟子　65
モデル化誤差　17

■や
焼き鈍し法　173
約定の定義　70
矢線表示　109
山登り法　173, 176

■ゆ
ユークリッド距離　145
ユークリッド平方距離　145
ユニット　165

■よ
4次元変分法　12
予測変数　161
4件法　159

■ら
ライプニッツ　65
ラグランジュ係数　172, 173, 174
ラング　72

■り
理解　47
理解共有　64
粒子画像流速測定法　9
粒子フィルタ　13
流線表示　109
流体情報　127
量的変数　144
臨界点　116
臨界点ヒストグラム　117
臨界等値面　117

■る
類似度　145
ルート　161

■れ
例示による設計　109
レベルセットグラフ　116
連結化　168
連続データ同化　12

■ろ
ロール概念　138

■わ
ワークフロー　108, 142
ワイル分解　17

【欧　文】

■A
adaptive computational steering　121
Adjoint法　174, 175, 176
AI　104
annotation　152
arrow plots　109
Artificial Intelligence　104
assertion　107
Assimilation　12
attribute-of関係　137
audit trail　107

■B
Bhattacharyya 距離　146，148

■C
case completion　114
case repository　109
cluster analysis　162
collaborative visualization　106
colored arrow plots　112
colored contours　112
complementarity　110
computer visualization　103
condensation　109
configuration　110
Cooperative Visualization Environment　106
critical isosurface　117
critical point　116
critical point histogram　117
CT　10
CVE　106

■D
dataflow paradigm　105
decision tree　161
depth cue　117
Design by Example　109
design directive　109
differential topology　116
Downhill simplex 法　174
DTD　134

■E
embedding　117
Euler-Poincare's Formula　116
expanded T-IS　121
expanding　121

■F
F.P.Brooks,Jr.の不等式　104
first - person perspective　103

■G
GADGET　110
GII　104
Global Information Infrastructure　104
Goal-oriented Application Design Guidance for modular visualization EnvironmenTs　110
GPU　117
Graphical Processing Unit　117

■H
haptization　115

HARVEST　111
HDR　105
hierarchical versioning　110
hierarchical visualization provenance model　107
High Dynamic Range　105
High Performance Computing　104
HPC　104

■I
IA　104
idiosyncratic　109
information drill-down　122
information visualization　103
Intelligence Amplification　104
inter-plane versioning　109
interval volume　116
interval volume decomposition　117
invisiblization　121
is-a 関係　137，138

■J
Jaccard 係数　146
juxtaposition　110

■K
Karhunen-Loeve 展開　11
KDD　132
Kepler　111
K-means 法　164
knowledge crystallization　103
Kohonen マップ　165
Kolmogorov の条件付複雑度　58

■L
levelset graph　116
LIC　109
Line Integral Convolution　109
lineage　107

■M
Mahalanobis の平方距離　145
meta tag　147
meta-content　152
metadata　147
mixed reality　119
MOGA　185
Molular Visualization Environment　110
Moore's law　105
multi-dimensional transfer function　117
MVE　110

索引

N
National Visualization and Analytics Center　104
NIH/NSF Visualization Research Challenge レポート　104
NVAC　104

O
Ontology　137
open science　115
optical difference　110
out-of-core　121

P
part-of 関係　137, 138
pedigree　107
PIV　9
plane　108
POD　11
potential explanations　104
project　107
provenance　107
P-Set モデル　111

R
R　157
raw data　126
RDF　140, 141
remote visualization　106
representative isosurface　116
retrieval　147
Russell-Rao 係数　146

S
scalability　111
SECI モデル　168
selective data migration　121
Self-Organizing Map　165
Semantic Web　139
serendipity　122
shape-centric　148
SOM　165
sonification　115
Soreson 係数　146
superimposition　110
surrogation　114

T
thesaurus　136
T-IS　120, 121
T-Map　120
Topological Index Space　120
topologically-accentuated volume rendering　116

traceability　111
transfer function　116

U
URI　139
URL　139

V
VA　122
VAM　122
VDM　115
version　108
version tree　108
versioning　109
VIDELICET　107
virtual reality　106
ViSC レポート　104
VisTrails　111
Visual Analytics　122
Visual Analytics Environment　122
visual mapping　106
visual primitive　106
visualization　121
VIsualization DEsign and LIfe CyclE managemenT　107
visualization discovery process　105
Visualization in Scientific Computing レポート　104
visualization lifecycle　105
visualization ontology　108
Volume Data Mining　115
Volume Skeleton Tree　116
volumetric illumination entropy　117
volumetric view entropy　117
VRC レポート　104
VST　116

W
Ward's method　163
Wehrend matrix　108
Wehrend マトリックス　108
Wireless Sensor Network　104
workflow　108
WSN　104

X
XML　133
XML-DTD　134

数字
4DVAR　12
4K ディスプレイ　105

フルードインフォマティクス
－「流体力学」と「情報科学」の融合－　定価はカバーに表示してあります。

2010年4月30日　1版1刷発行	ISBN 978-4-7655-3263-1 C3053

編　　者　日 本 機 械 学 会

発 行 者　長　　　滋　　彦

発 行 所　技報堂出版株式会社

日本書籍出版協会会員
自然科学書協会会員
工 学 書 協 会 会 員
土木・建築書協会会員

Printed in Japan

〒101-0051　東京都千代田区神田神保町 1-2-5
電　話　営　業　(03)(5217)0885
　　　　編　集　(03)(5217)0881
　　　　Ｆ Ａ Ｘ　(03)(5217)0886
振替口座　00140-4-10
http://www.gihodoshuppan.co.jp/

© The Japan Society of Mechanical Engineers, 2010　　装幀 ジンキッズ　印刷・製本 愛甲社

落丁・乱丁はお取り替えいたします。
本書の無断複写は，著作権法上での例外を除き，禁じられています。

◆ 小社刊行図書のご案内 ◆

事例に学ぶ 流体関連振動（第2版）

日本機械学会 編
A5・374頁

【内容紹介】原子力発電所細管の破断や亀裂などが大きな問題となったように，流体と構造物が連成して発生させる振動によるトラブルは，後を絶たない。本書は，その流体関連振動に関する知見，とくに設計者として知っておくべき基礎的な事項について，過去の事例を踏まえて，整理・集約した。好評を博した2003年初版をもとに，実際のプラントシステムや各種機械で発生する流体関連振動に関する知見として「第7章　回転機械の関連する振動」「第8章　流体－構造連成系の振動」を加え，充実を図った。

シェルの振動と座屈ハンドブック

日本機械学会 編
A5・432頁

【内容紹介】シェル構造の振動や騒音を効率的に軽減，制御する設計技術，精度や信頼性，経済性を向上させる設計技術を確立するためには，シェル構造物の振動や座屈特性を理論的に把握する必要がある。本書は，シェルの振動と座屈に関するこれまでの研究成果を集大成するとともに，これまで独自に進められてきた基礎研究と応用（実用）研究とを統合した新たな研究活動の展開を図るべく，まとめられた書。シェルの力学，振動理論・座屈理論の基礎，各種シェルの理論から始め，さまざまな形状，材料のシェルの振動と座屈について，数多くの図版や表を示しながら平易に解説している。

流れの科学
― 生物から宇宙まで ―

日本機械学会 編
B6・242頁

【内容紹介】「流れ」について，その発生のメカニズムや働き，われわれ人間への影響，どのような技術に活用されているかなど，さまざまな角度から語った科学読み物。
日本機械学会流体力学部門100周年記念出版。一話読切り，全32話。

システムデザイン入門

赤間世紀 著
A5・156頁

【内容紹介】　システム工学の基礎と情報システムの基礎とを融合させた，新しい時代のシステムの入門書。システムデザインに不可欠な基礎知識の提供を意図してまとめられており，システムに関する一般的な解説から始め，システム分析，システム開発，評価・管理・最適化，シミュレーション，信頼性，システム制御，情報システムまで，システム全般について，わかりやすく論じている。

初歩のSQL

赤間世紀 著
A5・172頁

【内容紹介】　関係代数と関係論理による厳密な理論に続き，基本操作のための各種コマンドと簡単な問合せについて説明。各論に入り，SQLの構成と用いられるデータ型とデータベース定義，挿入，選択，更新，削除などデータ操作，関係演算，ブール演算，算術演算およびその他の演算，並べ替え，集約関数，日付関数，文字列関数，数学関数を説明する。次いで，複雑なデータ操作を行うための，副問合せ，結合，量化子，集合演算子，ビュー，外部参照，最後に，トランザクション，ストアドプロシージャ，カーソル，モジュール呼び出し，拡張SQLを取り上げる。

英語論文表現例集 with CD-ROM
― すぐに使える5,800の例文 ―

佐藤元志 著
田中宏明・古米弘明・鈴木穣 監修
A5・766頁

【内容紹介】　2006年4月の発行以来好評を博している「英語論文表現例集」に，パソコンで利用可能なデータベースのソフトを添付したCD-ROM付属版。科学論文作成に必要不可欠なキーワード単語をアルファベット順に抽出。環境科学や環境工学を中心に，実際の論文で使われた文章表現例を5800に上って掲載している。付属のデータベースソフトは，これら例文を簡易検索，複合検索，ABC検索の3つの検索方法により柔軟に利用可能。また，検索で探し出した語から任意の例文をテキスト形式で保存し，それを利用者自身の論文へそのまま加工して使えるようにした。Win, Mac両対応。

技報堂出版　TEL 営業 03(5217)0885 編集 03(5217)0881
FAX 03(5217)0886